无锡园林十二章

Twelve Chapters of Wuxi Garden

沙无垢 著

中国建筑工业出版社

图书在版编目（CIP）数据

无锡园林十二章 / 沙无垢著 . —北京：中国建筑
工业出版社，2019.1
ISBN 978-7-112-23131-7

Ⅰ . ①无… Ⅱ . ①沙… Ⅲ . ①园林—文化研究—无锡
Ⅳ . ① TU986.625.33

中国版本图书馆 CIP 数据核字 (2018) 第 295786 号

责任编辑：杜 洁　李玲洁
责任校对：焦 乐

无锡园林十二章

沙无垢　著

＊

中国建筑工业出版社 出版、发行（北京海淀三里河路 9 号）

各地新华书店、建筑书店经销

无锡流传设计有限公司制版

北京中科印刷有限公司印刷

＊

开本：787×1092 毫米　1/16　印张：18　字数：329 千字

2019 年 4 月第一版　2019 年 4 月第一次印刷

定价：68.00 元

ISBN 978-7-112-23131-7

（33210）

2017 年著者在百草园书店举办的公益讲座开讲无锡园林，兹将讲稿结集出版，并向百草园书店及讲座听众致以由衷的谢意。

目录

绪论

十二是个好数字。

佛说十二因缘，用十二种因果条件来解释人生的种种苦痛和烦恼，体现了佛祖释迦牟尼的大觉悟、大智慧、大自在。当然佛学博大精深，十二因缘仅仅是其中的一花一叶。而人生种种痛苦和烦恼是可以在大自然中得到释放、舒缓、化解甚至消融的。由此作为大自然缩影的园林，虽然只是小天地，但功能与此相仿佛。当然，佛大无形，园小有象，佛讲出世，园在人间，所以仅是个没有比例关系的类比。已故中国道教协会会长玉溪道人闵智亭与我有三年之缘。他曾对我说：道教既讲出世，又讲入世。我的理解是：天上人间的种种方便法门，归结为道法自然，故园林之道说到底就是自然之道，中国园林把"虽由人作，宛自天开"作为最高原则，"人作"有历史人文，"天开"讲境界的高超美妙，说的就是这个道理。古人说：仙者，迁也。神仙都搬迁到天上去了，神仙居住的地方有十二楼，玉宇琼楼，高处不胜寒。还是回到人间吧，人间也有十二楼。明代有个叫作邹迪光的无锡人，在惠山造了座叫作"愚公谷"的别墅园林，作为提前退休后的归隐之所，园中就有十二楼。愚公谷、寄畅园和下河塘的黄园，原来并称惠山三大名园。现在，愚公谷仅剩一丘一池一玉兰，黄园荡然无存，寄畅园在 1988 年被国务院公布为全国重点文物保护单位。

当年，《红楼梦》作者曹雪芹的祖父曹寅曾两度造访寄畅园，有一次在大热天，喝着惠泉酒，在墙壁上题诗，去八音涧冲凉，真叫一个爽。寄畅园有《红楼梦》大观园的影子，留待以后慢慢再讲。我们还是回到"十二"这个话题。在大观园上演的一出出人间活剧中，唱主角的包括"金陵十二钗"，配角有"红楼十二官"等各式下人。十二官是荣国府昆曲家班的 12 位小演员，后来戏班子散了，小演员们分配给主人们当丫环，贾宝玉分到的是芳官。宝玉过生日的时候，喝甜甜的惠泉酒，芳官说，她在老家的时候，一次能喝两三斤好的惠泉酒呢。惠泉酒是无锡特产，以大运河中"江尖渚"所产为最好。宝玉的堂兄、王熙凤的老公贾琏出差去江南，买了好些惠泉酒送人，宝玉理所当然分到了若干。芳官饮酒思故乡，有人说芳官是无锡人。出产上等惠泉酒的江尖渚，是个四面环水的小岛。过去，从这里坐船顺着大运河航道经黄埠墩转入惠山浜可以去寄畅园。清代康熙、乾隆祖孙两帝各六下江南，途经无锡去惠山寄畅园游览时，走的都是这条水路。而在明末清初，寄畅园确有秦氏昆曲家班。当时有一种说法，"船到梁溪莫拍曲"，拍什么曲？就是现在已列为世界非物质文化遗产的昆曲。梁溪是无锡的别名，到了梁溪你就莫唱昆曲了，因为寄畅园的昆曲家班太牛了，以免班门弄斧，"关公面前耍大刀"。所以说，寄畅园对于昆曲特别是"南昆"的发展是有贡献的。而且，惠山泥人早期的"手捏戏文"，大多以昆曲为题材，至今在无锡博物馆里还能见到它们的影子。

上面所说是"引子"。从中可以看出：园林既好玩，还有很大的学问。你把园林"读"懂了，就会有无穷的乐趣。否则，乾隆皇帝学他的祖父康熙六下江南，为什么每次必去寄畅园？甚至往返途中都要去。还把他母亲钮祜禄氏皇太后，以及皇后、嫔妃都请去了，把他的接班人十五阿哥即后来的嘉庆皇帝也带去了。这样一说，大家心里痒痒的，都想身临其境。下面就开始讲无锡园林，以期引起大家游园的兴趣。

1999 年 1 月 18 日中国道教协会会长闵智亭书赠著者"如意"二字

1088 年米芾《将之苕溪诗帖》有句咏惠泉酒，说明无锡原有土产"惠泉酒"距今已有千年历史

第一章 文化理念

　　园林好玩，到处悦目怡情。但解读园林，的确比较困难，怎么办？硬着头皮试从文化理念层面，谈谈个人的看法，希望能为认识园林提供一些帮助。

一、文化是什么？

　　有一种广义的解释，文化是人类物质文明和精神文明的总和。我们举"吴文化"或曰"吴越文化"为例。

　　无锡有文字记载的文明史，始于公元前12世纪泰伯南奔"荆蛮"，在"梅里"建立"勾吴"方国；在此之前的为史前文明。在该历史阶段，聚居无锡的先民为百越族，属"东夷"之一部，他们高高飘起的部落旗帜上，装饰着凤鸟图腾。无锡为什么叫"无锡"呢？有一种说法与凤鸟有关。百越族的风俗习惯，"男女同川而浴"，说白了就是男男女女光着身子在同一个地方游泳洗澡。那不是太没文化了吗？其实这就是一种文化。就像西方的所谓"天体浴场"那样，一言以蔽之：见怪不怪。

　　在泰伯那个年代，他所在的周部落同样实行"嫡长制"，就是老王逝世后，王位传给大儿子。可是泰伯为了实现父亲周太王的愿望，把王位先传给泰伯的小弟季历，再传给季历之子姬昌即后来的周文王。于是泰伯"三以天下让"，和二弟仲雍以去终南山采药为名，从今陕西岐山跑到了当时还是比较荒蛮的无锡"梅里"，入乡随俗，"文身断发"，表示不能再回去继承王位。有人会问：泰伯为什么要违反当时的宗法制度，让掉王位继承权呢？仅仅是因为具有"至德"也就是高尚道德吗？如果真是这样，那么为什么到了无锡，又愿意去当勾吴方国的最高领袖呢？

　　有人研究了当时的社会背景。原来泰伯、仲雍的夫人娘家没有显赫的头衔；而小弟季历就大不一样，他的夫人出身于商王朝国都的贵族家庭，与商王沾亲带故，"子以母贵"，所以由姬昌来继承王位，就与商王朝有了血缘关系。由此推测，泰伯三让王位，为的是家族、部落的整体利益，为的是能够长治久安、部落振兴。并且后来果然鱼和熊掌兼得，既让侄儿当上了周的统治者，自己也不赖，开创了江南文明的新纪元即吴文化。泰伯的夫人没有生儿育女，泰伯逝世后，就由仲雍继承勾吴方国的王位。泰伯的府第改为祭祀他的场所，据说就在今天梅村泰伯庙位置；泰伯葬于鸿山，现有泰伯墓。"泰伯庙和墓"在 2006 年被国务院公布为全国重点文物保护单位。当地百姓怀念泰伯的高尚品德和开发江南的丰功伟绩，每年清明节泰伯忌日，就会包三种馅心的糯米团子作为供品，无锡方言"馅心"叫作"酿心"，"酿"谐音"让"，三种酿心的糯米团子统称"三让团子"。简单地说，泰伯庙和泰伯墓是物质文明，三酿团子的制作工艺是精神文明，加起来为吴文化开了一个头。

二、园林是什么？

比较靠谱的答案是：园林是以山为骨架，水为血脉，植物为肤发，建筑为脸面，尤以标志或主体建筑为点睛之笔，又按一定艺术法则把它们组合成景的，蕴含着历史人文，洋溢着诗情画意的，供人游赏休憩的活着的艺术品。这里面，山水、植物、建筑是物质文明，艺术法则、历史人文、诗情画意是精神文明，合则为园林文化。举例说明：倘若我们面前有一堵墙，雪白雪白的，总想在上面加点什么装饰一下，美化一下。有人喜欢简单，说黛瓦粉墙不是蛮好？有人搞宣传，画几幅画，刷几条标语口号，就像马路上的施工围墙那样。来了一位园林专家，开花窗、漏窗，做个月洞门什么的，叫作实中求虚，虚实相生。再种上一丛竹子，立几个峰石，是一幅立体的《竹石图》；月亮升起了，清风吹来了，粉壁为纸，竹影婆娑，又是一幅活生生的《潇湘竹石图》，起一个风雅的景名来点化渲染诗情画意，这就是园林文化的美妙之处。

当然，以上所说是指传统意义上的中国园林。于是，便引出下一个话题——

三、传统文化理念对园林的滋养

对这个问题，想分成儒、道、佛、建筑四个方面说点粗浅的看法，必须说明的是，这四个方面的每一门都是大学问，水很深很深，即使穷一身之精力来研究其中的一门，也可能只能达到入门的程度。所以这里所讲仅仅是皮毛的皮毛而已。俗话说"雨过地皮湿"，我这点小毛毛雨，可能连地皮都湿不了。

（1）孔子讲"仁者乐山，智者乐水"，仁是大爱，智能穷天地的奥秘。孔子用自然山水来比拟人的美德，山水由此从自然现象变为文化现象。中国山水文化自古发达，所以真山真水中间的风景名胜也好，或是园林中的人工山水也罢，都因山水文化的滋润而光芒万丈。例如山水画论对园林中的叠山理水就起着不可替代的指导、规范

寄畅园东大门内侧的清响月洞，就是一幅立体的《竹石图》

作用，我们常说"风景如画"，说的就是这个道理。

　　"一阴一阳之谓道，继之者善也，成之者性也。"该句引自《周易·系辞上传》，意思是说一阴一阳的对立转化称作道，继承它的是善，成就它的是本性。那么园林山水继承了没有呢？山是有形的，古人认为"有形必有气"，而在人体中，气是阳；水随容纳它的地形或容器而有形象的变化，为阴，即"成象之谓乾，效法之谓坤"，乾是阳，坤是阴，园林把水系比喻为人体的血脉。中医把人体血和气的平衡称为阴阳平衡，不平衡就会生病。那么，园林中的山和水即阴和阳是怎样平衡的呢？这里所讲的平衡，并不指数量的对等，或指中轴线两侧的左右对称，而是一种感官上的均衡。举一个例子，你跑到法国巴黎看凡尔赛宫后面的大花园，规模宏大，气势不凡，细细一看，左右对称。有人开玩笑说，你看了它左面的一半，就知道了它右面的一半，那不是事倍功半吗？中国园林就不是这样处理的，而是山（包括地形）水相应，水石交融。山多一点，可以，水多一点，也可以，只要看起来舒服、得体、合宜就好。又把山的影子，山上亭台楼阁、树木花草，水边水中廊榭、桥梁的影子，还有天上云彩、飞鸟的影子，统统倒映在像大镜子一样的水池里，景观成倍地增长，化作了"事半功倍"。

当然，我这里并没有贬低西方园林的意思，凡尔赛宫后面的大花园我去过，美极了，流连忘返。不同的文化产生不同的园林，各有其美，美美相容。这样看问题，可能会比较全面一些。

（2）无锡园林与苏州园林虽同属江南园林，但无锡园林以真山真水为基础，苏州园林把人工山水做到了极致。我们不妨这样讲：无锡园林自古就有一个"大环境，小园林"，环境和园林浑然一体的传统，体现了道家"天人合一"的理念。怎样理解？有人把老子《道德经》中的两句话合成一副对联：上联是"道生一，一生二，二生三，三生万物"，下联是"人法地，地法天，天法道，道法自然"。解释这副对联很复杂，也各有各的说法。我们姑且把复杂的事情简单去理解："道"指宇宙万物的本源、本体，或理解为规律、法则；"一"就是无中生有的太极，太极是个圆；混沌初分，轻者上升为天，为阳，浊者下降为地，为阴，"一生二"就是一分为二，有了天地阴阳；阳极而生阴，阴极而生阳，产生了四季的变化，这就是"二生三"；阴阳四季滋生繁育了天地万物，人是万物之一，不能超越自然。下联的"人法地"可理解为人以地为法则，以此类推，归结到最高的自然。所以讲园林的天人合一，就是讲人与自然的统一，园林的最高境是人与自然和谐共生。本章开头所说的"虽由人作，宛自天开"，由此派生而出。明代寄畅园的第三代园主秦燿，中年罢官还乡，一下子从部省级封疆大吏跌为平头百姓，心情抑郁，生了场大病。于是为排解心中的郁闷，在寄畅园里建了一个"知鱼槛"。其出典为《庄子·秋水篇》：庄子和惠子站在濠水的桥上看鱼儿游来游去。庄子说：鱼从容出游是鱼的快乐。惠子反问：你不是鱼，怎么知道鱼的快乐？庄子大笑：你不是我，怎么知道我不知道鱼的快乐呢。辩论结果，庄子胜出，惠子无言以对。这段绕口令似的话让人悟出如果没有庄子本人内心的从容与自由，也就没有鱼儿从容出游的快乐。这就是古典哲学形而上之"境由心造"命题。秦燿试图像庄子那样，通过人和鱼的情感交流、心灵相通，来求得精神的解脱和陶冶。那么，秦燿造了知鱼槛快乐了吗？我不是秦燿，我不知道他快乐了没有。好在秦燿自己写了一首诗，吟道："槛外秋水足，策策复堂堂。焉知我非鱼，此乐思蒙庄。"看来，秦燿是得到快乐的。"境由心造"便在园林中生根开花，既感悟了园主，也感悟了万千游人。

（3）园林有一个品种叫作寺庙园林，"曲径通幽处，禅房花木深"，说的就是这种境界，这种园林是寺包园，寺中有园。而我们无锡有一个传统：园中有寺，无佛不园。荣德生荣老板当年就是位积极的倡导者，他在梅园请量如和尚建了座开原寺，寺院黄墙上写着八个斗大的大字"诸恶莫作，众善奉行"净化了游人与香客的心灵。

而众所周知，园林功能之一就是净化环境。可见佛教的空明尽善、利乐众生等思想观念，是可以和园林清新幽雅、山水明净的优越环境，做到完美结合的。"净地何须扫，空门不用关"，游园礼佛两不误，就像乾隆皇帝那样，游了寄畅园必去惠山寺烧香磕头，所以他驻跸惠山时，每次必能得到一个好心情。

园中有寺还能扫除烦恼。锡惠公园的惠山寺、灵山胜境的祥符寺、鼋头渚的广福寺、梅园的开原寺，还有城里的南禅寺，一到元旦、春节，五座寺院钟声齐鸣，悠然一百零八响，以"觉醒百八烦恼之迷梦"。也就是说，人生有108种烦恼，每撞一下钟，听一声钟响，就消除了一种烦恼。撞钟时，全体同诵《击钟仪》："闻钟声、烦恼净、智慧长、菩提增、离地狱、出火坑、愿成佛、度众生。"这是一种利乐众生，和谐社会的文化氛围，是一曲真善美的赞歌。说到底是人文情怀，是对生命和自然的尊重与敬畏，是高度的以人为本。而天人合一，以人为本，恰恰是园林的宗旨之所在。

（4）前面讲到园林以"建筑为脸面，尤以标志或主体建筑为点睛之笔"。我想，刚才说到的龙光塔就是一个典型案例。中国第一部园林专著，是明末吴江人计成（字无否）所著《园冶》，书中说："凡园圃立基，定厅堂为主。"厅和堂是主建筑，两者是同一概念。但厅是方作，用料比较大；堂是圆作，用料可以小一点。这里所说用料指木料，原木是圆的，把圆的削成方的，方作是比较费料的。已故著名园林古建筑学家陈从周教授在专著《说园》中，转引沈元禄记猗园谓："奠一园之体势者，莫如堂。"可见厅堂在园林建筑中起着主导作用。陈从周教授又认为：建筑的风格决定了所在园林的风格。我国在文物保护单位分类中，把园林归入建筑类，是实事求是科学的分类法。我们不难想象，如果锡惠公园的建筑不按龙光塔的风格确定基调，鼋头渚横云山庄的建筑不按澄澜堂的风格确定基调，就会让人觉得不伦不类。马不是马，驴不是驴，非驴非马，那不是优秀园林的做派，值得引起注意。

这样看来，建筑不是呆板僵硬的线条，而是有生命的，是凝固的音乐，无声的诗，立体的画，是园林灵性飞动的面孔，也是其名片和身份证。所以园林中的建筑尽管厅堂楼阁、轩榭斋馆、亭台廊桥不一而足，数量也有多有少，它们是按一定的艺术规律来立基组合的，它们变化多端，但万变不离其宗，既生动活泼，又中规中矩，反映一定的时代气息，特定的风土人情。所以我主张：在我们无锡园林，特别是那些名声在外、有影响的园林，无论是维护还是扩建、新建，宜乎弘扬民族的优秀传统，要搞中国气派、江南风格，绝不能搞奇奇怪怪的东西，让人反觉"小儿科"。由于下面的内容会较多涉及与建筑相关的内容，这里仅仅是开个头，埋下伏笔而已。

笔够笔山笔水有

诗之意有情

乙丑屏风溪书以颂之 陈从周

1985 年 11 月上旬，陈从周教授书赠著者的条幅，是对后学的提携

第二章 历史积淀

中国园林始于先秦及秦汉时王家宫苑的园、囿、圃、台。园植果木，囿养动物，圃种蔬菜，台筑土令高，方便君王俯察四方、仰则与天上神仙相通。在无锡地界，清光绪六年（1880 年）许棫等辑《重修马迹山志》载："避暑宫，相传吴王阖闾避暑于此，遗址尚存。"《重修马迹山志》还收录了南宋时与无锡老乡尤袤齐名的范成大的《避暑宫》诗："蓼矶枫渚故离宫，一曲清涟九里风，纵有暑光无著处，青山环水水浮空。"该诗写得好，读罢令人凉风习习，真叫一个爽。有人有疑问：阖闾指使勇士专诸用鱼肠剑刺杀吴王姬僚后，登上王位，迁都阖闾城。而马山是太湖第二大岛，避暑宫与阖闾城之间隔着太湖，假如阖闾在那里避暑时，万一遇到突发事件、紧急军情怎么办？其实不用担心。20 世纪 70 年代，马山围湖造田，圩区抽干湖水后，湖底居然发现千年古井，证实在阖闾那个时代，马山不是孤岛，是与陆地相连伸入太湖的半岛，骑马往返，并不麻烦。后因地质变化，湖盆渐渐倾斜，桑田变沧海，马山方与陆地脱离。那么，阖闾究竟有没有在马山营建避暑宫呢？如果有，那无锡园林的历史可上溯 2500 年前。但如果把问题上升到学术层面，避暑宫遗址应有考古发掘作证实，而不是仅仅靠记载，何况记载用的是"相传"两字。所以，如仅是导游戏说，半是存疑半是猜，无所谓；但真当一回事，就不那么简单了。为稳妥起见，我倾向于把无锡园林的肇始阶段，暂定在 1600 年之前的南朝刘宋时代。

一、始于"南朝四百八十寺"的寺庙园林是无锡园林的滥觞

传说东汉明帝梦见金甲神人，因此遣使蔡愔等赴西域求佛，途逢来自天竺的僧人迦叶摩腾和竺法兰，便用白马驮载经像而归洛阳。东汉永丰十一年（68 年），建白马寺，此为中国首座佛寺。后在魏晋时期，戴着高高帽子、身穿宽袖大袍的士大夫们，以出身门第、容貌仪止和虚无缥缈的清谈相标榜，所谈内容主要用老庄思想糅合儒家经义，主张名教和自然一致，辩论"贵无"和"无不能生有"等议题，称为"玄学"。东晋士人南渡，玄学和佛学趋于合流，用玄学语言去解释佛经，一时成为风尚。到了东晋

末至南北朝，政权更替，战乱频仍，朝秦暮楚，人生无常，又因为统治者的强力提倡，促进了佛教大流行。在此社会生态下，"南朝四百八十寺"之一惠山寺应运而生。

先是南朝刘宋王朝的司徒右长史湛挺在永初年间（420—422 年）于惠山东麓建造名为"历山草堂"的别墅园林，历山是惠山的古称之一。湛挺，字茂之，擅文名，常与文人雅士作冶游和酬唱，颇有名士做派。到了景平元年（423 年），湛挺将草堂施舍给佛徒改作佛地，更名"华山精舍"，而华山或古华山同样是惠山的别名。这就是惠山寺的前身。百年岁月刹那间，到了南朝梁大同年间，寺内增建大雄宝殿，因年号而称"大同殿"，殿前凿泉井，名"大同井"，又名"龙眼泉"，是惠山最古的泉眼。唐宋时惠山寺规模扩大，香火旺盛。特别是惠山泉即"天下第二泉"的开凿，不仅仅为寺僧和惠山古镇居民提供了清洁水源，还随地势开辟营构了寺内的流泉及泉井、泉石景观，奠定了惠山寺园林的基本格局，并为无锡独特的茶文化、酒文化作出了贡献。

今天我们从古华山门步入惠山寺，山门口两侧耸立着建于唐乾符三年（876 年）的"佛顶尊胜陀罗尼经幢"，建于北宋熙宁三年（1070 年）的"大白伞盖神咒幢"，已列为全国重点文物保护单位。石经幢作为佛门的标志物，为信众提供了一种消灾祈福的方便法门，所谓"众人或见，或其影映身，或风吹其尘落身上，所有罪业，应堕恶道、地狱之苦，皆悉不受，亦不为罪垢污染"。这对石经幢的高浮雕结伽跌坐佛像，还是"惠山大阿福"的原型。进入山门，金刚殿、日月池香化桥、天王殿、金莲桥池、乾隆御书碑亭、大钟亭、唐听松石床、明洪武古银杏、清砖牌科门楼、龙眼泉、大同殿等，将惠山寺的庄严庙貌、净土林泉，一一展现在香客、游人面前。而每个景观后面，都有故事可讲，见证着人世间 1600 年以来的风雨沧桑，又以法喜充满、和谐圆融的环境氛围，让你获得大觉悟、大欢喜、大吉祥。

二、唐宋时无锡的寺庙园林向太湖发展

在唐宋间，无锡湖山胜处的马山祥符寺和"十八湾"的华藏寺等，同样是幽雅景色内外交融的寺庙园林佳例。

耸立在太湖国家重点风景名胜区马山景区高达 88 米的灵山大佛建成后，造就了我国"五方五佛"的新格局，五方五佛是：东方无锡灵山大佛、南方香港天坛大佛、西方四川乐山大佛、北方大同云岗大佛，居中洛阳龙门大佛。已故中国佛教协会会长赵朴初居士《灵山大佛》诗云："从兹圣迹留无锡，随顺群情遇盛时。"灵山大佛虽然建造于 1994—1997 年间，但其根基却缘起于 627—649 年即唐贞观年间由将军杭

恽舍山所建的神骏寺，其寺址在马山第二高峰秦履峰麓的一座小山上。相传西方取经归来的玄奘法师"见此山仿佛灵鹫，呼为小灵山，嘱窥基（一名乘基，俗姓尉迟，玄奘的大弟子）开法"，故又名小灵山寺。宋大中祥符中（1012 年前后）改名祥符禅院，宣和四年（1122 年）升寺。元末寺毁，明洪武二年（1369 年）重建。明开国军师刘基（伯温）有《宿神骏寺》诗云："上马鸡始鸣，入寺钟未歇。草际起微霭，林端淡斜月。僧房谌幽寂，假寐待明发。松径断无人，经声在清樾。"到了正统十年（1445年），明英宗朱祁镇赐给该寺《大藏经》一藏。万历元年（1573 年），重建寺内佛塔。清康熙南巡时，赐额"水月禅心"。咸丰十年（1860 年）毁于战火。20 世纪 90 年代，重建的祥符寺，三宝俱足，重现庄严妙境。"小灵山里建禅场，大佛法中王"，说出了祥符寺佛文化的特色。至于我们把千年祥符寺列为寺庙园林的典型案例，其理由见明人李备的《重建塔记》："祥符寺世传将军杭恽舍山为之，建自唐贞观初。重湖叠嶂，地颇清绝。古有八景：若云窝、若月窟、若万松居，皆散见僧舍。水之流有桥，曰双瑞；山之中有亭，曰望湖；龙井则在厨之东；莲池则在殿之北；共一为浮图。"《重建塔记》中所说"万松"，与明初天竺僧智澜（号空海）在修复祥符寺时大量种松树有关。

花藏寺，古名青山寺，位于太湖十八湾，今滨湖区胡埭镇的华藏山下。古时华、花相通，山名源自此山形如莲花。明末清初无锡人王永积编著的《锡山景物略》称："华藏山，古名青山。前面皆太湖，以太湖为沼，以山为华，华藏之名起焉，华，莲华也。"此前的明万历年间，高僧三峰和尚到此，作偈语道："一花拈出不知花，花里何人是作家？透尽一花花里秘，拈来随手泼金沙。"说出了其中的禅机。清光绪七年（1881年）刻印的《无锡金匮县志·卷十三寺观》载花藏寺建祠原因："宋绍兴间，太师张俊敕葬于此，因建寺墓左，以奉岁祀。"张俊是参与秦桧迫害岳飞屈死风波亭的权奸，所以明末东林党领袖高攀龙谈到华藏寺保留下来的原因时说："非为俊也，为地胜也。"华藏寺旧有云海、堆玉、望湖诸亭，"入门青松夹道，数百步为天王殿，又数百步为大雄宝殿，殿宇壮丽，雅与山称"（引自《锡山景物略》）。俨然古刹山林、禅房花竹之寺庙园林气象。又有"阿弥驮佛"，殿前"古柏放光"，放生池"无尾巴丝螺"和"开肚皮黄鳝"等传说掌故，发人兴会。农历四月初八"浴佛节"，花藏寺例有庙会，热闹非常。后因邑人痛恨张俊所作所为，于清嘉庆五年（1800 年）将张俊墓掘毁，并立碑说明原委。今花藏寺虽为 1996 年易址重建，但一瓣心香，长存湖山间。

三、南宋以后的无锡园林多山庄墅园且多清新野趣

公元1127年的"靖康之变"，金兵攻陷宋都开封，徽、钦两帝被掳。大宋王朝被迫南渡，大批士人纷纷随高宗南迁，不少无锡人回到家乡。受北宋繁荣文学艺术滋养的士人们，在无锡山水胜处，营构了若干墅园、宅园或以原构为隐所，开创了无锡园林别开生面的新格局。其名声卓著者有：梁溪河畔由抗金名相李纲构筑的"梁溪居"，由"南宋四大家"之一、礼部尚书尤袤构筑的"乐溪居"。在宝界山麓、五里湖畔，归隐知州钱绅构筑了以"通惠亭"为主要景观建筑的别墅山庄。长广溪畔，有显谟阁学士许德之在"鹤溪"所构的"许舍"宅园。在马山，有进士名医许叔微构于檀溪的"梅梁小隐"，高官孙觌筑于古竹至耿湾沿湖栈山之麓的"孙觌山庄"。还有无锡第一位状元蒋重珍建于家乡胡埭的宅园"一梅堂"，于早年读书处重修的雪浪庵"蒋子阁"，于惠山龙尾陵所筑的"云龙小筑"等。这些墅园、宅园、隐所的概况为：

李纲（1083—1140年），字伯纪，别号梁溪先生等，祖籍福建邵武，无锡人。北宋政和二年（1112年）进士，宣和元年（1119年）因上疏直谏被谪，弃官回锡。返乡后筑梁溪居，内有中隐堂、棣华堂、文会堂、九峰阁、舫斋、怡亭、心远堂、濯缨亭等，因赋《梁溪八咏》直抒胸臆，兼述园景。如《九峰阁》诗云："小阁峥嵘面九峰，暮天秀出碧芙蓉。孔明本有躬耕志，却合归来看卧龙。"见出梁溪居借景惠山，依水构园之妙。李纲复出后于靖康元年（1126年）任职尚书右丞兼亲征行营使，坚守京城，击退金兵。南宋时，短期任尚书右仆射兼中书侍郎。罢相期间则以梁溪居为隐所。此后虽复出，终难伸报国之志。病逝后，赠少师，谥忠定，有《梁溪先生文集》传世。

尤袤（1127—1202年），字延之，号遂初居士，晚号乐溪，无锡人。他的诗与杨万里、范成大、陆游齐名，并称南宋四家。尤袤于绍兴十八年（1148年）中进士，历官礼部尚书，年七十致仕归家，于城西束带河与梁溪河畔建乐溪居。一说乐溪居故址后为明代秦金购得，在废址上建尚书第；再传为清末薛福成所建"钦使第"。尤袤在乐溪居内堆土为阜，植梅花、海棠数百株，登高眺望，最得溪山胜概。尤袤《落梅》诗云："梁溪西畔小桥东，落叶纷纷水映红。五夜客愁花片里，一年春事角声中。歌残玉树人何在？舞破山香曲未终。却忆孤山醉归路，马蹄香雪衬东风。"以园林之景抒家国之愁，不失诗人本质。园内建筑有万卷楼、畅阁、来朱亭、二友斋等。其中万卷楼与尤袤一生嗜书如癖，晚年更以抄书为乐有关。杨万里说他"延之每退，则闭门谢客，日计手抄若干古书，其子弟亦抄书……其诸女亦抄书"。这些书藏于万卷楼，编成《遂初堂书目》，是我国最早的版本目录，备受学界推崇。尤袤在嘉泰二年（1202

年）病逝，谥文简。尤文简公祠在惠山二泉庭院旁，是幽雅的祠堂园林。

钱绅，字伸仲，号桃坞，吴越王钱镠迁锡后裔，无锡人。宋大观三年（1109年）进士，历官徐州知州。南宋初退休返乡，于宝界山麓、五里畔建墅园为归隐之所。绍兴三年（1133年），于墅园内搜水脉、凿泉潭，因该泉的水质同惠山天下第二泉，故名通惠泉，上建通惠亭，宜兴蒋琋为之记。园内另有遂初亭、望云亭、芳美亭等，言志、仰观、种桃、融情入景，亭因景名，为一时之胜。园址在明代时，先归进士陈宾，植梅数百，号梅坡。再归王问、王鉴父子，构筑宝界山居，一名湖山草堂，遗址今存。通惠泉在扩建鼋渚路时被填没，废址在今鼋头渚风景区门楼内，靠近茹经堂。

许德之（1072—1142年），字振叔，原籍河南，无锡人。北宋绍圣元年进士，历官显谟阁学士、婺州知府。因弹劾朱缅被贬。于是在无锡西南丘陵地带面临长广溪之"鹤溪嘴"，建造名为"许舍"的墅园，"以为归老之计"。宣和五年（1123年）八月，许德之自撰《许舍记》述其详：园占地80余亩，编竹为篱，向阳设门，门内竹径，结柏为屏，内有新畲堂、夷怿堂、释旅堂、赤舄轩、安饷堂、驻云楼、望湖亭、抚咏斋诸景。"抚咏之后，有巨荡，岸傍堆土作堤，广植桃柳，每至春时，红绿间发。沿堤遍插芙蓉。荡中种五色莲花，盛开之日，锦云烂漫，香气袭人，荡桨采菱，歌声嘹亮，杂以画船，箫管间作。至黄昏回棹，灯火万点，与星影萤光，错落难辨。"又跨荡建孝源桥，桥东有祭祀先人的孝源堂。宋高宗南渡后，许德之复职，但他已无心功名利禄，在许舍终老。追赠显谟阁学士兼户部尚书，谥文懿。在惠山古镇的108座祠堂中，有许文懿公祠，已于2009年修复。

孙觌（1081—1169年），字仲益，号鸿庆居士，常州武进人。北宋大观三年（1109年）进士，历官吏部、户部尚书。在对待金国问题上，他是主和派，但又与秦桧有矛盾。南宋绍兴五年（1135年），秦桧专权，为避祸，他在马山的古竹至耿湾沿太湖的栈山之麓建"孙觌山庄"，于此隐居达20多年之久，直至秦桧病死，方复出。孙觌山庄的规模很大，时人称作"十里山庄"。孙觌有文名，尤擅骈体，他在用骈体文自撰的《孙觌山庄上梁文》中称："……抛梁东，春入山村处处同，涧草不锄随意缘，岩花无主谁为红？抛梁南，鼻息齁齁午醉酣，一扇清风吹酒醒，槐公不见府潭潭。抛梁西，乱棘孤藤刺眼迷，雀啅风前红皱堕，鱼跳波底碧圆低。抛梁北，万顷沧波围泽园，风引仙舟到复回，山人俗驾何须勒。抛梁上，霜余木杪浮新涨，肯教百鬼瞰高明，怨鹤惊猿号夜帐。抛梁下，燕省纷纷来庆厦，吴王宫殿旧巢空，共此盖头茅一把……"可见山庄地处幽境，人获自由，湖山清趣，悠然入梦。

　　蒋重珍（1183—1237年），字良贵，号一梅，今无锡市滨湖区胡埭镇蔡村人。其10岁丧父，由母顾氏亲授课业启蒙，后寄居太湖雪浪山之雪浪庵"谭云阁"苦读，曾师从尤袤，研习程朱理学。南宋嘉定十六年（1223年）中状元，是无锡出的第一位状元，历官刑部侍郎。后因与当朝政见不合，于宝庆年间提前退休回乡。重珍少时读书处之雪浪山谭云阁，因名"蒋子阁"，胜迹今存。1919年康有为因荣德生之邀造访梅园，期间为蒋子阁重书阁名匾。又因为南宋蒋重珍状元、与近代蒋介石先生的祖先同出东汉时宜兴蒋澄一脉，所以蒋先生与夫人宋美龄在1928年10月27日、1948年5月17日两次登雪浪山造访蒋子阁。民国21年（1932年），无锡阳山陆区桥人奚铮所撰《无锡富安乡志》（陆区桥镇和胡埭镇原同属富安乡）载："一梅堂，在县西胡埭，宋宝庆间，蒋文忠重珍致仕归筑，堂后有万竹亭，皆自为记。"又载："云龙小隐，在龙尾陵道，蒋重珍别业。"其中一梅堂原是蒋重珍在中状元的第四年，在家乡所购房屋以侍奉老母，绍定六年（1233年）蒋重珍回乡养病，翻建该屋为宅园"一梅堂"。园内遍植竹梅，有万竹亭。蒋重珍著《万竹亭记》谓："余已记一梅堂，复为后圃，开林为径，缚亭东偏，匾曰万竹。亭有池，池有上梅，梅之外，琅玕森然，向台而立，如众贤盍簪，挺挺其清也；如三军成列，懔懔其严也。风清月明，发挥高爽；雨阴雾暗，韬晦蒙密，景物常变，皆启人意。"见出该园不以建筑取胜，而于植物造景中得其清新高风，以陶冶心灵。嘉熙元年，蒋重珍病故，谥文忠，赠朝议大夫。2003年，"蒋重珍故里状元井"被公布为无锡市文物保护单位。

　　在元代最负盛名的无锡园林，是大画家倪瓒建在家乡祗陀里（今东亭镇长大厦村）的住宅园林。倪瓒（1301—1374年），字元镇，号云林等。其号即寓园林意，明末清初王永积《锡山景物略》称："盖瓒世居祗陀里，多乔林，爱之，建堂名云林，故号云林也。"该宅园占地90亩，得14景，主建筑名"清閟阁"。《泰伯梅里志·卷七》载："清閟阁在祗陀里，元高士倪瓒故居。旁列碧梧奇石，设古尊罍彝鼎，法书名画其中。生有洁癖，阁前梧石，日令人洗拭。秋风坠叶，令童子以针缀杖头挑出之，不受点污。"该志又引《西神丛话》云："清閟阁制如方塔，仅三层耳。高比明州之望海，方广倍之。启窗四眺，遥岑远浦，尽在睫前。而云霞变幻，弹指万状，窗外巉岩怪石，皆太湖灵璧之奇。碧梧高柳，葱茏烟翠，凉阴满苔，风枝摇曳，有若浪纹。阁左有二三古藤，蜿蜒盘曲，恍若木栈。"倪瓒画与黄公望、吴镇、王蒙齐名，合称"元四家"，画作多以水墨写太湖景色，意境幽淡萧瑟，所谓逸笔草草，聊写胸中逸气。又擅诗，工书法。以此视其所构园景，必能洋溢诗情画意而抒胸中逸气。

此外，元代诗人华瑛在无锡西门外所建"溪山胜概楼"亦遐迩闻名。该楼建于顺帝至元五年（1339年），左笔书法家郑元祐《溪山胜概楼记》言其："独华君别墅，在无锡西门，惠山横陈，悉露其深秀。凡山之霏烟泄云，雨纾晴晦，朝辉夜光，吐获闪映，以至于山之竹树水石，春腴夏阴，揪歛而劲实者，不出于其别墅几席之上，则在于檐座之间矣。"可见该楼之长为借景惠山，以惠山的深秀来渲染墅园景色。

四、明清时期无锡造园之风遍及城乡

自明中叶至清早期，无锡社会经济除明末清初因社会动荡遭短期重挫外，得到了较快发展。农田垦殖规模的不断扩大，农耕技术的不断改良和普及，使无锡成为著名的江南"产粮大户"。粮食、土布、土丝等随着交易量的不断递增，发展为米、布、丝、钱四大码头的滥觞。该历史阶段的无锡在社会经济发展的同时，文化也获得长足的进步。尤其是公、私教育受到广泛重视，造就了无锡人才辈出的局面。所有这些，无疑对于无锡园林的发展，提供了良好的社会生态。当时无论在县城之中，还是东乡、南廓、西郊、北塘，甚至被称为大运河天关、地轴的黄埠墩和西水墩，也无论是宅园、墅园以及书院园林、诗社园林、寺庙园林、祠堂园林，都呈现出烂漫盛开之势，尤其是作为无锡西部屏障的惠山，诚如明代王穉登《寄畅园记》所述："环惠山而园者若棋布然。"限于篇幅，这里只能选择较为典型的案例，作扼要介绍。

在古代，无锡基本是县级建制，县城始建于汉高祖五年（即公园前202年）。当时城址东为运河即今中山路，西抵梁溪即今古运河内侧的解放西路，北起今连元街、南止今东、西大街。唐宋时城址扩大，拓展至今解放环路内。城小园不多，且用地紧凑，园景强调小中见大，以少胜多。例如：明景泰二年（1451年）进士、副都御史盛颙建于城中的后乐园（又名方塘书院），内有主厅"清风茶墅"，废址后纳入今公花园。正德时，广东按察使冯夔在北禅寺巷建竹素园，园废后其园中湖石巨峰"石丈人"移入惠山顾可久（洞阳）祠。嘉靖五年（1526年）进士，以兵部侍郎移镇两广的谈恺，被解职回乡后，于小娄巷建宅园万备堂，其堂"宏敞高华，三面皆乔松修竹，茂密阴郁，北枕巨池，池上垒石为山，参云摘月，炎暑若秋，其奇境也"（引自《锡金识小录·卷三》）。万备堂遗址后为秦氏所有。园内太湖石"五老峰"传为宋"花石纲"遗物，20世纪60年代初移入锡惠公园秀嶂门内，毁于"文化大革命"期间。此外，距小娄巷不远的旱桥弄内，有嘉靖进士俞宪所筑的读书、独行二园，两园之间隔着烈帝庙，架旱桥相通，岸桥弄因此得名。其园"重楼邃阁，极一时觞咏之盛"（引自《锡金考乘·卷三》）园废后，原独行园内太湖石"绣衣峰"，在清末民初时移入公花园南大门内。

与上述城里的宅园相比，无锡东乡由安国、华察等构筑的墅园或宅园，其规模要大得多。安国（1481—1534 年），字民泰，号桂枝，早年经商致富，是当时全国 17 位富豪之一。但他对社会的最大贡献是铜活字印刷，其所印之书，世人多珍之，如宋版，有很高文化价值。明嘉靖年间，因岁旱民饥，安国用大批粮食募民千余，自春及夏在胶山南麓挖渠凿池，以灌溉农田，活民无数。池中有金、焦两墩。至曾孙安绍芳，辟潨潗泉、兰岩、石道、遁谷、晨光坞、层盘、花津、含星濑、鹤径、凫屿、一苇渡、上岛、中洲、藻渚、息矶、素波亭、虚籁堂、景榭、空香阁、夕霁亭、萧阁、回梁、爽台、荣木轩、雪舲、风弦障、松步、椒庭、沃丘、镜潭、疏峰馆、醉石等 32 景，被评价为"东南名区"。著名文人王世贞为之作《西林记》。遗址内今存水池和金、焦两墩。在胶山，还有安国在嘉靖初所筑嘉荫园，内有宏仁堂、玄揽阁诸景。此外，安国后裔在西林附近还筑有南林、已园等，以为静养读书之地。

继安国之后，同样在无锡东乡把造园做得风生水起的是生于荡口、后来迁居东亭的"华太师"华察。华察（1497—1574 年），字子潜，号鸿山，南齐孝子华宝的后裔。他 29 岁时就高中进士、钦点翰林，历官翰林院掌院学士。因编修国史是翰林院的工作职责之一，所以翰林也可称作"太史"。华察为官不足 20 年，48 岁时便"抗疏乞归，拂衣归田"。他在荡口建占地 40 亩的嘉遁园，园内"主峰名五老峰，后为舞袖峰，前后六峰，峰峰壁立，环上下左右"（引自《锡山景物略·卷八》）。建筑"有木石居、忘言斋、松筠阁、碧山堂、知退轩、避俗处、清机阁、学鸥舫、水月轩、面壁亭、晴雨轩、水竹居、虚白斋、梅花涧、能老窝、碧山仙隐、独观阁、自适斋、狎鸥轩、留客处诸胜"（引自《泰伯梅里志·卷七》），遗址在今荡口中学一带。嘉遁园之东，又有乐榆园，亦华察筑。华察迁居东亭后，"置大第，至今过其前不敢仰视。侯门王府叹壮丽不如也。东西两园，不山不水，能自山自水，极土木之胜。五步一楼，十步一阁，琼宫阆苑，竟出人间"。华察一生做过不少好事，在乡里口碑亦佳。虽然他的年龄比苏州才子唐伯虎要小不少，且华察中进士刚跨过做官门槛那年，唐伯虎已病逝，但由于"豪宅问题"，他竟成为明末著名文学家冯梦龙笔下《唐伯虎点秋香》中的东亭华太师原型。即使华察本人，对该豪宅仅石灰一项就费四千金，也认为确实过于奢华，"公自知之矣"。华察的豪宅问题还衍生出两则传说：其一为这事传到京城时，竟讹传为华察在东亭造了座"龙亭"。朝廷震惊，派员私访。幸有在京好友抢先通风报信，华察得以采取积极的辩诬应对措施。于是有"千日造龙亭，一夜改东亭"的说法流传。

其二为华察搬到新宅后，门生故吏、至亲好友往往定期在无锡城东门外约齐后，骑马前往华府探省拜访。为方便上马，就在路边专门放置一块垫脚的石墩，"上马墩"由此成为这里的地名。这两个传说是真的吗？据成书于元代至正年间（1341—1368 年）的《无锡志》记载，在"邑里·乡坊"之梅里乡已有"隆庭"地名。成书于明代弘治七年（1494 年）的《重修无锡县志》记载：在"地理·乡都"之梅里乡有"隆亭"地名；"山川一·墩"又记载"上马墩"在景云乡的"塔水桥东"。清康熙二十九年（1683 年）所刻《无锡县志·乡都》在梅里乡仍有隆亭地名。这说明：在华察建豪宅之前或之后的数百年间，宅基所在地的地名一直未改，仅仅"隆"谐音"龙"而已。直到乾隆老佛爷坐了龙庭后，据说为避讳，"隆亭"才改名"东亭"。又说明：在华察出生 3 年前，"上马墩"已见于官方记载，可见上马墩同样与华察无关。当年华察的豪宅，今仅剩门坊，1983 年以"华学士坊"名称被公布为无锡市文物保护单位。

说来也巧，在无锡南门外菰读桥（今耕读桥）之南构筑"菰川庄"的华云，却与华察、安国或多或少"搭界"。华云（1488—1560 年）、华察都是华孝子后裔，在氏族中是平辈，华云年长华察 9 岁。华云的父亲华麟祥是与安国齐名的大富豪，当时有谚云："安国邹望华麟祥，日进黄金用斗量。"但华云没有躺在父亲的钱袋子上甘当"富二代"，而是走读书做官的道路。华云在明嘉靖二十年（1541 年）中进士，历官刑部郎中，改兵部员外郎，约在 60 岁时告老还乡。先建海月亭、剑光阁，离阁不远处建菰川庄，"槐柏翳如，花竹分列，池馆亭树，胜甲梁溪"。该庄园规模很大，俗称"大庄里"，后废。遗址由曾孙华时亨舍为佛地，先建藏经楼，后于大悲楼前建大殿供奉观音菩萨。大殿前厢房，左奉关帝，右供华孝子像，名福成庵。

说罢东南说西北。在无锡西门外至北塘一带，由顾可久、顾可学分别构建清溪庄和蓉湖庄。两顾是同宗兄弟，但口碑不大一样。顾可久（1485—1561 年），字与新，号洞阳，明正德九年（1514 年）进士，是不畏权势、匡扶时弊的著名谏臣，在任职广东按察副使时，驻节琼州（今海南省），多次主持乡试，所取举人中，即有后来人称"海青天"的海瑞，顾可久是海瑞十分敬重的老师。而其从兄顾可学，竟以礼部尚书之尊，向好色的皇上进呈性药配方，为士人所不齿。清康熙《无锡县志·卷七》载："清溪庄去西定桥一里，顾副宪可久筑，施武陵渐为十景诗。地当溪流始广处，得烟波鱼鸟之乐。"庄内有在涧亭、山阳亭、竹房、桂馆、东皋、南山隈、纲集潭、个竹罔、双榆陌、鲂鳡堰、观水闸、紫岩楼、芙蓉池诸景。园废后，其半为圆觉庵。故址在今威孚公司后门一带。而蓉湖庄的园景，据王永积《锡山景物略》称："去（惠）

山不二里，与黄阜（黄埠墩）、北塘相望者，蓉湖庄也。清波绕门，烟深树莽，入山者或一舸中流，凌风骤泊，可归帆容与，余兴未阑，咫尺桃源，亟宜问津。山堂朴野，林立之石，诡肆错出，再得名山一撮合之，直当拜杀米颠矣。湖上草堂，欹曲清冷；步闲廊，过别槛，宛委入妙；清音阁，翛然独立；更有木绣天、花茵地，亭台池馆，旷室密房，整散各生，鸿纤互引，栖迟游冶，无往不宜。凭高眺望，又不止山色撩人，远水帆樯，横塘灯火，悉为几席间物。近城名胜，实无逾此。"对于康熙《无锡县志》所谓"此庄不详其创始"问题，一说因士人对顾可学的所作所为不认可，所以在著述中不记其名。然据顾氏后裔查《家谱》得知，蓉湖庄的创始人实为顾可久的堂兄顾可立（字与中），他是恩贡生，嘉靖间曾官直隶霸州同知，后辞官归里。因顾可立为人低调，所以建蓉湖庄而不显园主之名。此公在蓉湖庄造园过程中，于园中树太湖石九峰，面对惠山九峰，又另立一峰以自拟，园门亦朝向惠山，自号"十峰山人"。融身入境。钟情斯园，于此可见一斑。蓉湖庄后为寄畅园第三代园主秦燿所得，其后裔舍为佛地，建蓉湖禅院，废址在今运河公园李家浜南岸一带。

作为无锡城西部屏障的惠山，历来为园墅渊薮，其有名可稽者，不下 10 余座，这还不包括大量的寺庙园林、祠堂园林等在内。在山麓墅园中，最著名的非寄畅园、愚公谷莫属。寄畅园将在后面专门论述，这里对愚公谷作简单介绍：愚公谷故址在春申涧、第二泉、惠山寺之间，内有惠山"九龙十三泉"之龙缝泉。初为惠山寺的别院"听泉山房"；明正德中，冯夔改作墅园"龙泉精舍"；后属顾起纶，名"玉鹿玄邱"；明万历十五年（1587 年）为邹迪光购得，取唐代柳宗元"名溪为愚溪，丘为愚丘意"，构筑墅园"愚公谷"。邹迪光（1550—1626 年），字彦吉，别号六度居士，明万年二年（1574 年）进士，历官湖广提学副使，因不入时流，"不四十便拂衣归"。邹迪光本人精于书画，又请名画家、松江人宋懋晋帮助擘画设计，故愚公谷的堆山理水、建筑营构、花木配植等悉符画本，又富哲理，有着深刻的文化内涵。其造园活动历时十载，得六十景，一时胜绝吴中。邹迪光是无锡园林史上的一代大家，造园崇尚自然，提出"园林之胜，惟是山水二物"。所著《愚公谷乘》叙造园始末，颇多见地，是无锡第一部造园专著。邹迪光逝世后，园传次子邹德基，德基有才名，性疏狂，人称"邹二痴子"，为仇人买盗所杀，园废。愚公谷仅历 40 年左右，即为华氏、胡氏及诸同姓所分割。留存至今的旧物仅黄石水池、"石公堕履处"石梁、古银杏和古玉兰树各一。1983 年，"愚公谷旧址"被公布为无锡市文物保护单位。

愚公谷之南，有几度兴废的诗社园林"碧山吟社"。明成化十八年（1482 年），

明代张复绘《西林三十二景》之上岛、素波亭、爽台、空香阁图（转引自《无锡园林志》）

明代沈周绘《碧山吟社雅集图》局部（转引自《无锡园林志》）

以宋代著名词人秦观后裔秦旭为首的无锡 10 位诗坛耆英，结社建碧山吟社，内有十老堂、捻须亭、濯缨亭、流馨亭、借山亭等建筑，又凿涵碧池，开芙蓉径，辟古木坡等。苏州状元吴宽以诗致贺，沈周绘《碧山吟社雅集图》，无锡邵宝等题跋。诗社盛名，美誉江南。嘉靖三十三年（1554 年），秦旭曾孙秦瀚相约顾可久、王问、华云、华察等 18 名士，复碧山吟社，又筑绍修堂、吟坛等，并摩崖刻石，记诗社盛事。文徵明为题匾额，该"碧山吟社"金字石匾今存。清初，秦旭九世孙秦松龄与严绳孙等再复诗社，姜宸英亦时来相会。雍正年间，松龄子秦实然召集名流，于望益楼分韵赋诗，绘图作记，三续诗社。此后，该诗社又经反复，但遗韵流传至今。2003 年，"碧山吟社旧址"被公布为无锡市文物保护单位。

与惠山风景区相对应的，是无锡西南太湖、五里湖一带多佳山水。所以，得山水之胜而尤擅清新野趣的墅园山庄得以应运而生。自明后期至清初，可作佳例的有：王问、王鉴父子的隐所"宝界山居（湖山草堂）"、高攀龙的水上别墅"高子水居"、杨维宁（字紫渊）建在管社山的隐所"杨园"等。

前面已提到，王问所筑宝界山居（湖山草堂）的原址，最先是南宋初钱绅所筑墅园，继之为明进士陈宾所筑"梅坡"，此后 100 年归著名书画家王问。王问（1497—1576 年），字子裕，号仲山，明嘉靖十七年（1538 年）进士，历官南京兵部车驾郎中，调任广东按察司佥事，途中告归，以侍养老父。其父逝世后，王问"筑堂湖上，读书三十年不履城市，数被荐不起"（引自《明史》）。其子王鉴（汝明），嘉靖四十四年（1565 年）进士，效法父亲，托病辞官告归，在湖山草堂侍奉王问，父子以书画自娱。明著名文学家归有光《宝界山居》谓："先生早岁弃官，而其子汝明始登第，亦告归。……今仲山父子嘉遁于明时，则其于一切世纷若太空浮云，曾不足入其胸次矣。"王问在湖山草堂辟有万松径、白莲池、芦湾等三十五景。1936 年元旦落成的

茹经堂，其用地即在湖山草堂遗址范围内。1986 年，茹经堂和原在湖山草堂遗址的《湖山歌》碑分别被公布为无锡市文物保护单位。

明东林党领袖之一高攀龙始筑于万历二十六年（1598 年）的"高子水居"，其原址位于五里湖（蠡湖）东北角老地名叫作"鱼池头"的地方，现已没入湖中。高攀龙（1562—1626 年），字云从，改字存之，别号景逸，明万历十七年（1589 年）进士，6 年后弃官回锡，在水居生活了 20 多年。其间，他在万历二十三年（1595 年）与前吏部考功司郎中顾宪成等重建东林书院，作为讲学之所，评议朝政，裁量人物，成为当时影响朝野的社会舆论中心。天启元年（1621 年）复出，历官左都御史，因遭阉党魏忠贤残酷迫害，在天启五年（1625 年）削职为民，东林书院被拆毁。翌年投水自尽。崇祯初，高攀龙平反昭雪，追赠太子太保，谥忠宪。高子水居原来的建筑比较简单，即湖中小洲而筑，屋在池中，池外有堤，堤为湖抱，以桥相通。《锡山景物略·卷六》载：水居"室筑水中，堤环水外，湖又环堤外，小桥通焉。屋只数楹，四面临水，自春徂冬，溪光山色，树影花香，渔舟夜集，以数百计，若外护然"。可楼是水居的主建筑，四面设窗，可观山、望水、来月、邀风。据高攀龙《可楼记》："水居一室耳。高其左偏为楼，楼可方丈，窗疏四辟。其南则湖山，北则田舍，东则九陆，西则九龙峙焉。楼成，高子登而望之曰：可矣。"楼前堤外，筑圆形"月坡"，因水涉趣，有独到之处。鉴于高子水居原址已废，2005—2006 年间，于原址附近，按水居意境，择地建水居苑及高攀龙纪念馆，规模比原水居要大得多。

清初"杨园"所在的管社山（又名北犊山），它与今太湖工人疗养院所在的独山（中犊山）、鼋头渚所在的充山（南犊山）共同构成了今天鼋头渚风景区的脊梁。杨园的主人杨紫渊，他在清兵入关后，择地管社山东南麓，地名东管社处，建隐所"管社山庄"，此即杨园，率妻携子居此。园中筑堤植柳，规湖为池，养鱼种荷，菱芡不绝，有柳堤、莲沼、石天、眠螺等自然胜景；又开凿岩壑，兴建楼宇，构筑了翠胜阁、尚友堂、潜乐堂等起居、会客之所。杨紫渊性情刚直，臂力超人，使一对铁鞭，又有上好轻功，并练就"金钟罩铁布衫"护体神功。据说他居管社山时，夏夜常铺一席于湖，载酒浮至中犊山纳凉，中夜方归。清顺治乙酉年（1645 年），黄蜚起兵太湖，自后常有湖匪出没，杨紫渊曾两次独力击退湖匪抢掠。他虽然武功了得，但平时不与人言武事，治生之暇，读书赋诗，布袍草履，与渔樵为伍。所结交的朋友，亦多同道，故园中无俗客至。杨紫渊逝世后，即葬于杨园。杨紫渊的遗物中，有一根铁鞭现藏广福寺。杨园遗址亦可考查。

此外，清康熙甲申年（1704 年）三月，秦敬熙得中桥王永积"蠡湖草堂"废庄，筑"半园"，广十余亩，营造 15 年，筑有聚星堂、湖北草堂、池上居水阁、古香亭等。而该半园的园基，可追溯至明无锡诗人施渐（1496—1556 年）在中年所筑隐所"武陵草堂"。后传给其子户部主事施阳德（字复徵），因其任上病故，家贫缺钱归葬，家属只得将武陵草堂贱卖给宜兴堵氏。明末清初时，又归曾任崇祯朝兵部职方司郎中的邑人、《锡山景物略》作者王永积，于此筑蠡湖草堂。再转归秦敬熙。同在康熙年间，

明代王问（仲山）绘于宝界山之《可吟亭图》局部（转引自《无锡园林志》）

顺治六年（1649年）进士侯昪于城中映山河仿寄畅园建"亦园"。半园、亦园，今无存。

以上所说为无锡的古典园林，这些园子虽然定格在不同的时空，规模大小不一，品位也有高低上下，但都有一个共同的特点，即传承文化，园因心造，寄情山水，向往自然，反映了园主们共同的精神诉求。

五、百年工商城为无锡近代园林的崛起奠定了经济基础。

清道光二十年（1840年）鸦片战争后，中国逐渐沦为半殖民地、半封建社会。至咸丰十年（1860年），英法联军攻陷北京，南方因太平天国战事，社会陷入大动荡。该年四月初十，太平军李秀成部与清军在惠山激战后，从西门攻入无锡城，直至同治二年（1863年）十一月初二，清军李鹤章部架云梯克复无锡（李鹤章为李鸿章之弟、淮军将领），太平军在无锡历时1291天。在反复攻防争战中，包括惠山寺、天下第二泉庭院、寄畅园、大运河中流"黄埠墩"和"西水墩"、马山祥符寺等古典园林在内的大量房屋建筑被战火焚毁。民生凋敝，土地荒芜，人口锐减一半以上，缺粮时甚至发生"人相食"的惨剧。

随着上海开埠成为"冒险家的乐园"，社会经济畸形发展，外资进入，又因洋务运动的兴起，商品市场的扩大，大批廉价劳动力的涌入，一批无锡人倡导实业救国，无锡社会经济触底反弹，较快恢复。先是无锡米市在同治五年（1866年）由南门向北塘全面复苏，至光绪九年（1833年）已发展为沿大运河自北门外三里桥至南门外伯渎港的"八段米市"。光绪十四年（1838年），清政府命江浙一带的南方漕运集中在无锡办理，无锡米市由此进入盛期，并促进了兼营仓储和质押贷款的粮食、蚕丝堆栈业，以及土布码头、土丝码头、由钱庄和新式银行组成的钱码头的同步发展。更值得一提的是：在光绪年间近代无锡民族工商业破茧化蝶，以沪宁铁路设无锡火车站为起点的水陆交通运输业得到较快发展，新式学堂开始取代旧式教育等，都说明随着无锡文明程度的提高而进入新一轮的社会转型期。在此期间，原为李鸿章幕僚的杨宗濂、杨宗瀚兄弟于1895年创办了无锡第一家近代工业企业"业勤纱厂"；世居无锡西郊荣巷的荣宗敬、荣德生兄弟于1900年创办了无锡第一家面粉企业"保新面粉厂（后改名茂新）"；传为话剧《雷雨》周朴园原型的周舜卿（周朴园是煤矿董事长，周舜卿人称"煤铁大王"开过矿山；周朴园抛弃为他生了儿子、女儿的侍萍，娶了繁漪，周舜卿让发妻王淑贞在生了一个儿子后就回娘家独居，自己另娶夫人）于1904年在家乡周新镇创办了无锡第一家机械缫丝企业"裕昌丝厂"，1906年沪宁铁路设无锡火车站……至1936年，无锡有纺织、面粉、缫丝、印染、铁工等20个工业门类，计315座工厂，资本总额1407万元，在全国工业城市中占第五位，年总产值7726万元，仅次于上海、广州，居全国第三位，产业工人总数达6万余人，居全国第二位，无锡被称为"小上海"。

正是这种经济基础和社会生态，孕育了"具有自然山水园林大格局和西风东渐时代特征"的无锡近代园林，造就了"无锡园林区别于苏州园林、扬州园林而具有的个性特征"（引文为中科院院士齐康语）。这些园林包括1905年开放的由无锡士绅集资兴建的锡金公花园（又名城中公园），该公园也是由国人建造为国人服务的我国最早的城市公园之一。此外还有1921年由杨宗濂（字艺芳）之子杨寿楣（字翰西）在广勤路兴建的于胥乐公园，1929年由李鹤章祠改成的惠山公园。

以私家别墅园林向公众开放的有：1912年由荣德生始建于西郊东山、浒山之上的荣氏梅园；1915年由杨翰西等捐建的管社山万顷堂；1916年由杨翰西始建的鼋头渚横云山庄；1918年由荣张浣芬建于横山之麓的桃园；1918年在东大池由陆培之始建，约在1927年转让给徐燕谋的小桃源；1921年、1929年分别由陈子宽、荣鄂生始建在中独山的子宽别墅、小蓬莱山馆；1924 年由杨翰西舍地，量如和尚募建的广福寺；1924 年由陈仲言建在充山之东、鹿顶山南麓的茗圃（陈家花园）；1925 年由蔡缄三委托量如和尚建在广福寺旁的退庐；1927 年由王心如建在充山西南、面对太湖的太湖别墅；1927 年由王禹卿建在五里湖畔的蠡园；1929 年荣德生为兄长荣宗敬建在小箕山及沿湖的锦园；1930 年由陈梅芳始建的紧靠蠡园的渔庄（一名赛蠡园）；1931 年由郑明山建于充山沿湖山坡的郑园；1934 年由上海交大、无锡国学专修馆两校校友为老校长唐文治所建的位于宝界山麓、面向五里湖的茹经堂等。

在城内所建宅园至今保存完好或基本完好的有：由薛福成筹划、其子薛南溟具体经办，建于 1890—1894 年，位于城西的钦使第（薛家花园）；1908 年由杨味云建在城中长大弄的云薖园；由薛南溟始建于 1911 年，后成为其子迎娶袁世凯女儿袁仲桢的欧洲巴洛克风格住宅园林，该宅第与钦使第仅隔前西溪；1925 年由蒋东孚建在城南汤巷的香草居（蒋家花园）；1921 年由秦毓鎏建于福田巷的佚园；1932 年由缪斌建在新生路的缪公馆；20 世纪 30 年代由王禹卿建在中山路的花园洋房等。此外，周舜卿在 1900—1902 年在家乡建成周新镇后，又于该镇之临水佳处构筑了显示门第的"避尘庐"，宅园内有假山、莲池、曲桥等，配植四季花木，并建中西合璧的观山楼。中华人民共和国成立后，该宅园改建为粮库。20 世纪 80 年代，因粮库拓建晒场，拆除太湖石假山，用船将这批太湖石全部运至锡山南麓、新运河畔新建的吟苑内，物尽其用，为吟苑增色。而 1927 年唐星海为贺父亲唐保谦六十大寿，于大运河畔蓉湖庄构建的蓉湖别墅，中华人民共和国成立后辟作蓉湖公园，1958 年因开挖新运河，园废。原置园内的大量太湖石运往梨花新村筑砌驳岸。以上所说无锡近代园林，除少数外，将在各论中分门别类作讲解。这里就不再一一展开。

六、现当代无锡园林在继承中发展，在发展中继承。

老天特别垂青无锡人。古时候，无锡东北部有面积超过一万五千顷的无锡湖，因湖中盛产别名水芙蓉的荷花，所以又称芙蓉湖，它与惠山、锡山组合成景，十里青山万顷湖，把千年无锡古城衬托得分外妖娆。无锡西南，又有三万六千顷太湖和七十二峰组成了山长水阔、重湖叠巘的平远山水，就像一轴徐徐展开长达百里的青绿山水长卷，令人向往，令人陶醉。无锡又处于北亚热带季风气候区，四季分明，雨量丰沛，自然植被丰富。据不完全统计，除栽培植物外，自然分布于本区及外来归化的野生植物共 141 科，1000 多种（包括 950 种和 75 变种）。而无锡人在造园时，十分注重保护原有的古树大树及山坡上的天然植被，其典型案例前者如寄畅园，后者如鼋头渚横云山庄。在寺庙园林方面，也不乏绿化模范，如：明初主持修复惠山寺的普真（性海）和尚，在寺内种银杏，寺外辟茶园，又栽松万株。元末明初主持修复马山祥符寺的天竺僧智澜（号空海），号称种松多达上百万株。这种山水植物皆备于我的优越自然生态，让无锡园林从一开始就与自然结缘。无锡园林的最大特点，就是从自然中来，又到自然中去。诚如原国家建设部副部长、两院院士周干峙所说："无锡园林有一个重要特色，就是与大自然的融合，有一个'大园林观'的传统。从历史上的园林看，造园已经和自然山水、城池、交通综合布局，形成'小园林，大环境；小天地，大自然'的浑然一体。"

这里必须指出的是，由于无锡山林长期处于只伐不造、伤于渔樵的状态，在抗战时，仅有的森林资源又遭侵华日军劫掠殆尽。1948 年 5 月 17 日偕夫人宋美龄第三次游览太湖鼋头渚的蒋介石先生，对随行的无锡县负责人说："太湖风景极佳，惜花木尚少，湖滨至惠山一带，至少应再培植树木五十万株。"（引自 1948 年 5 月 17 日《锡报》有关报道）蒋先生这句话并没有错，但是他实现不了。

中华人民共和国成立后，响应毛泽东主席"绿化祖国"号召，无锡在 1950—1952 年、1958—1959 年掀起以荒山造林、封山育林、实行大地园林化为目标的两波绿化热潮。改革开放后，在全国人大关于开展全民义务植树运动的决议公布后，无锡城乡绿化无论从深度、广度方面都进入了发展新阶段。在 21 世纪，无锡市在 2003 年开始实施"绿色无锡"三年行动计划，2006 年又接着实施第二个"绿色无锡"行动计划。绿野阡陌、层林尽染的绿化风貌，让无锡迭获国家园林城市，国家森林城市，中国优秀生态旅游城市，国际花园城市等殊荣。在这新的历史时期，先是一批古典园林、近代园林经保护、整修、缀联、拓展，形成今日锡惠名胜区（锡惠公园）、梅园横山风景区（梅园公园）、太湖鼋头渚风景区、蠡湖风景区及蠡园四大板块。继之，一批新园林拔地而起，它们在生态建设和文化建设上都取得了令人瞩目的成绩。对此，周干峙先生评价道："无锡有确切文字记载并有遗迹可辨的造园史约在一千五百年左右。至唐宋时代，江南经济繁荣，城市园林已有相当规模和不少创建。可惜保留至今的遗物太少了。现在残存的文物园林大都是明清时的古园和民国时期的近代园林。今天我们所说的无锡园林原有不少是中华人民共和国成立乃至改革开放以后所建。无锡在建设新园林过程中，注意了历史文脉的传承和对先人造园艺术的借鉴。不少新园林在新的历史条件下，在更广阔的天地里发挥创造性，而留存的古典园林和近代园林又得到良好保护，如寄畅园、天下第二泉庭院、荣氏梅园、锡惠名胜区、鼋头渚、蠡园、公花园、泰伯庙和以大佛著称的灵山胜境——祥符寺等，都取得令人瞩目的成果。"

　　改革开放后建设的无锡新园林主要有：央视太湖影视城、灵山胜境、雪浪山生态景观园、军嶂山龙寺生态园、马山龙头渚公园、惠山国家森林公园、青山公园、太湖花卉园、黄埠墩和运河公园、江尖公园、西水墩文化公园、吴文化公园、清扬公园和靖海公园、鸿山遗址公园、长广溪国家城市湿地公园、梁鸿湿地生态公园、湖滨带状湿地、十八湾湿地、尚贤河湿地、锡北运河湿地公园、惠山新城湿地公园、管社山湿地等。相信这批年轻的风景园林、旅游胜地，随着绿植的逐年滋养，人文的逐年积累，意境的不断优化，今后会变得更美。

第三章 艺术特色

1916 年 8 月 25 日，美国国家公园管理局（National Park Service，NPS）正式成立，其使命正如同年颁布的《美国国家公园管理法》所说："保护自然风光、野生动植物和历史遗迹，为人们提供休闲享受，同时不能破坏这些场所，将之传给后代。"如果我们稍加分析，美国国家公园所要保护的，不正是中国园林所要追求的吗？至少无锡园林就是这样做的。例如：同在 1916 年始建于太湖鼋头渚的杨氏墅园横云山庄，比它更早的荣氏梅园，还有更早的无锡古典园林中的若干寺庙园林和山庄墅园等。已故陈从周教授在其名著《说园》中说："我国名胜也好，园林也好，为什么能这样勾引无数中外游人，百看不厌呢？风景绚美，固然是重要原因，但还有个重要因素，即其中有文化、有历史。"我们把这段著述与上面所引《美国国家公园管理法》有关规定相对照，"勾引无数中外游人"可与"为人们提供休闲享受"相对应，说的都是目的、宗旨；"风景"和"自然风光"几乎可以划等号，文化历史所衍生的物质成果就是"历史遗迹"。所不同的：美国对自然遗产、文化遗产的保护，更多的靠立法，靠法律制度来推行维护；中国园林则靠文化感悟，既然"天人合一""道法自然"，那么，人对自然的敬畏就是对自身价值的肯定和尊重，亵渎自然就是亵渎自己，破坏自然无疑等同自杀，同时还靠造园艺术手段，把自然风光、野生动植物、历史遗迹等吸收到或组织到园景之中，文物因园林而保护，园林因文物而生辉。相互辉映，珠联璧合，创造出"将之传给后代"的美丽园林。当然，随着我国立法的不断完善，依法办事更加深入人心，我们相信，对于中国风景名胜、文物园林的保护会做得越来越好。

下面，更多从实践角度说说无锡园林的艺术特色。

一、尊重自然，三分人意

曾国藩说过一段充满人生大智慧的至理名言："毋与君子争名，毋与小人争利，毋与天地争巧。"君子最重名节操守，甚至可以为之牺牲生命，舍生取义、杀身成仁的故事多得数不清。据说，世界上最怕两种人：一种是不要命的人，一种是不要脸的

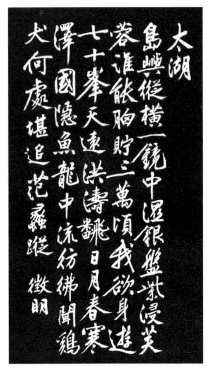

（左）明代文徵明的《太湖》诗，点明太湖山水的典型之美

（右）郭沫若的《咏鼋头渚》诗，描绘了此地风景的层次和意境之美

人。君子为了名可以不要命，你争名争得过君子吗？小人见利忘义，可以用最不要脸的手段去获得最大的利益，你有必要与小人去争利吗？曾国藩讲的天地，可以理解为自然，"天然去雕琢，清水出芙蓉"，大美在自然之中。所以，"巧夺天工"仅仅是形容词，"道法自然"才是最高境界。

说到境界，美就是一种境界。美字怎么写？上面一个羊，下面一个大，大羊就是美。为什么？古人造出美字的时候，经济不发达，物质生活很贫乏。肚子饿了好几天，忽然得到一只大羊，烤熟了，外焦里嫩，香喷喷的，撒上盐，挤上青梅汁，一口咬下去，美得很！想到烤羊腿的时候，处于理想境界；吃到烤羊腿的时候，是达到了理想境界。理想境界是一种美，可以发人遐想；达到了理想境界，套句时兴的话，那就是"没有最美，只有更美"。那么自然之美，怎样去理解呢？

清光绪十七年（1891）正月初八，75岁的无锡知县廖纶和友人在西门县衙附近的大运河码头登上小轮船，在西水墩转入梁溪河，经过传为当年范蠡、西施隐居处的仙蠡墩，进入五里湖，沿途看不尽的是两岸农田村舍、鱼池渔村，当小火轮驶过充山和中犊山之间的犊山水门，一拐弯，太湖万顷碧波扑面而来，此时此刻的景象真是太美了。廖纶见此地石崖陡峭雄伟，灵犀一点，即兴挥毫，摩崖题书 "横云"和"包孕吴越"六个大字。"横云"言石壁的形神兼备；"包孕吴越"以超越时空的不凡笔力，把哺育江浙两省"母亲湖"的博大胸怀和绝妙风景定格在这里，把数千万太湖儿女的情思凝固在这里，也把几千年来的历史风云积淀在这里，让你发思古之幽情，留下隽永的回味。这个案例说明：自然之美，美在发现。

1977 年的早些时候，无锡市外事办公室的朱汉卿先生告诉园林部门，山西大同的上华严寺中有明代苏州大才子文徵明撰书的《太湖》诗碑。得此信息的园林部门即在 5 月间，委派书法家王季鹤和鼋头渚负责人薛达荣赴大同将《太湖》诗碑墨拓回来，又据拓片重刻了新碑。《太湖》诗云：

> 岛屿纵横一镜中，湿银盘紫浸芙蓉。
>
> 谁能胸贮三万顷，我欲身游七十峰。
>
> 天远洪涛翻日月，春寒泽国隐鱼龙。
>
> 中流仿佛闻鸡犬，何处堪追范蠡踪。

该诗用优美凝练的语言，高度概括了山外有山，湖中有湖，山长水阔，山水萦绕的吴中平远山水的典型性。又告诉人们，太湖山水的人文之美，要从春秋末期的范蠡、西施说起。而此情此景不正是我们站在鼋头渚所真切地感受到的吗？这个案例说明：自然之美，美在典型。

1959 年 5 月 30 日，第二次造访鼋头渚的大文豪郭沫若写诗咏鼋头渚，开头两句："信步上鼋头，龟丘水面浮。"意思是说：我适性随意地走上鼋头渚，对面俗称乌龟山的太湖三山在水面载浮载沉。在中国传统文化中，龟是四灵之一，而三山小巧秀美的岛形和云雾雨丝中恍如蓬莱仙岛的景象，使其素有灵气、秀气、仙气"三气合一"之说。尤其是那种可望而不可即的况味，更具发人遐想的神秘感。这个案例说明：自然之美，美在距离。也就是我们通常所说，距离产生美感。

那么，对于这些自然美感，无锡园林的造园者又是怎样通过"三分人意"的内外兼修，将它们融入园景的呢？

我们步入"太湖佳绝处"门楼，首先映入眼帘的是长春桥和樱花堤。樱花桥堤让鼋头渚与西北面的太湖似隔非隔；而漫步花堤，堤外波澜与堤内涟漪相映成趣，开花时节更有"满园深浅色，照在绿波中"的诗情画意；即使落英缤纷时，不同游人的不同心境，又可触发不同的审美情趣，既可以是伟大诗人"红雨随心翻作浪，青山着意化为桥"的豪迈气概，也可以是《红楼梦》中林妹妹的"花谢花飞花满天，红消香断有谁怜"。过了上面的长春花漪，继而是一组名为"藕花深处"的水景庭园。它将游人的视线吸引在一个小小巧巧的内视空间里，一时"忘掉"了太湖。待游毕小园，转上山头，景色豁然开朗：烟波浩渺，雄伟如海的三万六千顷碧波一洗胸襟；而山水间错的景观层次又展示了太湖秀丽的内涵；如果是细雨蒙蒙的天气，那种水光沉浮处，山色有无间的朦胧景象，又平添了游人无限的想象空间。园林中有句行话，叫作"景愈藏，境界愈大"，藕花深处起到的正是这种作用。如果园林要评百花奖的话，藕花深处可以当之无愧荣获最佳配角奖。

　　以上所说是"内修"，"外修"又怎样呢？陈从周教授说："园有静观、动观之分……何谓静观，就是园中予游者多驻足的观赏点，动观就是要有较长的游览线。"鼋头渚西南沿太湖一带，有较长的动态游览线，于是园主就在山体突出的临水部位，倚山布置了兼有导航、标志、观景功能的鼋渚灯塔，兼有休憩、赏景功能的涵虚亭、澄澜堂、飞云阁和阆风亭、霞绮亭、戊辰亭等。这些建筑或挺拔，或雄伟，或典雅，总之都以丰富的建筑语汇，包括体态形式、体量大小、色彩浓淡等，都让人觉得在这个特定的环境中都是那样地得宜、得体、得当，都是那样的和谐，与环境浑然一体。而且想休息一下时，恰好那里有张椅子或一块平整的黄石；想看看风景，恰好所在位置就是欣赏大好湖山的最佳角度。把点缀湖山、吸引游人、观赏风景，即所谓点景、引景、观景的功能都糅在一起了。让人移步换景，游无倦意，游过一次，还想再来。例如，蒋介石、宋美龄夫妇来了3次。《义勇军进行曲（国歌）》的词作者田汉在抗战前后就来了6次。胡适先生来了以后就不想走，甚至想买屋长住。郭沫若先生来了2次，按捺不住了，吟出了"太湖佳绝处，毕竟在鼋头"的浩叹，真是"我要寻诗定是痴，诗来寻我却难辞"。大美湖山，大美鼋头渚来寻郭老了，郭老推辞得了吗？土豪人情金千两，秀才人情纸半张，郭老送给鼋头渚的人情，价值不可限量！

二、布局谋篇，巧于因借

　　明代计成所著《园冶》认为：造园"有法无式"，又妙在"巧于因借"。这里所说的"法"，指法则、规律；"式"就是格式。也就是造园有规律可循，可以按照一定的法则去创造，但不能按照一定的格式去"克隆"。例如"因借"即因地制宜、借景，这就是"法"。为什么不能按照一定的格式去"克隆"呢？其中的道理就像世界上没有两片相同的树叶一样。你想，每个园子的园基，其原始地形、地貌和水体等千差万别，园子周围的环境也各不相同，如真能做到按因地制宜的原则去布局谋篇，当然就不可能产生相同的格式。造园不是造像，造像可以"千佛一面"，造园就不可以，否则就无艺术可言。至于借景，《园冶》说："园虽别内外，得景则无拘远近……极目所至，俗则屏之，佳则收之。"又说："夫借景，林园之最要者也。如远借、邻借、仰借、俯借、应时而借。"前者是法则，后者是方法。法则大于方法，方法为法则所管控。上面讲了一堆概念性的东西，下面结合寄畅园，谈点实际的东西，方便理解。

寄畅园的前身，是北宋著名词人秦观迁锡后裔秦金建造的山庄墅园"凤谷行窝"。其园基原是惠山寺的元代僧舍"沤寓房"，明正德中为秦金购得。从房名中的"沤"字推测，园基内应该有较大的水面，还有前江南巡抚周忱"聚土石"而成的"案墩"大土堆，以及"古木乔松合围者以数百计"的古树名木资源。所有这些为秦金在嘉靖六年（1527年）造园奠定了山水、植物基础。秦金卒，园子传给族孙秦梁。由秦梁的父亲、碧山吟社第二代社长秦瀚主持改建工作。秦梁卒，园子再传给堂侄秦燿。而秦燿因受其老师、原内阁首辅张居正案的株连，壮年罢官回锡，为"消其胸中块垒"，花七八年时间（1592—1599年），将凤谷行窝改筑为"寄畅园"。秦燿逝世后，遗嘱将园子分给两房四子，造成分裂。直到清初，才有秦燿的曾孙秦德藻重加归并。于康熙十年（1671年）前，秦德藻、秦松龄父子聘请江南造园名家张涟和他的从子（侄子）张鉽，对归并后的寄畅园作重修和改筑，风景益胜。历经风雨见彩虹，今天我们

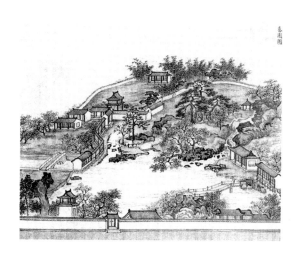

清《乾隆南巡图·秦园图》将寄畅园之内、外园特点交代得十分清楚（转引自《无锡园林志》）

所看到的寄畅园，基本保留了当时掇山、引泉、理水的艺术成果。

清早期的寄畅园，大体分为南部的"内园"和内园以北的"外园"，内外园以矮墙分隔，又以园门相通，大水池"锦汇漪"则是它们的共享空间。内园是起居场所，主建筑前面有古树、溪流、石桥、联廊，还有以介如峰（美人石）、镜池、小御碑亭组合而成的池石景观，艺术手法强调"正中求变"。也就是在被建筑规范了的方正空间中，力求获得景物景象的变幻奇趣。外园是用于游赏休憩的山水空间，也是寄畅园造园艺术的精华所在。

外园的重心无疑是由案墩嬗变而来的大假山。又按开合原则，在山体中开挖了谷道幽深的旱涧和以流泉萦绕为特色的"八音涧"，由此把假山分成三个山峦，以对应这假山后面的惠山的三座茅峰。八音涧的源头活水来自天下第二泉。泉流由暗渠引入寄畅园后，在涧口化作流泉三叠，声若风雨，这分明是晋代诗人左思的美妙诗句："非必丝与竹，山水有清音"。继而随泉流到了上有"梅亭"的涧道中部，清流漫引，树罅透光，俨然又是初唐大诗人王维《山居秋暝》中的一幅图画："明月松间照，清泉石上流。"再往前，更奇的是在山穷水尽处，忽折而别开一径，更窄更幽，等走出洞窟般的涧口，景色豁然开朗，透过树梢屋顶仰望所见的锡山龙光塔被"借"入园中。这种"藏景"结合"借景"的造园手法，创造出"柳暗花明又一村"的诗情画意。八音涧既饶引泉之妙，在叠石上又见不凡功力：它根据黄石山崖的横向折褶和竖向节理所构成的天然岩相，模拟中国山水画"大斧劈皴"笔法，选用本山大块黄石，把八音涧之壁，硬是化作为石脉分明、坡脚停匀、进退自如、曲折有致、悬挑横卧、参差高低、主从相依、顾盼生情的立体图画。这种师法自然、饶有画理的高超叠石技艺，使这里具备了层叠的冈峦、嶙峋的山谷、幽深的岩壑、清浅的涧流。可说是外呈深厚苍劲之势，内涵深邃幽奇之境，人行其间，尽得江南山水的神韵意趣。

八音涧的泉水，以潜流形式注入园中大池锦汇漪。锦汇漪的得名是因为它把周围的山影、树影、花影、竹影以及亭廊之影、人桥之影，甚至天上的鸟影、云影，统统汇聚在像大镜子一样的水面之中。唐代杜牧诗云："凿破苍苔地，偷他一片天，白云生镜里，明月落阶前。"把中国园林的水池之美展现无遗，锦汇漪就达到了这种境界。锦汇漪和假山紧紧相依，中间有一条名为"鹤步滩"的曲径小道。它将假山的山脚、矶滩、石梁、花木等勾勒出锦汇漪丰富曲折的水面轮廓，体现出重涯别坞、水石交融的天然情趣。锦汇漪实际面积不大，仅有二三亩，但看起来不小，为什么？首先起作用的就是鹤步滩的两条小石梁，它们从锦汇漪靠近假山的一侧，分出两个似泉若渊的

寄畅园仰借锡山龙光塔

寄畅园通过案墩假山，将惠山过渡入园

小石潭，以"小池澄泓"来烘托"大池一望浩渺"，小者愈幽则大者更大，这是理水的对比原则。而"一桥横架琉璃上"（乾隆诗句）的七星桥对锦汇漪的作用，也不再仅仅限于水上通道，而是通过平桥的亲水之感，体验了池水的满溢弥漫，这是反衬手法。稍远处的清籞廊桥，又遮住了大池尾水的去向，联系刚才所说八音涧以潜水入池，令人通过联想，顿觉神龙出没云端，来无影去无踪，水意源远流长的遐想。而南北长、东西宽的锦汇漪，在通过鹤步滩伸入水中滩地、七星桥和廊桥的三次收放后，以曲折有致的岸线，丰富了池水的层次，提升了池水的意趣。所谓"园必隔，水必曲"（陈从周语），多个层次的次第展开，使其获得了深邃不知其穷的艺术效果。

锦汇漪作为寄畅园的构图中心，把水池东岸的三个亭榭、两段曲廊、一堵开着花窗门洞的墙垣，在竹木花石的掩映下，倒映水中，使简约洗练的建筑起到以少胜多的作用。这组建筑又与池西的案墩假山互为对景，虽然所用仅是江南园林中常见的建筑与假山相对而互换的手法，但这种对景在寄畅园的借景中，却起到了更为奇妙的作用。

寄畅园占地 15 亩，面积不大，但感觉中的寄畅园要比实际大得多。为什么？除上面所说种种艺术手法让寄畅园"小中见大"之外，借景的作用更加显著。寄畅园的最佳借景视点有两个，都在锦汇漪岸边。一个是前面所说，在八音涧口、嘉树堂前，视线越过水池，透过树梢和屋顶，远借锡山龙光塔，距离产生美。另一个驻足点在东岸，是在曲廊连接的知鱼槛和郁盘廊之间，同样视线越过水池，但借重案墩假山，即通过假山的过渡，把惠山"借入"园中，使假山和真山两者景情相生而相融。因为此时此刻横亘在惠山前面的案墩假山，仿佛化作为真山的余脉，真、假山的关系是"以形写形，以色貌色"，即假山的三个山峦对应真山的头茅峰、二茅峰、三茅峰，何况堆叠假山的石材又选用本山黄石，本身就气脉相通。但假山高不过四五米，置于二三百米高的真山之前，不觉孤立矮小，为什么？这是因为锦汇漪的宽度合理地设定了游人最恰当的仰视角度和视距，使假山与真山自然错落，浑然一体，达到了"真山在园中，园在真山中"的最佳借景效果。

上面所说是由低而高的"仰借"，那寄畅园的"俯借"又怎么样呢？历史上，寄畅园靠近惠山寺的"邻梵楼"，"登之可数寺中游人"。而锦汇漪和镜池畔的凌虚阁，既能俯视园内之景"靡不历历在目"，又能俯借园外惠山古镇和惠山浜"水瞰画桨，陆览彩舆，舞裙歌扇，娱耳骀目，无不尽纳槛中"。这种纳园外水景于园内，与上述那种纳园外之山于园中的做法，有异曲同工之妙。

三、以绿为先，植物造景

有人认为，造园就是挖池堆山，建造亭台楼阁，开个门，修条路，再种一点花草树木就行了，即把着重点放在土木工程上。这种看法其实是不懂无林便无以成园的道理。事实上园林中的树木花草不仅仅左右着一个园子的生态文明程度，还是造就诗情画意的重要出处和看点。绿色植物是园林生命的象征，一树一花都会关系园子的风景构图，有时一树之失，园景顿败。而且花儿还会说话呢，西方称作"花语"，就是把鲜花人格化，某种被花赋予某种象征意义。玫瑰花象征爱情，求婚的男子手中就要拿着一朵玫瑰花，有人讲排场，竟送了9999朵玫瑰，让花店老板发了大财。中国特色的"花语"充满人间真情，例如：梅花象征风骨和操守，牡丹象征繁荣富强。还有相互配套的，如松竹梅美誉为"岁寒三友"，梅兰竹菊象征君子之风，玉兰、海棠、牡丹、桂花合为"玉堂富贵"，门前种榉树、门后种朴树，"前榉后朴"象征科举考试，金榜题名，入仕做官，毋忘朴实本性。鼋头渚广福寺是著名的近代寺庙园林，寺庙中的一花一木都蕴含着佛学思想。"青青翠竹，尽是真如；郁郁黄花，无非般若。"竹子为什么是法身呢？因为竹节与竹节之间是空的，象征"四大皆空"和"心无"。般若即智慧，佛的觉悟和智慧在一花一叶中都能得到体现。又如：根深叶茂的树中老寿星银杏，象征香火旺盛、寺运绵长；罗汉松的种子就像罗汉打坐，修身养性，坚如磐石；莲花是吉祥的花，佛陀降生，地涌七宝莲花，香风弥漫天地之间，莲花是佛门清静、尊贵等具有正能量和光明的象征。"花如解语应多事，石不能言最可人"（陆游《闲居自述》）。千万不要误解了诗人的本意，以为前面一句是贬义，其实正是诗人对"娇花欲语"那种爱不够的爱怜之情。东方文化讲含蓄，"东边日出西边雨，道是无情却有情"。

刁慧琴主编，沙无垢、石炜副主编的《插花艺术》（南京出版社，2005年5月第1版）第105页列举中西名花的象征意义：梅花象征清标韵高、坚骨傲寒，竹子象征高风亮节，松柏象征坚毅、刚强、苍劲、长寿，红枫象征热忱，寿星桃象征长命百岁，杜鹃花象征怀乡，红豆象征相思，银杏象征古老文明，橄榄枝象征和平，蜡梅象征冰枝不屈、冻蕊尤香，茶花象征谨慎、完美，石榴象征儿孙满堂，杨柳象征依依不舍，牡丹象征荣华富贵、国色天香，紫荆象征兄弟和睦，白丁香象征纯洁，南天竹象征锦果殷红、清影婆娑，银柳象征自由、无拘无束，一品红象征祝福，红玫瑰象征爱情，黄玫瑰象征胜利，白玫瑰象征纯洁、尊敬，金桂象征招财进宝，松竹梅象征岁寒三友，桃李梅象征报春争艳，松与鹤望兰象征松鹤延年，水仙灵芝天竺葵象征仙芝祝寿，竹（或天竹）梅花苹果象征竹报平安，石榴苹果桃象征福禄寿，玉兰海棠牡丹桂花象征玉堂富贵，梅兰竹菊象征四君子，仙客来迎春花象征仙客还春、春暖花开，芦苇、雁来红象征秋艳，菊花象征清逸傲霜，万年青象征友谊长存，水仙象征瑞兆吉祥，大波斯菊象征真心、纯洁，向日葵象征光辉、仰慕，大丽花象征华丽、优雅、感激，鹤望兰象征热恋，小苍兰象征纯洁、天真无邪，球根鸢尾象征爱的信息，花毛茛象征财富、稚气，石竹象征纯洁的爱，蝴蝶兰象征迈向幸福、优雅富贵，文心兰象征隐藏的爱，石斛兰象征迷惑、任性，兰花象征超尘绝俗、虔诚，郁金香象征博爱、善良、名望，星辰花象征惊奇、不变的心，飞燕草象征关怀，百合象征百年好合、万事如意，花烛象征真情祝愿，火鹤象征新婚、热情，非洲菊象征崇高、神秘，香豌豆象征青春的喜悦，报春花象征初恋，康乃馨象征母爱、温馨、和睦，唐菖蒲象征用心、坚固、神秘约会，紫罗兰象征纯真爱情，白孔雀象征兴高采烈，满天星象征喜悦，洋桔梗象征谨慎、警戒，马蹄莲象征洁净、贤淑，荷花象征洁身自好、一尘不染，并蒂莲象征夫妻恩爱。

那么，无锡园林"以绿为先，植物造景"的特色又体现在哪里呢？我想至少有三条。

第一条，无锡园林素有把保护古老树木和原生态植被作为造园先决条件的优良传统。

在无锡历史上，这点做得最成功的非寄畅园莫属。寄畅园在明代造园伊始，园基中就有很多合抱粗的"古木乔松"，到了清代"康乾盛世"时，那就更加可观，甚至达到了"一树一景"的地步。据乾隆时无锡秀才黄印《锡金识小录》记载："寄畅园有樟，枝叶皆香，圣祖（康熙皇帝）六幸秦园，抚玩不置。后问此树无恙否？康熙间诗人查慎行诗云：'合抱凌云势不孤，名材得并豫章无，平安上报天颜喜，此树江南只一株。'圣祖死，株亦枯。"报答康熙皇帝"知遇之恩"的香樟树，究竟有没有随着康熙龙驭宾天而死了呢？据秦氏后人说：此树直到光绪年间还活着，后被不肖子孙所盗伐。1751年乾隆首次南巡回到北京后，在皇家园林清漪园（今颐和园）的万寿山东北麓，仿寄畅园建"惠山园"（嘉庆时改名谐趣园，园名沿用至今）。对于这次造园成就，乾隆从内心感到十分欣慰，写诗多首表达了心中的喜悦之情。6年后乾隆再次南巡过无锡，旧地重游后，乾隆写了首名为《寄畅园叠旧作韵》的七律，最后四句道："清幽已擅毗陵境，规写曾教万寿山。一沼一亭皆曲肖，古柯终觉胜其间。"意思是讲：仿建在万寿山的园子其清幽已有江南山水的境界神韵，园中景致哪怕是一个水池一个亭子都模仿得惟妙惟肖，但终觉得在古树上没法与寄畅园媲美。这首诗说出了乾隆的无奈和清醒，也道出了树木在造园中的重要性有时会胜过建筑。诚如《园冶》所言："斯谓雕栋飞楹构易，荫槐挺玉成难。"（挺玉指亭玉立的竹子）

第二条，无锡园林在选择优势花木造就一园特色景观方面交出了一份出色的答卷。

　　无锡园林原有"五朵金花"之说，随着发展，现在翻了一番。她们是：梅园的春梅秋桂和蜡梅（锡惠公园、鼋头渚的桂花亦不赖），鼋头渚的樱花、兰花和花菖蒲（金匮公园的樱花亦可爱），锡惠公园的杜鹃花和菊花，蠡园的桃花和荷花（鼋头渚"藕花深处"和"水景苑"以及锡惠公园荷轩、梅园清芬轩的荷花都有可观之处），而且梅、兰、鹃、菊均被列为国字号的种质资源基因库。十朵金花各有独一份的故事可讲。这里就拿樱花开个头。

　　樱花原产中国，唐代诗人李商隐吟有"樱花永苍垂杨岸"佳句，据说这也是"樱花"一词的最早出处。也在唐代，日本的遣唐使把樱花传入日本，因种植有方，培育了不少优良品种，成为日本人心目中的"国花"，也让人后来误认为日本是樱花的故乡。无锡"出口转内销"首先引入日本樱花的园林是荣氏梅园，1916年荣德生在园内种植黄、绿、紫之重瓣樱花。1928年秦毓鎏所建佚园内有"朱樱山"。规模种植的则有城中的公花园，1912年，公园方聘请日本造园专家松本作调整规划，辟二十四景，其中在多寿楼西南种了10多棵，取景名"樱丛鸟语"，前清秀才胡介昌赋诗道："一丛樱树弄新红，明媚朝阳淡荡风。紫燕黄莺相对语，不知身在画图中。"诗很美，可惜这些樱花树后来都死掉了。

　　而鼋头渚"横云山庄"在湖边长堤上种植樱花树，应与园主杨翰西的个人经历有关：清光绪三十四年（1908年），两江总督端方奏调杨翰西赴日考察陆军军制，兼入日本法政大学学习宪法。他在二月东渡，六月回归，期间度过了樱花盛开季节，故杨翰西对日本樱花是有感性认识的。1933年杨翰西著《鼋渚艺植录》称："樱花，盛产日本，种类极多。千重者，滋长较迟，艳丽不如海棠，而花开繁茂成球，别绕风致；单重者，数年即成大树，花时远望如雾，蔚为奇观，有先花后叶，先叶后花二类，先叶者无取也"。正是基于这种认识，20世纪30年代的早些时候，杨翰西在沿湖长堤上，种植了先花后叶，花时远望如雾的单瓣日本樱花名种"染井吉野"和垂柳。1936年，无锡纺织界同仁在樱堤上建"长春桥"，祝贺杨翰西六十寿辰。1980年，由李正（1926—2017年）设计，于原"旨有居"等馆舍旧址建"绛雪轩"一组赏樱建筑，最终形成今日"长春花漪"的完美园林景象。

　　1986年，日本"中国温灸疗法普及会"会长坂本敬四郎等倡议开展中日樱花友谊林活动，得到了广大日本友人的支持，有5万余人为此解囊捐资。他们组成日本友谊林建设委员会和无锡市人民对外友好协会共同筹建友谊林。1988年中日樱花友谊林启动建设。这年春天，在鹿顶山麓植樱1500株，造花岗石"友谊亭"一座，亭中立青石碑，记载事情经过。此后，又在友谊亭至原太湖别墅门楼建成长达 800 多米的赏樱步道，于 1993 年立"中日樱花友谊林"巨形刻石。2002 年，在樱花林内，建造由李正设计的地标建筑"赏樱楼台"。2008 年底，古村落"独山村"整体拆迁后，樱花林拓展为"樱花谷"，于 2010 年 3 月 26 日建成开园。此时鼋头渚樱花种植面积达 65 万平方米，数量超过 3 万株，有 68 个品种，其中核心赏樱区面积达 20 万平方米，折合 300 亩，成为独步江南的全国最大赏樱区之一。

对于已建成的樱花谷，如从园林艺术角度去评价，似乎更像一个"毛坯"，在此建设过程中建造的若干仿日式建筑，也似有值得推敲的地方。个人看法是：既然樱花原产中国，诗人李商隐、白居易都有描绘"樱花""红樱"的诗篇流传，而"长春花漪"和"赏樱楼"建筑又都是民族风格，所以樱花谷的调整、充实、优化、提高，应该在深入挖掘历史人文内涵的基础上，营造出具有中国气派、江南风格的"樱谷园"来。"湖山红樱，梦里水乡"是一幅美丽的图画，它是民族的，才是世界的。对于这个问题，我比较倾向于传统的可以多一点，不排斥创新，但创新的文化基础不能动摇。

第三条，无锡园林在建设花卉专类园方面独树一帜。

以某种植物材料为造景主题，以其文化内涵开拓意境，造就其适生的环境并加以展示，供人更好地观赏和休闲，同时又对该类植物材料进行科学研究而营构的园林，一般称之为专类园。它不同于以该类或更多类植物材料作商品性生产的花圃。两者的栽培对象虽然相同，且花圃也兼有观赏性，但由于构筑园、圃的目的不同，前者更偏重于造园艺术，后者则偏重于生产技术。说白了前者种花是为了"看"，后者种花是为了"卖"，故专类园和花圃不能同日而语。全国重点文物保护单位"荣氏梅园"是无锡专类园中开一代风气之先的领军者和出神入化造园艺术的集大成者，而且在 21 世纪早些时候，又开辟了"古梅奇石圃"和"梅品种国际登录园"这两个梅花专类园中的"园中园"。李正先生设计的"杜鹃园"和"吟苑"（花卉盆景专类园），先后荣膺国家优秀设计奖和江苏省优秀设计一等奖。这些园子以后在专门章节中作介绍，这里专说鼋头渚的"江南兰苑"。

造园须下水磨工夫，一个花厅造三年，不是夸张，而是真实的故事。所以造园的过程可能比较长，但不能"烂泥萝卜，吃一段揩一段"，而是意在笔先，落笔之前就把园子建好后派什么用场，如何结合地形安排好结构布局，容量有多大，别出心裁，与众不同的特点怎样体现，等等。这些问题都想明白了，然后再动手去做。那建造兰苑的目的是什么呢？一是保护好兰花的优良品种并得到发展；二是完善艺兰条件，把兰花种好；三是为游人创造良好的赏兰环境，即就是要把建设兰花品种资源库和把园子的观赏性、艺术性、科学性完美地结合起来。以上三点兰苑都做到了，而且特别出色，所以兰苑是成功的作品。

无锡人艺兰的历史，古代缺少记载，近代后来居上，最有名的是沈渊如先生。1956 年他把历年所养的兰花献赠政府，自己被聘为园艺顾问，他与朱德总司令以兰结缘的佳话传诵一时。但这些兰花在"文化大革命"中惨遭劫难，多数毁损，部分流散，劫后余生者仅 100 来盆。"文化大革命"结束，江浙沪一带园林部门建议无锡恢复兰花基地，于是无锡园林着手做恢复工作。1982 年确定以鼋头渚为重点，将各地所收集到的及各园林已拥有的，集中在广福寺花房内，至 1985 年已有兰花名种 75 种、千余盆。此时国家落实宗教政策，广福寺归还市佛协，于是为兰花找个新家，就成为建设江南兰苑的契机。

造园强调选址，此即《园冶》所言"相地合宜"。经反复踏勘比较，最终选定充山东北麓的小山坞作为兰苑的园基。此地植被丰茂、林木荫翳，既有阳光又适度庇荫，更有山池溪涧滋润着林间空气，这种地方最适合兰花生长，正如郭沫若《百花齐放·春兰》所咏"脉脉的清泉／浸出自幽谷的岩隙中／空气是十分清冷"。这种地方又特别适合造园，《园冶》所谓"园地惟山林最胜，有高有凹，有曲有深，有峻而悬，有平而坦，自成天然之趣，不烦人事之工"。

兰苑占地 2.5 公顷，造园的规划设计、建筑施工、植物配置等均由吴惠良一人独立主持，工程始自 1987 年，至 1992 年全部竣工。步入园门，游廊及半亭的粉墙上，镶嵌着名家兰花字画的青石碑刻。右前，山石壁立，曲水环绕，景门内又闪出修篁竹影，以自然真趣点醒"鼋渚兰馨"的幽雅境界。缘路行，国香馆、绿芸轩、兰居、浮香众袭廊、琴操轩、观叶温室等，错落在恰如陈毅元帅咏兰诗所描绘的"幽兰生山谷，本自无人识；只为馨香重，寻者遍山隅"的诗情画意之中。其旁的"艺圃"，建于 1988 年，是名贵兰花的保护中心，又是艺兰的生产场所，兰蕙齐放，香染客袖，令人陶醉。

江南兰苑的造园艺术成就和对保护兰花种质资源所作出的贡献，不但得到园林同行的赞赏，还得到社会各界的认同。已故中央文史馆馆长、中国文物鉴定委员会主任委员启功大师评价："一九九四年十月十七日，奉访无锡兰苑，平生所见南国园林，宏伟瑰奇有过于此者，而幽静芬芳必以斯园为巨擘。流连欣赏，不能离去，我识数言，以坚后约。珠申启功，八十又二。"

四、以文为魂，提升意境

园林"以文为魂"现已成为大家的共识。它常常表现为一个过程。这个过程贯穿造园的全过程，又贯穿园子建成后的管理全过程。它要不断地累积，不断地发酵，不断地沉淀，不断地提升，然后才是结果。所以园林的文化建设，不可能也不应该毕其功于一役。那么，园林是如何通过植入文化元素来提升精神境界的呢？我把它简单地归纳一下，谈三个途径。

第一个途径是**修复古迹，挖掘底蕴**。在这方面锡惠公园堪称典范，在这么一个弹丸之地，仅全国重点文物保护单位就有"三个半"。它们是：1988年公布的寄畅园，2006年公布的天下第二泉庭院及石刻，2013年公布的惠山寺经幢，还有"半个"是指2006年公布的"惠山镇祠堂"，包括10个核心祠堂，其中5个即华孝子祠、尤文简公祠、至德祠、淮湘昭忠祠、钱武肃王祠在锡惠公园。锡惠公园是名副其实的"无锡露天历史博物馆"，它的故事可以"唐、宋、元、明、清，从古说到今"。老舍先生的儿子、著名作家舒乙曾说过这样的话，大意是一个地方要有魅力必须有几个特征，要有"故事"可讲，要有特点，要有"独一门"的事。锡惠公园的那些事儿，都是值得"向外说"的东西，是"可以骄傲"的东西。究竟如何？以后慢慢叙来。

第二个途径是**托物起兴，深化内涵**。比兴是为文之道，文学写作的两种手法：比是譬喻，"以彼物比此物也"；兴是寄托，即托事于物，"先言他物以引起所咏之词也"。用来讲造园，是借用。文学与园林有相通之处："文如看山不喜平"，园林也是这样，如果一览无遗，那样的园子还有兴趣走进去？写文章讲究"虎头、猪肚、豹子尾巴"。造园"开门涉趣"是虎头，中间悦目怡情高潮迭起是猪肚，最后流连忘返，余味不尽是豹子尾巴，对不对？在梅园"诵豳堂"即俗称楠木厅的后面，有个"招鹤亭"，样子简洁朴实，就是一个普通的亭子，但用活了宋代两个"放鹤"的典故。1078年，徐州隐士、云龙山人张天骥，在云龙山的东山之上麓建放鹤亭。当时苏东坡正在徐州当太守，写了篇散文《放鹤亭记》，内有放鹤、招鹤之歌。时隔800多年，荣老板在无锡青龙山余脉之东山上建招鹤亭，使亭子有了"鹤归来兮""躬耕而食"的意境之美。南宋时，杭州孤山也建了座放鹤亭，亭子的主人就是梅花诗人林和靖，他以"梅妻鹤子"著称，然而他终于把"鹤儿子"放归大自然，自由翱翔的仙鹤飞到了梅园，于是便有了招鹤亭，同时也带来了林和靖美丽的梅花诗句："疏影横斜水清浅，暗香浮动月黄昏。"这种你放我招的联想，打破时空限制，提升意境，扩大想象空间，让游人的思绪随着仙鹤的翅膀，神驰八极，遨游四方。

第三条途径是题写匾额，点化美境。《红楼梦》第十七回讲到大观园内"工程俱已告竣"，贾政带着宝玉和一帮清客相公去园内为建筑题写匾额对联。贾政说："偌大景致，若干亭榭，无字标题，也觉寥落无趣，任有花柳山水，也断不能生色。"可证匾联是中国园林的精神所在，园子有没有"书卷气"，境界高不高，与此关系极大。匾额楹联又是园林赏景的最好说明书，这景致有什么历史典故，好在什么地方，看过匾联后，恍然大悟，明白景点内涵，得到景外之情，物外之情。匾联文字之隽永，书法之美妙，也足以令人一赞三叹。所以奉劝诸君去园林游玩，匾额不可不注目，楹联不可不揣摩，处处留心，处处有学问，当能亲切地感到景物宜人。

鼋头渚太湖别墅的"万方楼"，取意于杜甫"万方多难此登临"诗句，此匾说出了园主的忧国忧民之心，又一匾多意，说出了对家乡湖山的赞美之情。太湖别墅的主人王心如，是著名国务活动家王昆仑的父亲，又是大学者顾毓琇的亲舅舅（王心如胞妹王镜苏是顾毓琇的母亲）。1935 年，时任国民党政府立法委员的秘密共产党员王昆仑，以亲朋好友汇聚太湖别墅消暑的名义，于万方楼秘密集合革命志士 20 余人，开会 3 天商讨抗日救亡大计。没料想，别墅所请常熟花匠竟是"军统"线人，经他告密，军统要员沈醉率行动小组伺机暗杀，因故未果。50 年后，昆仑老和沈醉先生在北京同一医院休养，相遇时沈先生告知此事，昆仑老哈哈一笑，"相逢一笑泯恩仇"传为佳话。

梅园主建筑"诵豳堂"的匾联也很有意思：该堂前庑正中悬匾"湖山第一"，为前清两广总督岑春煊所书。两侧廊柱所挂，一为秦岐农录明江南才子祝枝山佳句"四面有山皆入画，一年无日不看花"联；另一为 1929 年钱以振赠、唐肯手书的"使有粟帛盈天下，常与湖山作主人"联。在堂中还有一联云："发上等愿，结中等缘，享下等福；择高处立，就平处坐，向宽处行"。这一匾三联，分别点明园址的环境之胜，造园的意趣所在，园主以实业救国和热爱家乡大好湖山的拳拳之心，以及园主立身处事的行为准则等，使诵豳堂乃至整个梅园的精神境界得到极大提升。

惠山园林

从自然生态看，惠山是无锡古城的西部屏障。因断层挤压"挤"出的东峰锡山，虽是惠山的余脉，但锡山是无锡的主山，有"无锡锡山山无锡"的谚语广为流传。考古发掘表明，早在距今 3500 ～ 4000 年的夏商时期，锡山东南麓之"施墩"，已有无锡先民的大型聚居村落，为太湖流域"马桥文化"类型。春秋时，老子《枕中记》所谓"吴西神山"就是惠山，此后又有华山、古华山、历山、九龙山、惠泉山等别称；锡山却一直"坐不改名，行不改姓"，俨然主山气派。423 年，南朝刘宋王朝的总理府第一副秘书长（司徒右长史）湛挺将他的山庄墅园"历山草堂"舍作佛地，更名"华山精舍"，此即惠山寺前身。靠近该寺院的还有当时大孝子华宝的住宅，其宅基地被称"华坡"。华宝逝世后，朝廷表彰他的孝行，即宅为祠。华孝子祠和祭祀战国末楚相黄歇的春申君祠，是最早的惠山祠堂。而在惠山、锡山交集的东北麓一带，地势高爽平坦，两山的山水向东汇集，疏浚为河道，雅称"寺塘泾"，俗名"惠山浜"，惠山古镇就坐落在这块"宝地"之上。历南朝宋、齐、梁三代君主的三朝元老、文学家江淹（444—505 年），曾造访惠山，吟有《无锡县历山集》诗，题中的"集"指集市，从诗的内容看，该集市已有丝竹琴声绕梁的音乐酒楼，据此推测，此时的惠山集应是镇的规模，而且环境清幽。大家可能知道，有一条成语叫作"江郎才尽"，此江郎就是江淹先生。而从《无锡县历山集》的语境和韵味看，此时江郎尚未才尽。后来江淹官至金紫光禄大夫、开府仪同三司，可以按当时最高级别官员的规格来开府建牙，所谓官场得意，文场失意，晚年江淹的诗文不如前期，于是才有"江郎才尽"之叹。但从时间节点看，让惠山真正名扬天下的历史时期，应该始于唐，兴于宋，鼎盛于明清。而且在该阶段最具代表性的风景名胜均源自惠山寺：一为唐大历年间开凿的惠山寺饮用水源"天下第二泉"，另一为明正德、嘉靖年间始构的以惠山寺僧舍别院为园基的"凤谷行窝"并由此发扬光大的寄畅园。

清道光二十年（1840 年）刻本《无锡金匮县续志》所收《惠山图》

2018 年在著者寓所的阳台所摄惠山全景

惠山浜之"龙头河"段百年风貌对照，上为旧照，下为2018年现状

第四章 古典园林：二泉庭院与寄畅园

　　事情应该从我国也是世界上第一部茶专著《茶经》的作者陆羽说起。唐开元二十一年（733年）大地凝霜的深秋某日清晨，做完早课的复州竟陵（今湖北天门市）城西龙盖寺的方丈、人称"积公"的智积禅师信步踱出寺外，忽听一阵雁叫从石桥下传出，闻声走过去的积公竟发现三只大雁正展开翅膀守护着河滩边的一个弃婴。"救人一命，胜造七级浮屠"，积公把弃婴抱回寺院收养。但寺院环境和积公本人都不适合让婴儿健康成长，只得把他寄养在当地一位姓李的儒生家里。这孩子在李老师家得到了良好的启蒙教育。一晃好几年过去了，"学而优则仕"的李老师要外出做官，这长大的孩子回到了寺院。积公为他占卜取名，占得《易经》渐卦上九爻动："鸿渐于陆（阿），其羽可用为仪，吉。"意思是讲，大雁飞上大山，它的羽毛可以作为跳文舞的道具，吉。于是这小孩就姓陆名羽，字鸿渐。但少年陆羽的颜值不高，又口吃，还希望继续学习儒业，这些都让积公感到不高兴。这样十一二岁的陆羽有一天擅自出走，离开龙盖寺。一日，他在一座凉亭歇脚时，遇到一个戏班子，班主见他聪明伶俐又无依无靠，就收留了他。让他扮演丑角演滑稽戏。也是时来运转，陆羽14岁那年，河南尹李齐物贬官竟陵太守，从省级高官降职为厅级官员，当地为迎接李长官履职，特召陆羽所在的戏班前来演出助兴。李齐物一眼看中陆羽是可造之才，便郑重其事地写了封推荐信，把陆羽介绍到火门山隐士邹墅老夫子那儿求学。陆羽在火门山学习期间，为邹夫子上山采摘野茶，烹泉煮茗，对此发生兴趣的陆羽初步认识了茶与泉的亲和与互补。他口吟《六羡歌》，直抒胸臆："不羡黄金盏，不羡白玉杯，不羡朝入省，不羡暮登台，千羡万羡西江水，曾向竟陵城下来。"19岁那年，陆羽学成下山，开始实地考察作茶文化研究。然而，天宝十四年（755年），动地而来的"渔阳鼙鼓"警破了杨贵妃舞兴正浓的《霓裳羽衣曲》。这场让多少生灵死于沟壑的"安史之乱"，迫使陆羽跋山涉水，一路辗转来到江南湖州，于上元初（760年）在城郊苕溪结庐定居下来。该年底，28岁的陆羽完成了《茶经》的初稿，经反复修改完善，直到42岁时才最终定稿。其间，他渡过太湖来到无锡惠山，在惠山寺住了一段时间，除把惠山

○惠山寺记

南陵陆羽鸿渐述

○宋

常州无锡县记

无锡铭二首

北京大学图书馆收藏的元至正《无锡志》明刻善本所收唐代陆羽著《惠山寺记》书影

"石泉水"评价为"天下第二"的宜茶之水外，还写了篇著名的散文《惠山寺记》。在这篇散文中，他按惠山泉水的来龙去脉，描绘了惠山寺园林因水造景并造福当地百姓的特点，还叙述原在黄公涧畔的"春申君祠"搬迁到惠山"东南林墅"（今庙巷遗址）的原因。陆羽让惠山通过泉水名扬天下的同时，又为我们留下了极宝贵的人文资料。陆羽在804年去世，终年72岁，这在"人生七十古来稀"的当年，已是寿星年龄。

一、天下第二泉庭院沿革和茶文化

上面讲道：28岁的陆羽在唐肃宗上元初（760年）完成《茶经》初稿，直到他42岁，即肃宗大历九年（774年）才最终定稿。在此期间，据唐代状元张又新《煎茶水记》援引饶州（治所在今江西鄱阳）荐福寺楚僧的笔记，述扬州刺史李季卿在淮扬邀陆羽煮茶品水。陆羽经实地考察，品评天下20种宜茶之水，认为"庐山康王谷洞帘水第一，常州无锡惠山石泉第二……"。这"惠山石泉"就是他在锡期间所借宿的惠山寺的一眼泉潭。为此，他还写了篇著名的散文《惠山寺记》，其中讲到惠山的泉水之丰和造景之美："夫江南山浅土薄，不自流水，而此山泉源滂注崖谷下，溉田十余顷。……寺前有曲水亭，一名憩亭，一名歇马亭，以备士庶投息之所。其水九曲，甃以文石众甓，渊沦潆洄，濯漱移日。"就在陆羽《茶经》最终定稿的肃宗大历九年（774年），著名文学家独孤及于三月间任职常州刺史，至肃宗大历十二年（777年）四月卒于任所。当时实行州管县体制，无锡县归常州管辖，独孤及是无锡的上级领导。他任常州刺史期间，为惠山寺新疏浚开凿的泉眼写了篇《惠山寺新泉记》。这个新泉的泉源，应该就是上面所讲的"惠山石泉"，其水质经陆羽品评为天下第二，这就是"天下第二泉"得名的由来。而新泉的疏浚开凿者是时任无锡县令的敬澄。对此始末，独孤太守是这样描述的："无锡令敬澄，字源深，以割鸡之余，考古按图，葺而筑之，乃饰乃圬。有客竟陵陆羽，多识名山大川之名，与此峰白云相为宾主，乃稽厥创始之所以而志之，谈者然后知此山之方广，胜掩他境。"这段话透露了一个重要信息，就是陆羽《惠山寺记》的成文比惠山新泉的开凿要早，换句话说就是先有陆羽品泉，后有敬澄凿泉。独孤及还对敬澄运用该泉流作进一步造景及泉水的审美情趣做了生动的描绘："源深因地势以顺水性，使双垦袤丈之沼，疏为悬流，使瀑布下钟，甘溜湍激若醴洒乳喷，及于禅床，周于僧房，灌注于德池，经营于法堂，潺潺有声，聆之耳清。濯其源，饮其泉，使贪者让，躁者静，静者勤道，道者坚固，境净故也。"这里还要指出的是，不仅仅独孤太守对敬澄在发展文化旅游事业方面的绩效做了高度评价，朝廷也对敬澄

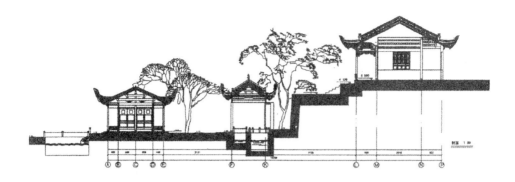

二泉庭院剖面图

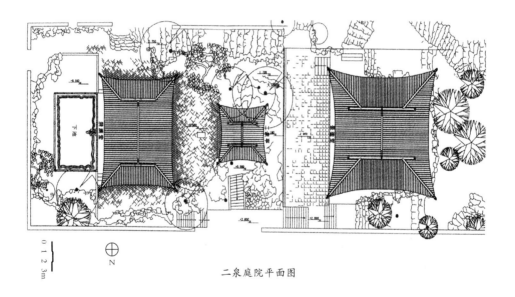

二泉庭院平面图

任县令的无锡县的农业经济社会发展做了充分肯定：就在肃宗大历十二年（777年），无锡县被公布为"望县"。当时全国的县级建制分为七等，第一等是京城所在的"赤县"，第二等是京城周围的直隶畿县，第三等即在地方一级最"牛"的望县，以下还有紧、上、中、下之差。所以可以这样说，天下第二泉是无锡在农业社会发展过程中的一座里程碑。

敬澄开凿并筑砌的两个直径各为一丈（3.3米）的天下第二泉泉池，至"唐会昌中（841—846年），刺史张中丞置连屋十一间于池上，有梁源亭在焉"。这些建筑可视为二泉庭院的滥觞。此后，其规模在宋代得到扩大，建筑则屡有废兴。然而，因泉构园，以水成景的艺术传统却一直得到了继承和弘扬。至清乾隆年间，最终形成了最完美的现存格局。虽然在咸丰十年（1860年）二泉庭院建筑因战火被烧毁，但在同治年间即得到恢复。而且院内的湖石假山、太湖石峰、泉池上的青石栏板、石螭首等，均是当年旧物。它们以名泉为核心，结合自然地形随机布置、依山起伏，形成精雅的园林。该庭院的中轴线上，有泉亭覆盖的圆池、方池，象征天圆地方，天清地浊，然后是漪澜堂、石螭首和下池，池前有观音石，两旁分别为湖石假山和"天下第二泉"石刻，院内大树挺立，花木扶苏，名人碑刻则起到了点化画面、提升意境的作用。因为上述重要的历史价值和艺术价值，占地仅805平方米的"天下第二泉庭院及石刻"在2006年由国务院公布为全国重点文物保护单位。

上面所讲，使大家明白了二泉是飘忽不定的流动画面，是历史悠久的物质存在。但它又是精神层面的东西，包括积淀深厚的茶文化，内涵丰富的文学艺术，如诗词、散文、书画、音乐等，它是一种文化现象，更是一种文化品牌。而且这种种之间，又是相互渗透、互为因果、难分彼此甚至是不分彼此的。要把这些都说得十分清楚，其实是十分困难的。究竟如何理解？套用一句禅宗名言：吃茶去！

二泉成名，缘起于茶；茶为饮料，妇孺皆知。但远古的时候，茶的功能是药用。陆羽《茶经》说："茶之为饮，发乎神农氏，闻于鲁周公。"鲁周公就是人称"周公"的周武王之弟姬旦，按辈分讲，他是我们吴泰伯的侄孙。而神农氏是中国农业和医药的发明者，是农业之神又是医药之神，一说他就是炎帝。神农尝百草，"日遇七十毒，遇荼而解"。荼，茶字多一划，读tú，有一种说法，在古文字中，荼、茶可以通解。后来，茶由药变成菜，以"晏子使楚"故事脍炙人口的齐相晏婴"食脱粟之饭，炙三弋，五卵，茗菜而已"。用现在的话讲，他每天的食谱是：糙米饭，三条烤小鱼，五

二泉亭百年风貌对照，左为1920年老照片，右为2018年现状

个鸡蛋，还有茶叶（茗）和蔬菜。多么令人羡慕的绿色、有机、养生的食谱啊！再后来，茶就成为饮料，而且与丝绸、瓷器一样成了中国古代对外贸易三宗主要商品之一。开门七件事，柴米油盐酱醋茶，茶的重要性可见一斑。茶还可以作为传情达意的工具，上面所说的"吃茶去"就是佳例。

这种文化在日本茶道中，得到发扬光大：有关"茶道"一词，在中国古文献中确实有，但所指是茶事或茶艺，而日本"茶道"是专用名词。茶的种子，是 12 世纪由两度入宋求法的荣西法师带回日本的，不过荣西所看中的是茶的医疗保健作用，所以当时只在大内辟有茶园，并归属典药寮管理。此后饮茶之风沿着禅院、公家和武家、书院、民间草庵一路流传，并注入禅的精神，其领军人物为村田珠光（1423—1502 年），日文中的"茶道"一词，就是由他开始使用的。到了 16 世纪，千利休（1522—1592 年）将草庵茶进一步庶民化，日本茶道，由此逐渐稳定。他还把由珠光提出的茶道四谛"谨敬清寂"改为"和敬清寂"，并强调"敬"以体现茶道的礼法，这样从茶室建筑、茶具到烹点技法、服饰、动作乃至应对语言等方面，都有十分细致的规定而程式化、仪式化。把茶在传情达意、礼法制度上的社会功能，推演到了极致。

回过头来我们继续说中国的茶文化。"茶神"陆羽无疑是中国茶文化的继往开来者，更是无锡茶文化的开拓者，无锡的茶文化一定要从陆羽说起，其起源地就是他亲自品评过的"天下第二泉"。在漫长的历史岁月里，这里所演绎过的文人茶、宫廷茶、寺院茶都在中国茶文化的殿堂中占有一席之地，我将其归纳为"二泉十绝"，权作抛砖引玉。

一曰陆羽评泉。详细情况前面已经说过，这里不再重复。由于陆羽是专家，当时专家说的话还真管用，所以无锡县的县令敬澄就用办公之余的休息时间，跑到惠山寺"考古按图"，实地考察，疏浚开凿了两个直径各为一丈的泉眼，筑砌成池，"天下第二泉"从此诞生。对此，敬澄的顶头上司独孤及州长在《惠山寺新泉记》中说了句十分精辟的话："夫物不自美，因人美之"。泉水是自然物，本身无所谓美不美，所以没有陆羽的发现，人不知其美，而如果没有敬澄的开发，人就不能享用其美。独孤及不愧是著名文学家，他的这 9 个字，抵得上一大篇充满哲理的审美论文。

二曰李绅别泉。李绅是唐代著名诗人，《悯农》诗的作者，其名句"谁知盘中餐，粒粒皆辛苦"，千古传诵，至今流传。李绅是土生土长的无锡人，是无锡所出的第一位进士，第一位宰相，是无锡的骄傲。他在元和四年（809 年）赴京任职前夕，写了首告别二泉的诗，诗句很美妙，其诗序称："惠山书堂前，松竹之下，有泉甘爽，乃人间灵液，清鉴肌骨，含漱开神虑，茶得此水，皆尽芳味也。"诗云：

> 素沙见底空无色，青石潜流暗有声。
>
> 微渡竹风涵渐沥，细浮松月透轻明。
>
> 桂凝秋露添灵液，茗折春芽泛玉英。
>
> 应是梵宫连洞府，浴池今化醴泉清。

这里要说明一下，诗中的"浴池"不是指今天的洗澡池，而是说泉池中那喷涌翻动的波浪，就像鸟儿在忽上忽下飞舞那样，这是一幅多美的图画。

三曰苏轼试泉。宋熙宁六年岁末（1074年）岁初，当时担任杭州领导的苏东坡先生，因造访无锡钱道人钱颖，来到无锡。他对天下第二泉心仪已久，所以这次他是有备而来的，带来了神宗皇帝赏赐的贡茶"小龙团"。这种茶产于今福建省建瓯市东峰镇凤凰山，是御焙茶饼。进入皇宫后由宫女用金箔剪成龙凤图案贴在茶饼上，所以叫作"龙凤团茶"。它有两种规格，大的每斤8饼，小的每斤20饼，小的又贴上龙图案的就是"小龙团"，贴凤图案的就是"小凤团"。当时小龙团的价格是每饼"值金二两"，也就是说每25克茶叶价值60克黄金，但还是有价无市，因为"金可有，而茶不可得"。当然东坡先生带了这么贵重的贡茶到此地来煮茶品茗并不是最重要的，最重要的是无锡人要感谢东坡先生为天下第二泉写了首千古流传的好诗，金有价而诗无价，诗比金子更重要。诗曰：

> 踏遍江南南岸山，逢山未免更留连。
>
> 独携天上小团月，来试人间第二泉。
>
> 石路萦回九龙脊，水光翻动五湖天。
>
> 孙登无语空归去，半岭松风万壑传。

这里对该诗稍作讲解，"天上"指皇帝所赏赐，皇帝又称天子；小团月即贡茶"小龙团"茶饼，其状如圆月，"独携天上小团月"是现实主义和浪漫主义的完美结合。试过茶后，东坡先生爬上了又名"九龙山"的惠山山脊的石路上漫步，眺望太湖水光翻动，心潮逐浪高，"五湖"是太湖的古称。最后写绿化，"半岭松声万壑传"，真爽！

四曰徽宗论泉。宋徽宗是合格的艺术家，又是不称职的政治家，他在茶文化上也是作过深入研究的。他在这方面的贡献之一是以定量分析的方法，来鉴别泉水是否适

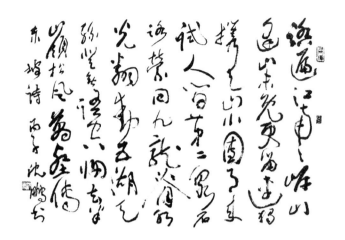

沈鹏书宋·苏轼《惠山诗》手迹影印

合煮茶。徽宗在位期间换过 6 个年号，"大观"为其中之一。在大观年间（1107—1110 年）他亲制《茶论》20 篇，后人称《大观茶论》。他认为："水以清、轻、甘列为美，轻甘乃水之自然，独为难得。"而符合这标准的，以"中泠、惠山为上"。中泠在镇江焦山，中泠泉是"天下第一泉"之一，还有济南趵突泉、北京玉泉都是"第一泉俱乐部"的组成成员，只有无锡惠山泉自始至终都是老二，就像无锡是二线城市一样。但徽宗仍对第二泉情有独钟，于大观二年（1108 年）的四月初八，由皇子赵楷陪同，于后苑太清楼，用二泉水煮茶，举行隆重的茶宴，招待以蔡京为首的百官。两年后，他下旨将二泉水列为贡品，"月进百坛"。

五曰高宗酌泉。据《尤氏宗谱》记载，南宋绍兴三十一年（1161 年），宋高宗赵构视察长江水师，路过无锡，在惠山寺设行宫，他是第一位有确切记载的驻跸无锡的皇帝。其间，他曾去天下第二泉"酌泉"品茗。在这个过程中，他的侍卫见吊水用的吊桶上有"吴安"二字，心中大喜，认为是个好兆头，"吴地可安也"。而事实上，吴安是二泉守门人的名字。自此以后，"二泉"泉井的周围"设栏卫护"，据说泉亭上还允许用双龙戏珠图案，以示皇帝来过，皇恩浩大。

六曰普真煮泉。元代末年，惠山寺毁于社会动乱。明初，由高僧普真，即性海和尚主持修复。他是位绿化模范，他在大雄宝殿前面栽种银杏树，在山上栽松万棵，还开辟了茶园。洪武二十四年（1391 年）三月，朱元璋下诏，罢造团饼贡茶，改贡散茶。这带来了中国饮茶方式的重大变革：由煮茶改为泡茶。4 年后，普真请湖州竹匠师傅编制了一具精巧的竹编风炉，该炉上圆下方，高不盈尺，外壳竹编，里面用泥烧制炉膛，装上铜炉栅，形似道家的乾坤壶。这种竹茶炉用山上干透的松枝作燃料，烹煮二泉水，冲泡本山茶，用来招待文人雅士，形成无锡特色的以茶会友的"文化沙龙"。参加这个沙龙的，起先有时任县学教谕即官居七品的县教育局长兼官学校长、后来进京逐级升为内阁学士的王达，还有著名大画家、当时住在惠山寺的九龙山人王绂。此后队伍就像滚雪球一样越来越大，酬唱之作，汗牛充栋，聚合成为十分有名的《竹炉图卷》。以竹炉煮茶为核心标志的无锡茶文化达到高潮，传为佳话。

七曰文壁画泉。文壁就是明代江南才子、著名书画家文徵明，壁（亦写作璧）是他原来的名字。正德十三年（1518年）的清明节，他和友人蔡羽、汤珍、王守、王宠、潘和甫及弟子朱郎，从常州前往无锡惠山喝茶，地点在天下第二泉的泉亭内外，文徵明为此作《惠山茶会图》。这幅无价之宝，现在由北京故宫博物院收藏，1997年被印成茶文化邮票，公开发行。邮票被誉为国家名片，二泉之名，名扬天下。

八曰王澍书泉。清雍正六年（1728年），时任吏部员外郎的王澍因事来锡。这里稍微普及一下历史知识：在古代中央政府里面，尚书是部长，侍郎是副部长，郎中是司长，员外郎是副司长，主事是处长，吏部员外郎相当于中央组织部和国家人事部的副司长。王澍不仅仅是政府中级官员，更是享有盛誉的书法家，他应邀所写的"天下第二泉"五个擘窝大字，镌刻成石碑，镶嵌在二泉庭院北面的围墙上。这几个字写得道劲丰神，十分大气。后人高度评价道："得兹刻也，山若增而高，泉若增而芬。"为二泉加分不少。

九曰乾隆幸泉。自清康熙二十三年至乾隆四十九年（1684—1784年）的整整100年间，康乾两帝各六下江南，每次必去二泉品茗。康熙曾御书"品泉"，命秦松龄制成匾额悬挂在漪澜堂上。乾隆对于二泉的眷顾还超过他的祖父康熙，格外垂青。1751年，乾隆首次南巡去惠山游览时，见二泉旁的"竹炉山房"内，陈列着惠山寺

明代文徵明绘《惠山茶会图》于1997年被设计成茶文化邮票

古竹茶炉，十分喜欢，"抚玩不置"。乾隆不但仿效普真和尚重演"竹炉煮泉"，冲泡自己带来的龙井雨前茶，还向惠山寺的旧相识成莹和尚商借古竹茶炉，带到苏州，令工匠仿制两具，原物奉还，复制品带回北京，现在还有一只保存在故宫博物院的库房内。对于上面提到的《竹炉图卷》，乾隆也是每来必看，看必题诗。谁知 1779 年图卷被意外焚毁。事出无锡知县邱涟把图卷带回县衙门重新装裱，当晚邻近民房失火，殃及县衙，偏偏把图卷烧了个精光。乾隆得知详情后，罚邱涟俸银 200 两以赔偿寺僧。他还亲笔仿王绂笔意，绘竹炉首图，再命皇子和大臣补绘补写全部图咏。又赐内廷藏画之王绂绘《溪山渔隐图》，一并拨付惠山寺，作为补偿。1860 年惠山寺遭战争劫难，《溪山渔隐图》流落民间，至今尚在私人藏家手中；《竹炉图卷》已成残卷，偶有出现，难成全豹，成为惠山文化的一大损失。

十曰阿炳谱泉。诗人最敏感，诗人早就关注二泉映月。北宋诗人王禹偁（954—1001 年）曾用深沉凝重的笔触《题陆羽茶泉》"惟余半夜泉中月，留得先生一片心。"南宋诗人杨万里也吟有"山上泉中一轮月"佳句。据惠山当地老人讲，每当农历七月半亥时（约 21 ～ 23 时），一轮似冰晶玉盘的皓月，会倒映在二泉下池波光粼粼的清泉里。到了近代，此情此景更化作了无锡民间音乐家华彦钧（瞎子阿炳）二胡琴弦上那如慕如怨，如诉如泣，被誉为"东方命运交响曲"的优美旋律。今天，《二泉映月》与"千里共婵娟"的月亮一道，正飞向地球村的每个角落……

惠山自古多泉，天下第二泉是其杰出代表，这是地质、植被、气候等自然因子所决定的，但惠山自古多名泉，便有了文化色彩，例如"九龙十三泉"。广义的"九龙"可理解为有九个峰峦的惠山又名九龙山，而"十三泉"却并非指某个泉眼叫十三泉，就像扬州的"二十四桥"那样既非专名又非确切数量，仅仅用来形容惠山名泉之多，因为志书所载或实地考察，惠山泉眼的数量远超过 13 个。至于狭义的"九龙"专指承淌二泉正脉泉流的 9 个石螭首（俗称石龙头）。二泉下池的龙吻，刻制于明弘治初

清代王澍手书的"天下第二泉"为二泉庭院提神

1751 年乾隆下旨仿制的"惠山寺竹茶炉：现为北京故宫博物院藏品之一

（1488 年或稍后），它是 9 龙中的第一个螭首。然后泉水下泄至华孝子祠享堂前的"鼋池"，池壁有两个螭首：南螭徐徐吐水，北螭缓缓吞水，故鼋池又称"双龙泉"。泉水在鼋池分流：一路东下，从香花桥边的螭首注入日月池，潜流入地经过寄畅园内的两个螭首流入"镜池"再入"锦汇漪"；另一路往北入"金莲池"，经二泉书院（邵文庄公祠）内螭首，注入"香积池"，再由暗渠导入寄畅园西墙脚的小石潭，然后注入八音涧，泄于"锦汇漪"。流经了 7 个螭首又汇聚在锦汇漪的二泉之水，最后渗溢出园，经惠山浜"龙头下"的第八个螭首流入惠山浜，一路直奔京杭大运河。由于这段河道原为古芙蓉湖的支流之一，所以，明《惠山记》称：二泉水"东入于芙蓉湖……此其正脉也"，而传说中的第九个螭首原来就在芙蓉湖附近。换句话说，现在流淌二泉水的石螭首只有 8 个，离"九龙治水"还差万宝全书一只角。好在惠山听松坊王问（仲山）祠堂内还藏着一个螭首，虽然长期埋入地下，但其形制大而且古，"九龙"依然不缺，冥冥之中，还是天数。

二、寄畅园的故事

1988 年被国务院公布为全国重点文物保护单位的寄畅园，西倚惠山而筑，东临惠山横街，南与惠山寺毗邻，北为听松坊。园的东南方向，锡山近在咫尺，西南面又和"天下第二泉"相距不远，且把二泉之流引为园中重要水景，园子面积在 1 公顷左右。它创建于明中叶，历经清及民国，400 多年来始终保持在锡山秦氏家族手中，故又名"秦园"，其所临的惠山横街，一名"秦园街"，这在中国古典园林中是极为罕见的一例。直到 1952 年上半年，秦氏家族将寄畅园献给国家，私园成为公园。锡山秦氏是江南望族，系北宋著名词人秦观（1049—1100 年）的迁锡后裔。他们在无锡城区的有两个分支：一在今崇宁路至小娄巷一带，称"河上秦氏"，另一在西水关附近，称"西关秦氏"，都与寄畅园有关。据统计，明清两代无锡秦氏子弟在文科中通过考试成为秀才或在国家最高学府国子监学习的国子监生达 800 多人，乡试中举人的 78 人，赴京会试中进士的 32 人，其中殿试列为一甲第三名的探花 3 人。在武科中，无锡秦氏有武秀才 25 人，武举 5 人，武进士 1 人。这种科第联翩、簪缨不绝的家族背景和家学渊源，使处于优越造园环境中的秦氏寄畅园，既占地利，又得人和，故能在江南山麓别墅园林中，独树文化一帜。由于寄畅园的"源头活水"来自唐代天下第二泉，园主秦氏的老祖宗是宋代大词人秦观，园址原是惠山寺的元代僧舍别院"沤寓房"，其造园艺术自明清、民国直至现当代都名闻遐迩，所以我们将其来龙去脉分为 8 个历史阶段，以便从古说到今。

1. 秦金归隐

第一代园主秦金，无疑是一位充满政治智慧的会做官又会做人的成功人士。他以两榜进士出身，历弘治、正德、嘉靖三朝，虽然在任职主管高级干部考核工作的中央组织部副部长（吏部侍郎）期间，因正直敢言得罪了一些人，在担任财政部长（户部尚书）期间"积失帝旨"，与皇帝的看法有点小矛盾，但他都能把事情摆平或者办得恰到好处，办事效率也比较高。所以在他虚龄 61 岁第一次退休后没过几年，又复出高升，以从一品太子太保的荣誉头衔继续当他的部级高官，光荣退休时再晋级正一品光禄大夫，多拿退休工资，这也是朝廷对他清廉从政的一点小小补偿。秦金在"西水关"即今薛福成故居至西水墩一带，建有带西花园的府第，里面挂着表示他荣耀一生的"九转三朝太保，两京五部尚书"对联。所以他对离家将近 3 公里的惠山别墅园林（凤谷行窝）的主要贡献是，在明正德中（1506—1521 年）为秦氏家族买进了一块园墙外面有山、有寺、有泉、有河，园子里面有墩、有涧、有池、有树的好地块，即惠山寺元代僧舍"沤寓房"。他在嘉靖六年（1527 年）第一次退休后，在沤寓房旧址内建隐所"凤谷行窝"，此即寄畅园的前身。秦金逝世后，园子转属族孙秦梁。

2. 秦梁接盘

秦梁同样是两榜进士出身，又是一位美男子。"生而美姿容，眉目如画"。大家可能会奇怪，美男子与考进士有什么关系？其实还真有关系。古代开科取士，当然分数第一，这个光荣传统还一直保持到现在，因为说来说去还是分数最公平，否则贫寒子弟、农家子弟就更加没有出路。但品行和相貌在科举考试中至少不是"减分"因素，同等条件狭路相逢，美者胜。古代做官，讲究官威气派，用无锡话来说"十五怪样"的恐怕不行。因为升堂问案，惊堂木一拍，出不了那个氛围，岂不是白忙活。美男子

（左）北宋著名词人秦观画像

（右）：凤谷行窝：园主秦金

画像

秦梁的家，在今天崇宁路，房子后面是"金匮山"。某日，山上忽现五色雾气，当时还是举人的秦梁觉得是个好兆头，便把自己的大号由"匮山"改为"虹洲"。4年后秦梁赴京会试，果然高中进士，排名前八。但秦梁为官时间不长，前后不足20年，他的最终官职是副省级江西右布政使。因父亲秦瀚逝世，回无锡丁忧守制，后以他事罢职，未起复。秦梁50多岁提前退休后的生活还是比较充实的：一是从万历二年（1574年）开始，受委托编纂《无锡县志》，出版后受到好评，"识者目之良史"，秦梁也因此在自家的大厅上悬挂"文献之家"匾额。二是为昆曲的繁荣发展作出贡献，兴办了昆曲家班。当时，惠山"愚公谷"园主邹迪光的邹家班和秦梁的秦家班都十分有名，以致有"船到梁溪莫唱曲"的说法流传，意思是说无锡的昆曲水平很高，唱昆曲的到了无锡就不要再班门弄斧了。而由秦梁接手的别墅园林"凤谷行窝"，主要由他的父亲、诗人秦瀚打理，并把园名改为"凤谷山庄"。秦梁因病在64岁去世，园子由秦燿接盘。秦燿的祖父秦淮与秦瀚是亲兄弟，秦燿是秦梁的堂侄，辈分低一辈。这里顺便一说，锡山秦氏从秦金那一代开始，按五行相生排辈：金生水，水生木，木生火，火生土，所以名字中有三点水的秦淮、秦瀚比秦金低一辈；秦梁是木字旁，又低一辈；秦燿是火字旁，再低一辈；秦燿的儿子们，就用土字旁起名。

3. 秦燿改筑寄畅园

秦燿的接盘，无疑开创了寄畅园造园艺术的新纪元，但是促成其事的却是秦燿的官场失意。秦燿是在明隆庆五年（1571年）考中进士的，而主持这次考试的主考官就是名臣张居正。按照当时的规矩，张居正就是秦燿的老师。第二年，隆庆驾崩，10岁小万历坐上龙廷，帝师张居正在太监冯保的帮助下出任内阁首辅，张居正像对待亲生儿子那样对小万历尽心尽责。这一切都让年轻漂亮的万历生母李太后对美男子张居正心存感激，从而全力支持他的各项改革措施，是为"万历新政"，由此明王朝一片中兴气象。在这一时期，应该说秦燿的仕途是相当坦荡的。张居正曾经找秦燿谈过话，指出他性格缺陷是脾气太急躁。张居正前后当国 10 年，虚岁 58 岁时因病去世。20来岁的万历皇帝翅膀已硬，立马翻脸不认人，撤销了张居正的所有荣誉称号，张家被抄，家人惨遭迫害，死的死，充军的充军……要不是怕事情闹大，动摇国本，方才草草收场。以为躲过这一劫的秦燿在万历十四年升任副部级光禄寺主管，又为平定"白莲教"聚众起事，以都察院三把手（佥都御史）头衔，巡抚南赣汀韶等处地方提督军务，俨然手握尚方宝剑上马管军、下马管民的巡按大人。几年后因平乱有功，升任都察院右副都御史、巡抚湖广，是年秦燿 46 岁，比族曾祖秦金担任相同职务时还要年轻 2 岁。这一年，辖区湖北境内大旱，秦燿一面将灾情上奏朝廷，一面开仓放粮，谁知这一次在职权范围内的拯灾行动，反而成为政敌们查办秦燿的口实。先是在万历十九年（1591年）已去世快 10 年的张居正受廷臣追论，秦燿受到牵连；在这紧要关头，一位姓沈的衡州同知（副市长）落井下石，诬告秦燿在赈灾过程中侵吞库银一万五千两，于是秦燿被"双规"，解职赴京听候审查。随着弹劾秦燿的用词越来越严酷，风声越来越紧，就要关入大牢严刑逼供之时，圣旨下，秦燿等从轻发落，撤职审查。最后以赃论罪，直到万历二十年（1592 年）冬季才获释回籍，回到了老家无锡。秦燿悲愤地浩叹："嗟！嗟！吾何从剖心以鸣其不平也。"中国文人存乎一种特性：官场失意、情场失意、商场失意的，只要不颓废，往往在文学艺术领域得到超常发挥。秦燿因此在当时文坛盟主王穉登等人的帮助下，花六七年时间，在其接手的园子中，构列嘉树堂、锦汇漪、知鱼槛、涵碧亭、卧云堂、邻梵阁、先月榭、鹤步滩、含贞斋、凌虚阁等 20 景，取王羲之"寄畅山水阴"诗句之意，署园名为"寄畅园"，并沿用至今。万历三十二年（1604 年），秦燿带着太多的遗憾，留下寄畅园、四部著作和万贯家产，撒手人寰。秦燿的遗产包括每年可收 13300 多石田租的农田（当时每亩租田收租 1 石，约为收成的 3/1），折价 22300 多两的房地产，11400 多两现款，以及数量可观的字画古董、金银酒器和绸缎布匹。这些遗产按《分关》分给了 3 个太太、1 个小妾，大太太的 2个儿子、二太太的 2 个儿子还有 1 个女儿。对于本"不当分属"的寄畅园，却在《分关》中明确由大太太生的 2 个嫡子，二太太生的 2 个庶子各分一半。由此造成寄畅园先分为二，再分为四的分裂局面。一代名园濒于湮没的地步。这里需要补充说明的是：秦燿的两位嫡子秦埈（字太清）、秦埏（字太宁）合资捐建了南门外大运河上的清宁桥，该桥在清道光年间因避皇帝的名讳，改称"清名桥"，今天清名桥历史街区被誉为"运

（左）寄畅园主秦燿画像
（右）寄畅园中兴园主秦德藻画像

河绝版地"，乡先贤的善举嘉行值得我们铭记。

4.秦德藻、秦松龄父子的赏心乐事

明末社会动乱，清兵入关后清军统帅、皇子多铎对江南百姓的残暴屠杀和掠夺，同样使秦家蒙受种种劫难。幸运的是秦家在此时出了一位难得的智者和能人，他就是秦燿的曾孙、秦埈的孙子、太学生秦仲锡的次子秦德藻。由于父亲和兄长早逝，弟弟在明亡后又蜗居小楼、闭门不出，秦德藻在22岁时就独挑大梁，成了秦埈一脉的顶梁柱。秦德藻的长子秦松龄，出奇的聪明，12岁考中秀才，18岁中举，19岁中进士，朝考高分钦点翰林，授庶吉士，成为正处级的国家储才机构——翰林院硕博连读、学制三年的"研究生"。在古代，秀才称先生，举人称老爷，进士称大老爷，那么进士的爸爸怎么称呼？好在中国方块字的造词功能特强，大字多一点，称太老爷，全部摆平。年纪轻轻的秦松龄大老爷人聪明品行又好。一次顺治皇帝当廷出题考考百官们的文才，要求以《咏鹤》为题写一首诗。松龄有句："高鸣常向月，善舞不迎人。"被顺治评价为"是人必有品"。但秦松龄命好运不好，官运不通。顺治十六年（1661年）朝廷第二次清理官民拖欠的皇粮赋税，秦松龄名下的500亩良田早已按章纳税，偏偏他嫁到江阴的孀居的远房姑母朱秦氏冒充在松龄名下的土地拖欠粮赋，于是因母亲去世在家丁忧的秦松龄革职罢官。秦德藻为保护朱秦氏和她的儿子免吃官司，反正秦家又不差钱，汉人在清廷做官风险也比较大，所以劝秦松龄不要去"辩诬"，为此秦松龄"沉沦林泉者十有余年"。

秦松龄的第一次罢官成为他发挥文学艺术禀赋的大好机会：一是秦德藻、秦松龄父子将分裂为四的寄畅园重新归并，聘请当时的造园名家松江张涟和他的侄儿张鉽对寄畅园重作规划设计。张涟认为：堆叠假山要有自然情趣又符合画理，理水要顺随水性而有曲岸回沙之态，于建筑则主张简洁淡雅，把雕梁画栋改为江南民居的青扉白屋之貌。这些主张无疑与秦氏父子"英雄所见略同"。而我们今天看到的寄畅园特别是案墩假山和大水池锦汇漪一区的引泉、叠石、理水，都基本保持了清初改筑后苍凉廓落、古朴清幽的风貌。从此寄畅园名噪大江南北，甚至传到皇帝的耳朵里。二是他们父子俩重新组建了昆曲家班，有歌儿六七人，并请来名家徐君见作艺术指导，有时拍曲寄畅园，"列坐文石，或弹或吹，须臾歌喉乍啭，累累如贯珠，行云不流，万籁俱寂……"。这是一种多么美妙的境界啊，"赏心乐事谁家院？"秦氏父子过着与神仙一样的日子。康熙十八年（1679 年），松龄举博学鸿儒，起复原官，再入翰林院。5 年后担任顺天乡试正考官，因"磨勘"就是把考试卷子送翰林院复核时，不知怎样被抓了小辫子，负有领导责任的秦松龄再次罢职。秦松龄两次中进士（举博学鸿儒例同考中进士），两次点翰林，两次因小事在阴沟里翻船，真正做官的时候加起来不过 10 年左右，直到康熙四十九年（1710 年）方"蒙恩给还原品"，做了个可以在参加宴会时带上官帽、穿上官袍的乡绅大老爷。然而就在这段时间里。寄畅园却迎来了鲜花著锦、烈火烹油之时。

5. 寄畅园的祸福相依、否极泰来

从康熙二十三年到乾隆四十九年（1684—1784 年）的整整 100 年间，康熙、乾隆各 6 次南巡，都是 7 次驻跸寄畅园，故说起 14 次接驾的事来，真比《红楼梦》中的贾家荣国府还要多。而寄畅园和大观园的命运又是那样地相似，活脱脱就是一对难兄难弟。

康熙第四次南巡无锡游览寄畅园时，垂询秦氏兄弟，子侄中可有学问好者，可推举一人进大内办事。松龄的二弟秦松期推荐松龄的长子、已考中举人的秦道然随驾进京。秦道然进京后，分配在九皇子允禟的贝子府教书。清皇朝贵族的爵位分四等，依次是亲王、郡王、贝勒、贝子，贝子是四等爵，可见允禟的政治能量有限。秦道然甚得允禟信任，违反规定以汉人充当贝子府管领也就是大管家，种下祸因。康熙四十八年（1709 年），秦道然考中进士，殿试以高分钦点翰林，后由庶吉士升编修，散馆考试合格，补礼科给事中。给事中属谏官之列，真正的清水衙门，但秦道然学问好，一手馆阁体又十分漂亮，少不得有人找上门写个墓志铭什么的，也能进账几百两纹银，所以秦道然当的穷京官也算不上太穷，过着有尊严的小康生活。然而，康熙六十一年（1722 年）冬季的那场大雪来得是那样的早，当然影视中的大事故不是发生在大雪

乾隆南巡时的寄畅园图

清乾隆年间《南巡盛典》收录的《寄畅园图》

天就是发生在雷雨夜。有着 36 位儿子的一代英主康熙大帝终于没有战胜病魔，龙驭宾天，享年虚龄 69 岁。就在大行皇帝尸骨未寒之时，皇阿哥们的权力斗争从暗里转向明处，愈加白热化。登上皇位的四阿哥雍正首先把矛头指向明知自己没有皇帝份却被别人当枪使的九阿哥允禟。雍正的策略是先肃清外围然后再直捣黄龙，于是先以经济问题（贪赃罪）逮捕允禟身边的太监何玉柱，然后以同案犯逮捕秦道然。雍正当殿大骂秦道然是秦桧的后代，秦道然冒死抗辩。雍正下诏斥责允禟，大意是你家什么人不可以用，偏要一个汉人做你府里的大管家？后来实在查不出秦道然到底犯了什么罪，就以秦道然"仗势作恶，家产饶裕"为由，罚款 10 万两充甘肃军饷。然而奉旨抄家的满清正黄旗人、两江总督查弼纳清查秦道然家只值银 10300 两，秦家本不差钱，秦道然的合法收入工资、奖金连稿费也还可以，有多少算是巨额财产来历不明谁也说不清。于是寄畅园就不明不白地充公没官，是否能抵扣多少罚金，史无记载。寄畅园充公没官后，割出南部园基，于东南角建钱武肃王祠，于西南角原天香楼和小庭院位置建无锡县贞节祠。最高法院（刑部）打报告判处秦道然死刑立即执行，雍正硃笔批示：缓期执行，先把银子追上来，等银子全部到手，再行奏闻。当然雍正不要道然立即死的另一目的是留"活口",以便继续进行政治斗争。秦道然死刑缓期执行,押回无锡原籍,关入无锡监狱,地点在今复兴路至解放西路一带。但事情并没有到此为止,雍正五年(1727年)六月十六日上谕严厉批评查弼纳祖护苏努子孙,又牵出秦道然:"现今秦道然实系桧之后裔众所周知,伊则回护支吾不以为祖……"我把雍正的这段话用无锡话说一说:现在勿勿少少的人全部都晓得秦格里是秦桧的后代子孙,你倒任之捂之说伊勿是徒格祖宗。雍正出于政治目的指鹿为马,血口喷人,非但让秦道然蒙冤,连带锡山秦氏全部受到株连。事实上锡山秦氏本是秦观后裔可说是铁板钉钉,毋庸置疑:秦观的墓在无锡惠山二茅峰下,是江苏省文物保护单位;秦观十一世裔孙、迁锡始祖秦维桢的墓在今无锡滨湖区胡埭镇胡山,惠山又名龙山,胡山又名凤山,宰相刘罗锅刘墉曾为秦维桢墓写过碑记,他认为锡山秦氏"攀龙附凤,秦氏故多英俊也"。那位比较正直,哪怕皇帝大发雷霆也比较肯说真话的雍正朝大臣查弼纳,后来曾任中央组织部长和国防部长,最终在平定噶尔丹叛乱时,战死疆场,光荣牺牲。这个话头到此结束,按下不表。下面说说秦道然的三子,让寄畅园绝处逢生的大孝子、大学者、乾隆朝部级高官太子太保秦蕙田。

我们如果翻一翻寄畅园的园史,在冥冥中似乎存在一种特质:每当寄畅园面临重大变革生死攸关的前夜,总有园主曾孙辈的人物出现,攻坚克难把园子推向新的高度或新的境界。前面说到的秦燿、秦德藻是这样,秦德藻的曾孙秦蕙田同样让历史惊人地重现。在秦道然遭逮捕的早期,太学生秦蕙田在京师遵义坊租借了一间很小的房屋居住下来,自名"味经窝"(味经是蕙田的号),一面方便就近探视被监禁的父亲,一面苦读经书,他还和志趣相投的无锡老乡一起,结成"读经会",定期聚会,切磋学问,打下扎实的治学基础。其间,他被荐参与编纂《江南通志》。另据《清史稿》记载,秦蕙田还因为江阴老乡、部级高官杨名时的推荐,破格聘为国子监教员,国子监与太学都是古代国家最高学府,相当于今日的清华、北大,当然秦蕙田老师的职称是助教还是讲师,至今没有搞明白,但肯定不会是高级职称,因为此时秦蕙田还不够资格。雍正十三年(1735年),秦蕙田参加江南乡试中举;第二年即乾隆元年(1735年),又连捷为一甲第三名进士(探花),授翰林院编修,在"南书房"当差。南书房原是康熙的读书处,后来成为乾隆的文学书画办公室。在南书房当差的秘书们,不限品级,上至部长,下至刚进翰林院的博士生,都可称南书房翰林,前途不可限量。第二年夏季,因"追银未完"仍羁押在无锡监狱的秦道然,皮肤严重感染,中医称之为"浸染暑湿",生命垂危。接到这个消息后,天性纯孝的秦蕙田五内俱焚,他决定冒着极大的政治风险上疏陈情，他在打给乾隆的报告中写道：臣虽然在皇帝您身边工作，但想起我的老父亲心中每每不能自主。他承蒙先皇帝的宽大处理，因拖欠罚款现仍在无锡监狱服刑。今年夏天他感染热毒，几至瘐毙。我实在不能昧着良心贪图俸禄，又因为辜负孔夫子的谆谆教导而心存惭愧。如果我父亲还有一线可以原谅，恳请皇上宽恕这位老人吧。我愿意辞去本兼各职来替父赎罪，请求得到您的恩准。报告打上去以后，忽然有一天乾隆派太监去南书房传口谕问秦蕙田："你是否是秦桧之后？"跪地接旨的秦蕙田从容答道："一朝天子一朝臣。"听了太监的回话，乾隆不禁笑了起来，于是传下谕旨：你秦蕙田仍在南书房行走，安心工作，毋庸懈怠，争取在年终公务员考核时评上优秀等第；秦道然宽大释放，所欠罚款追银准予免缴，寄畅园一并发回。喜讯传到无锡，秦府上下一片欢腾，秦道然的病顿时去了八九分。

10 年后，已是教育部副部长（礼部侍郎）的秦蕙田衣锦还乡，为 89 虚岁的父亲秦道然庆九十大寿。这种做寿"做九不做十"的传统习惯，无锡至今还是这样。在此期间的某日，秦氏家族各房代表 50 人在寄畅园嘉树堂召集会议，这次会议的发起人是老寿星秦道然。鉴于寄畅园曾经分裂、没官的历史教训，所以会议的议题是如何进一步落实保护寄畅园的以"双保险"为核心的各项措施。他们根据当时朝廷有关修建家庙祠堂，以祠堂名义兴办的家塾和义田、义庄，即使家族后裔犯罪也不予没收的保护政策，又根据康熙皇帝"銮舆七幸，宸翰频颁"这种别人家无法比拟的优势特质。议决：在原由秦耀所建含贞斋遗址建造"宸翰堂"以"尊奉御书"；以嘉树堂改建为"双孝祠"，祭祀明代由朝廷明令表彰的两位秦氏孝子，寄畅园相应改为该祠堂的附属园林而又名"孝园"；再由各房捐田若干，以田租作为双孝祠"春秋两祭"和园子的管护费用。以上决议案由秦蕙田亲自执笔，立下《寄畅园改建祖祠公议》。秦氏的这种作为，最终得到了乾隆皇帝的认可：乾隆二十三年（1758 年），秦家又获御题"孝友传家"匾额。为此秦家在园子前面的秦园街（惠山横街）树起了"孝友传家"石牌坊。秦家的这件事又使我们联想起《红楼梦》第十六回，魂断天香楼（寄畅园原来也有天香楼）的秦可卿托梦给王熙凤道："莫若依我定见，趁今日富贵，将祖茔附近多置田庄房舍地亩……便是有了罪，凡物可入官，这祭祀产业连官也不入的。"值得注意的是，秦可卿后来又说："眼见不日又有一件非常喜事，真是烈火烹油，鲜花着锦之盛。"这事后来在无锡秦家也得到了应验。

原来在农历辛未年，即乾隆十六年（1751 年），是乾隆生母钮钴禄氏皇太后六十华诞，为了陪侍母亲好生享受人间幸福，大孝子乾隆决定在那一年开始他的第一次南巡，老太太将全程参与这次旷世未有的超豪华旅游盛典。于是朝廷提前好几年下发通知，要求京杭大运河沿途各城市积极做好接驾准备。无锡接到的通知是，乾隆皇帝亲自点名要游览寄畅园，并下旨拨帑银千两用于寄畅园维修。帑银是国库里的银子，秦家如何敢用？于是连忙上折子谢恩，言明园子由秦家自己出资修理。于是由秦道然的堂弟、秦家首富秦瑞熙出资 3000 余两，把曾因抄家而失修多年的寄畅园独立修复。到乾隆南巡游园之前，园内的"临幸之具，穷极华美"。乾隆是在那年的二月二十日上午如期到达寄畅园的，秦家 24 位代表包括 9 位德高望重年龄总和 600 多岁的长者跪在园门口接驾，乾隆微笑即兴口占寄畅园诗一首让秦家唱和，在一片啧啧盛赞声中，秦家 9 位老先生表示对皇上如此高妙的诗句、如此高深的诗境必须仔细揣摩深入理解后还不知能不能和上。乾隆这下子对自己诗才的敏捷和秦家的谦恭，就像大热天吃冰激凌一样地舒服。龙心大悦的乾隆在园内卧云堂坐定后，随行厨师送上热气腾腾的早餐点心和牛奶（乾隆每天必吃鲜牛奶，所以在乾隆皇家船队的 1000 多条船只中有专门养奶牛的船，以供不时之需），乾隆越吃越高兴，传旨召见无锡知县王镐，乾隆金口对无锡县的工作表示充分肯定，对这次接驾安排表示高度赞赏。除了精神鼓舞外，乾隆决定对王知县破格给予物质嘉奖，传口谕赏赐早餐的两块点心，这样跪在地上的王知县大喜过望，三呼万岁，磕头谢恩，真正体会到什么才是天上掉下来的馅饼，这也成为王知县在很长一段时间内逢人必吹的资本。乾隆的这次无锡之行，写了很多诗，题了很多字，讲了很多话，又让随行画师画下了寄畅园和黄埠墩的全图准备回到京师后立即仿造，又带走了高仿的惠山寺竹茶炉，带走了由工艺美术大师王春林创作的三盘惠山泥孩儿大阿福等。堪称满心欢喜，满载而归。

距第一次南巡 6 年之后，乾隆第二次南巡又到寄畅园。这次已升任建设部、水利部（两部当时为工部）部长又兼任最高法院代院长（刑部尚书）的秦蕙田扈驾随行。乾隆这次在寄畅园把一块原名"美人石"的太湖石更名"介如峰"，还为此写了诗，绘了图，以后又勒石成碑陈列在园子内。对于园内"拳石之微，并邀荣遇"的浩荡皇恩，秦部长铭刻在心，写了《恭和御制介如峰图诗原韵》，再次对乾隆表示衷心感谢。到乾隆第四次南巡时，历官刑部尚书、翰林院掌院学士，又担任过两届京城会试总裁的太子太保秦蕙田因病过早离开了人世。对于秦蕙田的不幸去世，乾隆是十分悲痛的，到了寄畅园更感到物在人亡、天人永隔，便写诗表示悼念："养疴旋里人何在？抚境怃然是此间"。这里必须指出的是，秦蕙田不仅仅是正直、正派、品行高尚的朝廷高官，又是著名学者，其刻苦著述几十年，四易其稿，又请名家斟酌参校的《五礼通考》

清末秦氏重建的知鱼槛等锦汇漪东岸建筑老照片

凡262卷，具有很高的学术价值。甚至到了晚清，中兴名臣曾国藩尊奉其为学术经典。曾国藩曾开列10位对自己最有影响的历史人物，秦蕙田即其中之一。

历经劫难又因皇帝巡幸再享百年辉煌的寄畅园，到了清咸丰十年（1860年），再次惨遭厄运，几乎陷入万劫不复的境地。这一年，太平军忠王李秀成部发动建立"苏福省"的攻势作战。随着战火向无锡延伸，四月初八晚上，李秀成亲率劲旅强渡大运河，自钱桥方向猛攻清军惠山守垒，第二天上午从西门攻入无锡城。在此过程中，一场原因不明的大火吞噬了整个惠山镇，寄畅园"全园被毁，所存者惟双孝祠三楹及凌虚阁而已"。

6. 涅槃的火凤凰差点变成鸡

面对着行将湮没的寄畅园，当年依靠科举考试飞黄腾达的封建大家庭无可奈何地走向穷途末路，曾经的簪缨望族，在清末同治、光绪两朝再也没有出过进士，仅有5人乡试中举，其中包括中共早期总负责秦邦宪（博古）同志的父亲秦肇煌和全国政协原副主席钱正英的外祖父秦敦世，秦敦世所书"鼋头渚"三字，镌刻于巨石，今天依然挺立在惊涛拍岸的鼋渚山脊之上。"无可奈何花落去，似曾相识燕归来。"光绪九年（1883年），秦氏家族筹资修复凌虚阁，重建知鱼槛，易址建大石山房。但在光绪末，族中有人暗中变卖寄畅园的祭田、房产。后经秦氏各房协力清理，归还90亩（原270亩），又推举5人组成董事会，负责寄畅园修葺及双孝祠的祭祀事宜。

1912年，凌虚阁倒塌，族中集资改建为三层西式大楼。5年后又集资在锦汇漪畔建花棚和茅草顶竹轩"先月榭"，并命名园中原有景点七星桥、八音涧、九狮台。谁知1921年时受上海"大世界"和无锡火车站附近"新世界"游乐场影响，秦氏族内又有人私自将寄畅园租给别人兴办"第二新世界"，经报纸披露，舆论哗然，方得阻止。1925 年 1 月 26 日，在凌虚阁旧址建造的西式大楼，焚毁于奉系、直系军阀交战的"齐卢之战"。这年秋天，当时 19 岁的秦邦宪以笔名"则民"在锡社主编的《锡声》上刊发《龙山旧痕》六则，其六《冷落的寄畅园》记述了当时的景况："在今天，秦园更尽显了他的冷落之美……而荫荫的绿木，郁着灰败的将哭的层云……只有雨声滴答着，没有捣衣的浣女，没有清酌的雅人，只有我们几个颓废的游客。"

1926 年，曾任外交官，工西洋油画和水彩画的秦亮工出掌寄畅园董事会，"以春秋二祭余款，量力修理池东一带，并建清响斋、涵碧亭、缀以长廊，与大石山房相连续"。1924 年，又有族人捐资在原含贞斋（宸翰堂）废址建屋三楹，代替已倒塌的双孝祠。经过秦氏家族努力修复，渐渐恢复元气的寄畅园，随着抗日战争爆发，再次陷入困境。1937 年 8 月 16 日至 10 月上旬，日军多次轰炸无锡，寄畅园南北两头均落下炸弹，在"小御碑亭"石柱上，至今弹痕犹存，记录着侵华日军的暴行。难以支撑的残局，迫使秦家将园内的建筑租赁给商贩作营业场所。一时间，照相、茶馆、小吃、摊担、包座、烟客等闹哄哄各占一角。建筑衰败，草木荒芜，一派风雨飘摇景象。

7. 寄畅新生

1949 年 4 月 23 日无锡解放，新中国成立后，1952 年上半年，秦亮工代表寄畅园董事会将园子献给国家，无锡市政府即拨款 5000 元（华中币折合数）进行抢修，并划归锡山公园（锡惠公园前身）管理。1954 年，惠山横街拓宽，寄畅园东围墙一带内缩 3 ~ 7 米不等；但将西南角在清雍正朝所建贞节祠一组建筑重新归并寄畅园，翻修为南大门和凤谷行窝厅，秉礼堂保留原名，由湖石小池和花木、回廊组成的小庭院完整地保护下来，于壁间开洞门，与园子主体部分相沟通，可称是"完璧归赵"。又于 1954 年底至 1955 年对寄畅园作全面整修：原背靠知鱼槛的东大门轿厅拆除后，

民国初于凌虚阁旧址所建西式楼房1925年初遭火焚后的残壁老照片

向北移位 10 多米改建成砖牌科门头，入门为清响月洞，其前请苏州帮假山匠朱师傅及子女共 3 人用拆自城中野园里的湖石堆叠成用于"障景"的假山，防止一进园门就可把园景一览无余。同时，园内郁盘亭廊、知鱼槛、涵碧亭等建筑得到维修，又疏浚水系，整修园路，恢复了寄畅园古木清幽、苍凉廓落的韵味。

20 世纪 80 年代，重建邻梵阁和假山之巅的梅亭，重刻《寄畅园法帖》后六卷计 217 方以及《乾隆御制介如峰诗图碑石》，分别镶嵌于围墙上或安放在小御碑亭内。1988 年 1 月 13 日，国务院公布寄畅园为全国重点文物保护单位，厚重的寄畅园园史翻开了新的一页。

8. 名园重光

为做好"后国保"时期的寄畅园保护工作，1988 年 10 月 25 ～ 26 日，无锡市园林局邀请沪宁两地著名园林古建筑专家、学者顾正、朱有玠、潘谷西、戚德耀和无锡市领导、专家，举办"寄畅园保护修复方案"研讨会，成果丰硕。会上，潘谷西教授针对 1954 年为拓宽惠山横街寄畅园曾内缩 3 ～ 7 米事实，提出"退路还园"主张，当时不少人认为不可能，但 11 年后梦想成真。研讨会结束前，著者当场所撰《寄畅园》一文，获全体与会者赞同，后由书法家赵铭之书写，勒石为碑，至今仍树立在凤谷行窝大厅之前。

1993 年，由李正设计，落架翻修寄畅园北部主建筑"嘉树堂"，又从该堂向东接出并翻修接连廊桥和涵碧亭的清籞廊，易址重建大石山房，大体恢复了寄畅园北部历史风貌。

1999 年，无锡市批复同意将原在清雍正年间割出的寄畅园东南角所建钱武肃王祠（当时已沦为大饼摊、点心店）及 1954 年寄畅园让出的东部一带园基重新划归锡

2000 年 8 月 25 日，冯其庸先生在寓所"瓜饭楼"前与著者合影

惠公园及所辖寄畅园。为此成立由李正、顾文璧、吴惠良、刘国昭、沙无垢、夏泉生、黄茂如、夏刚草、谈福兴、冯普仁、任颐等 11 人组成的寄畅园东南部修复工程专家组，先对该区域的原历史建筑、构筑物的基础，作考古挖掘。在摸清情况后，由李正、顾文璧、沙无垢署名，沙无垢执笔编制《寄畅园东南部修复方案》，由江苏省文化厅转呈国家文物局，于当年 12 月 8 日获国家文物局批复同意。修复工程于 2000 年 9 月 30 日竣工。重建了卧云堂、先月榭、凌虚阁、联廊、涧池、石桥，复位美人石（介如峰）、镜池和小御碑亭，又在南园墙开门洞，沟通已修复的钱武肃王祠。至此，寄畅园在清康乾两帝南巡驻跸时的鼎盛期风貌，基本恢复。

考虑到凌虚阁曾是寄畅园第三代园主秦燿与苍天作心灵沟通的地方，故请全国政协副主席、中国佛教协会会长赵朴初题"江南胜迹"匾，全国政协常委、中国道教协会会长闵智亭题园名匾。因《红楼梦》作者曹雪芹的祖父、江南织造曹寅曾两度造访寄畅园，从寄畅园又能看到红楼梦大观园的一些社会背景，所以请红楼梦学会会长、著名学者、无锡老乡冯其庸题"先月榭"匾。又考虑到卧云堂曾是无锡秦家恭接康熙、乾隆御驾的场所，特请末代皇帝溥仪的四弟爱新觉罗·溥任（金友之）题卧云堂匾。这里顺便说一下，当年乾隆十五子颙琰在 1784 年曾扈从父亲巡幸寄畅园，该十五阿哥就是后来的嘉庆皇帝；而溥任的大哥末代皇帝溥仪在历经人间沧桑后的 1960 年秋，以普通公民身份随全国政协考察团游览了寄畅园。有一个抢答题：清代 10 个皇帝中有几位到过寄畅园，有答 2 位、4 位，甚至 5 位的。对不对？答 2 位的是康熙、乾隆肯定来过寄畅园，答 4 位的是包括当皇帝前的嘉庆和当皇帝后的宣统，还有 1 位据说还是四阿哥时的雍正，曾到过寄畅园，否则他不会老是惦记着寄畅园，直把它抄家没官方罢休。

今天，当你从南门厅步入寄畅园，又顺着比较合理的导游线路不走回头路，沿途经过的凤谷行窝大厅和前面的天井、秉礼堂和旁边的湖石水池小庭院、含贞斋（原宸翰堂）、九狮图石（湖石假山）、案墩大假山和山顶梅亭、八音涧、锦汇漪、鹤步滩、卧云堂、先月榭、邻梵阁、小石桥、美人石和镜池御碑亭、凌虚阁、郁盘廊亭、知鱼槛、清响月洞和砖碑科东园门、涵碧亭、清籞廊桥和大石山房、七星桥、嘉树堂等，然而再从案墩假山的旱涧回到南门厅，沿途的这些景点，都会向你诉说着"独一份"的寄畅园故事，让你遐想无限，流连忘返。

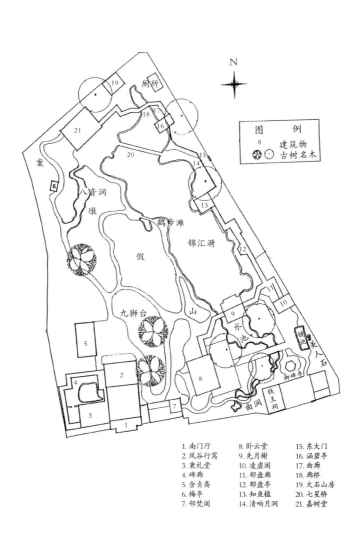

千禧年时《寄畅园平面图》

1. 南门厅
2. 凤谷行窝
3. 秉礼堂
4. 碑廊
5. 含贞斋
6. 梅亭
7. 邻梵阁
8. 卧云堂
9. 先月榭
10. 凌虚阁
11. 郁盘廊
12. 郁盘亭
13. 知鱼槛
14. 清响月洞
15. 东大门
16. 涵碧亭
17. 曲廊
18. 廊桥
19. 大石山房
20. 七星桥
21. 嘉树堂

第五章 惠山镇的十二家祠堂园林

　　祠堂，是祭祀祖宗或先贤的庙堂，是弘扬孝道，传承门风家规的平台，有的氏族还在祠堂内开设家塾，附设义庄，举办慈善事业。所以，祠堂文化在中国传统文化中占有一席之地，曾长期对人们的社会生活特别是伦理观念的形成，产生过重要影响。它作为一种古典建筑，有的还附属园林，本身具有独特的审美价值。以祠堂名义所修的宗（家）谱，对于历史人文研究又有科学价值。

　　惠山最早的祠堂，是汉代祭祀楚相春申君黄歇，用牛作为供品的春申君祠，后迁至惠山头茅峰下"黄公涧"畔。此后为南齐建元三年（481 年）以孝子华宝故居所立的华孝子祠，其祠址原在今二泉亭之上的"华坡"，后迁至二泉庭院之下。而黄公涧畔的春申君祠因"祠宇享以醪酒，乐以鼓舞，禅流道伴，不胜滓噪"即成为大吃大唱场所，影响和尚道士静心修行，而在唐代再迁至惠山东南麓的庙巷内，一称"忠安大王庙"，春申君亦演变为里社之神，其地位高于土地公公但低于城隍老爷。旧时风俗，无锡人亡故后，要去该庙挂号，然后再去见十殿阎王，据说可少吃苦头。该庙于1928 年 5 月 7 日早晨毁于大火，未能恢复。明清时，建在惠山的各类专祠、宗祠越建越多。清乾隆十四年（1749 年）七月，无锡知县王镐将原列为官祭的 16 祠增至 54 祠，并报请江苏省布政司衙门，获准将编制内原 16 祠的官祭银两分摊给 54 祠，杨柳水大家洒，博得人人点赞，皆大欢喜。

　　民国初，官祭祠堂的惯例虽被叫停，但惠山建祠之风势头未减。至 1949 年 4 月23 日无锡解放时，惠山有祠堂 118 座半，这半座是指当时有座祠堂正在建设中，造了半座。在我们传统文化中，"半个"似乎更耐人寻味，如果问：清代紫禁城即今北京故宫有房屋多少间？都说是 9999 间半。实际经过详细统计，目前故宫古代建筑数量为 9371 间。顺便说一说，故宫内现有藏品 1807558 件，有整有零，但每件藏品都有"身份证"，其历史价值、艺术价值都有详细的阐述记载。如果我们的工作能够做到这样精准仔细，那么无锡风景园林的知名度可在现有基础上再提高。再如果我们能像故宫博物院那样，利用文物藏品创作大量游客喜闻乐见愿意购买的文化创意商品，那么我们就可以不再为所谓的"门票经济"问题继续纠缠下去。在这方面惠山祠堂倒是能给我们一点启发：当年惠山祠堂除春秋两祭要开祠堂之外，一年中绝大多数时间是关着的。所以无论祭与不祭都要有人看管，看管祠堂的人叫作"祠丁"。祠丁的工资不高，一年三石六斗即 540 市斤糙米钱，所以他们平时需要租田种粮，上山打柴来维持生计。还有零用钱何处来？靠做泥娃娃惠山大阿福出售后换点活络铜钱。其典型代表就是清末看管华孝子祠的丁阿金，以泥人品种中的"手捏戏文"著称，是从祠堂中走出来的工艺美术大师，当时有"要神仙，找阿生；要戏文，找阿金"的说法流传。阿生，小名生倌，大名周阿生（1832—1912 年），善塑泥神仙，所创作的大型彩塑《蟠桃会》，作为无锡进呈慈禧太后五十万寿的贡品，深得老佛爷喜爱，陈列在颐和园万寿山顶的佛香阁内。1900 年八国联军攻占北京，《蟠桃会》被"西人"即联军掠去。这件事《清稗类钞》有记载，因是野史，真的假的说不清，如果当时未被抢走，说不定今天故宫的藏品还要多 1 件。

回过头来继续说祠堂。据 21 世纪初所作统计：在惠山东麓及惠山浜西岸约 0.3 平方公里范围内，今存较为完整的祠堂或遗址共 118 处，其祭祀对象涵盖 80 多个不同姓氏，祠堂建筑面积共 46764 平方米。建筑形制以江南民居硬山式为主，也有规格较高的歇山顶厅堂或楼阁，不少有附属园林。黛瓦粉墙，小桥流水，古朴清幽，尤擅特色。此外，亦有典型的民国建筑，如杨藕芳祠为民居形式兼有西洋风格，清水做法，又在立面做出许多线条和图案，是惠山祠堂中该类型建筑的代表。这众多的祠堂，形成了沿河、临街、近泉、靠山的密集分布群落，较为系统有序，完整典型地保存着中国千年祠堂文化发展的实物载体，具有重要的历史价值、艺术价值和科学价值。

那么，在惠山众多祠堂中，我为什么只挑选 12 座为大家作讲解呢？2001 年 6 月罗哲文、谢辰生等国内著名文物专家在考察了惠山祠堂建筑群后评价说：祠堂建筑是我国传统文化中特有的形式之一。在无锡惠山地区集中建造了形态各异的祠堂建筑，年代跨度近 500 年，从明代到民国，至今仍保存有 60 多处，其中 10 多处极具特色和个性，风格各异，在全国少见，有着极高的历史、文化与科学价值。据此，我在2004 年 9 月为无锡市园林管理局起草的第六批全国重点文物保护单位推荐材料《惠山古镇祠堂》所推荐的祠堂为 10 座，包括在 2002 年列为江苏省文物保护单位的华孝子祠、至德祠、尤文简公祠、钱武肃王祠、留耕草堂（杨四褒祠花园）、顾可久祠、王思绥祠、陆宣公祠、杨藕芳祠以及 1983 年列为无锡市文物保护单位的"清祠堂建筑"即"淮湘昭忠祠"。2006 年国务院公布"惠山镇祠堂"为全国重点文物保护单位，组成该国保单位的核心祠堂就是上述所推荐的那10座。另两处，一为2002年以"二泉书院"名称列为江苏省文物保护单位的邵文庄公祠；另一为约始建于1880年，1929年改为"惠山公园"，2008年重建后名"惠山园"的李鹤章祠。需要说明的是，除以上12座祠堂外，其他的惠山祠堂各有其独特的人文内涵、特点个性及社会价值，但限于篇幅和时间，这里先讲12座。

一、华孝子祠

祀主华宝（？—481年），东晋末至南朝宋、齐间无锡人，故宅在惠山头茅峰下"历山草堂（惠山寺前身）"西南附近一个名为"华坡"的山麓台地之上（今"二泉亭"之上）。公元418年或稍早些时候，他的父亲华豪服兵役去长安守边关，临行前对8岁的华宝讲：等我回来，为你举行成人礼。谁知长安失守，华豪光荣牺牲。这样信守诺言的华宝年至70，还梳着童子发髻，没有结婚，有人问起，唯有号啕大哭。华宝在南齐建元三年（481年）逝世，地方官把他的事迹上报朝廷，齐高帝萧道成十分感慨：在王朝更迭十分频繁的那个年代，朝廷高官尚且朝三暮四，有奶便是娘，但平头百姓的华宝，却能诚信守诺坚持六七十年，应该树为榜样。于是下旨将华宝事迹宣付国史，并与同郡薛天生、刘怀胤、怀则兄弟一并旌表门闾。因华宝终身未婚，以弟华宽之子为后。这个情况与吴泰伯类似：泰伯无后，泰伯卒，弟仲雍立，泰伯后裔即为仲雍之后。

2000年5月26日，国家文物局古建筑专家组组长罗哲文先生考察无锡园林名胜时，与著者在鼋头渚·太湖仙岛大觉湾合影

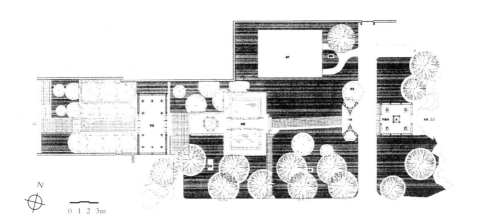

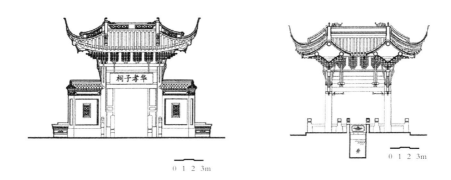

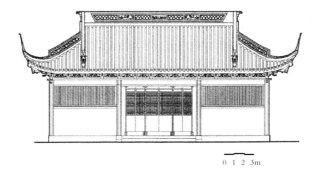

（上）华祠平面图　　（中）华祠门楼　　（下）华氏享堂

　　唐宋间，在故居原址的华孝子祠，曾 3 次重建。元至治年间（1321—1323 年），"始于二泉之东偏，建祠以祀孝祖"。搬到了现址。明清时，华孝子祠除平时正常维修保养外，至少经历了 6 次重大重修或扩建，期间无锡华氏家族共出进士 36 名，其中排名仅次于状元的榜眼 2 名，这在古代是十分荣耀之事。新中国成立后，华孝子祠于 1957 年被公布为无锡市文物保护单位，1959 年划入锡惠公园范围作保护，多次整修。2004 年 9 月至 2005 年 8 月，孝子后裔华仲厚、叔和、季平兄弟三人秉承父亲华绎之、长兄华伯忠遗愿，捐资 100 余万元人民币重修华孝子祠，重建永锡堂、成志楼，并建碑廊及祠丁房，华祠恢复历史原貌，于 2006 年元旦重新开放。

　　如今，在华孝子祠东西主轴线上，依序有：建于清乾隆十三年（1748 年）用于彰显无锡华氏忠孝节义和科举中式的四面坊（俗称无顶亭），建于 1747 年的牌坊式、庑殿顶华祠门楼，明弘治十七年（1504 年）始建、2005 年重建的永锡堂，建于弘治十七年（1507 年）的承泽池和溯源桥，南宋乾道六年（1170 年）已有记载、弘治十七年（1507 年）改筑的鼋池（原为惠山寺养鼋的水池，因池壁镶嵌两个石螭首，俗称双龙泉），明成化二十一年（1485 年）始建、弘治十七年（1507 年）扩建、至今保持明式建筑风格的孝祖享堂（楠木厅），始建于弘治十七年（1507 年）、2005 年重建的成志楼。该轴线之北，有根据著者建议，于 2005 年新建的碑廊，内镶嵌自元代至当代有关华孝子祠的巨石碑刻 10 通，为始建历史最早、保存文物建筑最多、人文积淀最为厚重的这座最具典型性的惠山祠堂做了实事求是的总结。这里顺便说一说，无锡华氏作为江南名门望族，历来人才辈出。例如：元至正二年（1342 年）旌表门闾的节妇华陈氏之子华幼武，仁孝工诗，所著诗集《黄扬集》，由其子、荡口古镇开创者华贞固手录写本，在明弘治年间苏州祝枝山、文徵明、唐伯虎、都穆均作题跋，现存无锡市博物馆。又如：人称"华太师"的明嘉靖间侍读学士华察，明末忠臣华允诚，清中晚期著名音乐家华秋苹，清末著名数学家华蘅芳、世芳兄弟，民国时实业家华绎之，民间音乐家华彦钧(瞎子阿炳)，现当代著名漫画家华君武，原国务委员兼国务院秘书长、后任全国人大常委会副委员长华建敏等，都是华孝子的后裔。

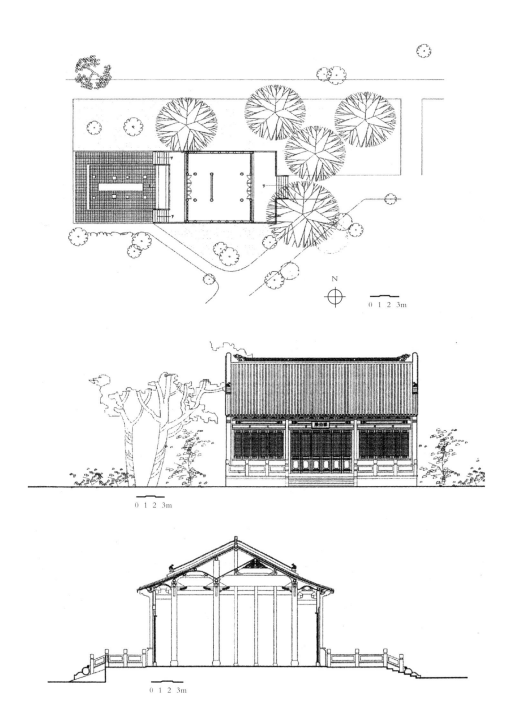

至德祠平面图和享堂立面图、剖面图

二、至德祠

清雍正二至四年（1724—1726年），朝廷调整行政区划，无锡一分为二，东为金匮县，西为无锡县，梅村泰伯庙在金匮县境内。这让在乾隆中期担任无锡知县自称吴泰伯之后的吴钺感到十分纠结。泰伯是自己的老祖宗，在无锡古城"故吴墟"怎可以没有祭祀老祖宗的地方呢？对于吴钺是否是泰伯之后的问题，这里提供一个旁证：被誉为中国十大古典小说名著的《儒林外史》，其作者吴敬梓与吴钺是同乡，也是安徽全椒人，又同样生活在康乾盛世，他在《儒林外史》第三十七回中，把泰伯祭礼描绘得花团锦簇一般，有着强烈的仪式感、画面感。似可作农历正月初九无锡梅村举办泰伯庙会时的参考。乾隆三十年（1765年）吴县长会同无锡吴培源等购明邹园"愚公谷"枝峰阁、绳河馆废址建至德祠，享堂（今称泰伯殿）内供奉泰伯、仲雍及二十世后裔季札。季札是位贤人，曾经和老祖宗泰伯一样，谦让过王位。公元前544年，季札奉命出使吴国北面的鲁、齐、郑、卫、晋等国。在途经徐地时，徐君看中季札佩戴的宝剑，又不好意思开口；而季札对此心知肚明，但因出使任务刚开始履行，作为礼仪之用的宝剑不便送人。待完成任务回程时，徐君已死，季札把宝剑解下来，系在徐君陵墓的树上。侍从很奇怪，就问：徐君已死，这剑挂在树上给谁呢？季札回答：开始时我心中已答应徐君，我不能违背初心。季札可说是中国古代诚信的模范。至德祠原规模颇为宏崇，附属园林有池桥亭阁、花木之胜。1860年遭战火焚毁，受损严重。同治年间，吴菊青等集资修复，光绪及民国时，吴氏族人屡加整修。祠园内的荷花池，是当时无锡人大热天欣赏荷花的胜地。至德祠今存泰伯殿和殿后面的亭廊荷池，通过大殿内的壁画和挂屏，诉说着绵绵悠长的吴国故事。

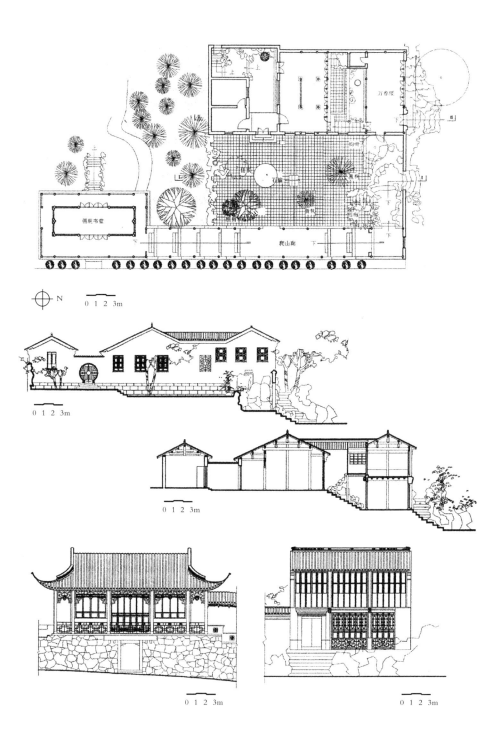

尤文简公祠平面图、剖面图和锡麓书堂、万卷楼立面图

三、尤文简公祠

位于惠山头茅峰东麓，天下第二泉之南，与华孝子祠一样，是紧邻二泉庭院的惠山祠堂。祠内有遂初泉井，与二泉泉泉相应。祀主即祭祀对象尤袤（1127—1202年），字延之，小字季长，号遂初居士，晚号乐溪，与杨万里、范成大、陆游并称南宋四大诗人。因曾官居礼部尚书，在他逝世后，朝廷按惯例结合他的生平事迹，赐予谥号"文简"，所以尤袤祠的标准名称是"尤文简公祠"。

宋真宗（赵桓）天禧二年（1018年），尤袤的先祖尤叔保避难来无锡，隐居在太湖边许舍山一个名叫"窑窝里"的小山村，因山里有老虎伤人，便搬到了今名白石里的土地堂里。好像老虎并不怕土地公公，照样出没无常，尤家就采集大量楝树种子，播种在居所周围，长成密林，号称"楝城"，以防老虎入侵，体现了尤袤先祖的生存智慧。但老虎还是在楝城旁跑来跑去，尤家只得再次把居所搬到山下的碧萝庵西面，后人称作"庵西村"。尤袤的祖父尤申，父亲尤时亨都是读书人，是乡间的名人。在南北宋交替的1127年农历二月十四，尤袤在庵西村诞生。他幼有"神童"名，20多岁就高中进士。他从县令做起，历任京城、地方的中高级官员，因政绩卓著，口碑又好，虽遭人诬告，数次上奏告老还乡，但皇帝不准，反升迁礼部尚书，直到70岁时，方退休回到无锡。他在梁溪河畔建"乐溪居"，安度晚年。尤袤一生嗜书，人称"尤书橱"。可惜在他去世后，他本人著作和三万多卷藏书，因火灾悉数被毁。仅生前按藏书编写的《遂初堂书目》流传下来，是我国最早的一部版本目录，具有重要学术价值，尤袤的学生蒋重珍，得其真传，品学兼优，是无锡所出第一位状元。

尤袤原在锡山、惠山间筑有锡麓书堂，用作藏书，后遭火灾焚毁，具体地点现在已找不到了。清乾隆间，他的后裔在现址建尤文简公祠，可惜在咸丰十年（1860年）毁于兵火。光绪年间，其二十六世裔孙尤桐重建，1959年，尤祠划入锡惠公园范围。现状为：垂虹廊南端，改建为下有隧洞，上有回廊的三楹厅堂，名"锡麓书堂"。祠堂原址有遂初堂和万卷楼，这两处建筑的名称，分别移用自尤袤原府第和乐溪居的堂名、楼名。"遂初堂"源自宋光宗赵惇赐给尤袤的御书堂匾，万卷楼与尤袤以藏书、抄书为乐的掌故有关。在惠山祠堂中，这三处是最富书卷气的建筑名称。

四、淮湘昭忠祠

清咸丰十年（1860年），太平军与清军交战的兵火把千年古刹惠山寺烧成一片白地。至同治三年（1864年），江苏巡抚李鸿章奏请建昭忠祠，汇祀与太平军作战时阵亡的将士。由两宫皇太后垂帘听政的清廷接到这道奏折后，以"内阁奉上谕"名义，"即著李鸿章于无锡县惠泉山建立昭忠祠，查明历次阵亡员弁兵勇，分别列位，由地方官春秋致祭，以彰恤典，而慰忠魂"。于是在惠山寺部分废墟上，建起了主要祭祀淮军阵亡将士的昭忠祠。昭忠祠坐西朝东，按中轴线依序布局：于原惠山寺天王殿废址建头道门，于原大雄宝殿（大同殿）之前建二道门及碑亭，在龙眼泉（大同井）之后原惠山寺护云关（念佛堂）、大慈阁（观音菩萨道场）废址建昭忠祠主体。包括：

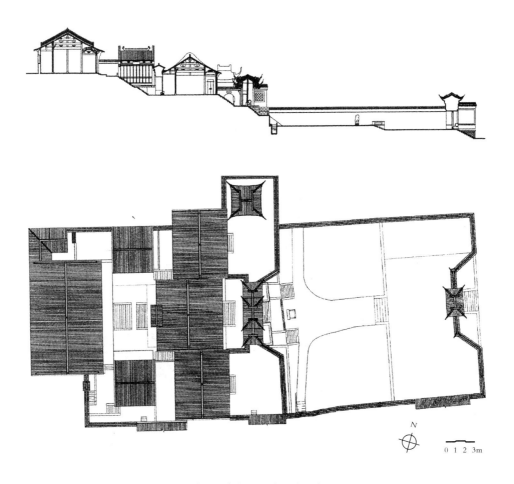

淮湘昭忠祠平面图、剖面图

建在第一层平台上的两排建筑，前排为将军门及左右耳室，后排为三楹七架的享堂和两边各三间起居殿，殿前各有庭院，北院为花石景致，南院辟门洞通往戏台，从戏台接出"隔红尘"爬山廊至云起楼收头。从享堂拾级而上为第二层平台，建南北相对、形制相同的单间六架歇山顶配殿。再上为建于第三层石台上的五开间寝殿。综观昭忠祠的建筑，依山布局，左右对称，宏畅典雅，雕镂精美，具有较高建筑艺术价值。它除保留了一段近代历史记忆外，又从中可依稀认知惠山寺原有布局特点，如以园林而言，它是惠山祠堂园林中最富特色者之一。

辛亥革命后，昭忠祠内的清军牌位撤除，更名"忠烈祠"。新中国成立后，曾一度作为培训新闻干部的校舍；1958—1986 年，为无锡市博物馆馆址，后短期作为书法艺专校址。1987 年由锡惠公园接收。1989 年，该祠堂建筑作全面修缮。又将其上原玉皇殿等翻建为以松风堂为核心，组合易情轩、七步廊和四方亭的一组庭园建筑，又翻修其旁惠泉山房（原名"名山敬业堂"，始建于清早期），与昭忠祠主体建筑契机贯通，合成整体。20 世纪 90 年代，此地辟作《无锡大观》陈列馆，包括无锡历史名人馆、风土人情馆、屠一道根艺藏珍馆，具有浓郁的地方特色。

昭忠祠碑刻拓片

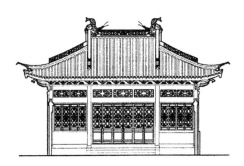

钱王祠位置木刻图和建筑立面、剖面图

五、钱武肃王祠

位于寄畅园东南部，祠址原为寄畅园的一部分。清雍正年间，因寄畅园主秦德藻的长房长孙秦道然被牵宫廷斗争案，园被没官，割出东南部建钱武肃王祠。该祠既是吴越王钱镠的专祠，又是其迁锡后裔的宗祠。

钱镠（852—932 年），字具美（一作巨美），小名婆留，杭州临安（今属浙江）人。唐末以镇压黄巢起义军有功，任镇海节度使，后尽有两浙十三州之地。后梁开平元年（907 年）封为吴越王，是五代吴越国的建立者，公元 907—932 年在位。在位期间，征发民工，修建钱塘江海塘，又在太湖流域兴修水利，促进该地区农业发展，百姓深受其益。钱镠逝世后，谥号"武肃"，意为其平生武艺高强，严肃谨慎。传位给其子钱元瓘，他有三个儿子，钱元瓘卒，依序传位于三兄弟弘佐、弘倧、弘俶，世称"三世五王"。北宋太平兴国三年（978 年），钱弘俶根据祖父钱镠的遗愿，纳土归宋，实现了国家的和平统一。北宋大中祥符年间（1008—1016 年），钱弘佐后裔钱进自浙江嘉兴徙居无锡沙头，为无锡湖头支钱氏始祖；南宋宝庆元年（1225 年），钱弘俶后裔钱迪自浙江吴兴迁居无锡梅里堠山，是为无锡堠山钱氏始祖。钱镠是该两支迁锡后裔以及后来迁锡的新渎桥钱氏共同的祖先。

据较为精准的说法，钱武肃王祠确立祠址在清雍正七年（1729 年），至乾隆三年（1738 年）春，举人钱兆凤、钱基等动工建祠，翌年竣工，按杭州钱王祠例，春秋两祭。道光丙戌（1828 年）增建门楼，为皇帝赐额的御书楼。光绪戊戌（1898 年）堠山支钱福炯又扩地建新堂、新楼，遂成规模。内供奉祖先牌位 219 尊，收有铁券图、金涂塔等石刻文物及乾隆御赐碑匾及祭器礼器等。1925 年 1 月 27 日晚，全祠毁于直奉军阀交战的兵燹。1928 年，钱福炯的孪生子钱基博（钱锺书的父亲）、钱孙卿（中科院院士钱钟韩的父亲）兄弟及湖头支的钱伯圭等，组成锡山钱王祠复建筹备委员会，负责重建工作。计集资 15418.21 银圆，经 120 天紧张施工，复建门楼、五王殿、庆系堂、厢房、厢楼及东、南市房等。新中国成立后，钱王祠长期占作他用，至 1999 年交园林部门管辖。同年，落架翻修历史建筑"五王殿"，该殿因供奉过"三世五王"而得名。2008 年又在该殿之前，新建三楹两层楼房，形成前后两进，中为天井的院落，并作文化布置。

钱镠迁锡后裔历代人才辈出，不胜枚举。近现代如国学大师钱穆、大科学家钱伟长叔侄俩为湖头支后裔，著名学者钱锺书、中国人民解放军钱树根上将为堠山支后裔，所出两院院士有钱俊瑞、钱令希、钱临照、钱钟韩、钱逸泰、钱易（钱穆之女）、钱鸣高以及著名雕塑家钱绍武等。

六、潜庐及四褒祠

坐落在惠山上河塘 20 号的潜庐，是无锡望族杨宗濂建于清末的别墅园林，其主厅名留耕草堂。嗣后，杨艺芳在潜庐之西，面对惠山横街建祭祀其父亲杨菊仙、母亲侯太夫人，叔父杨菊人、婶母杜太夫人的祠堂，因他们四人都有朝廷诰命封典，故称四褒祠。由此，潜庐由墅园成为四褒祠的祠园。而"留耕草堂"则在 1986 年、2002 年、2006 年先后被公布为市级、省级、国家级文物保护单位。为让大家明白其来龙去脉、故事要从杨艺芳的出生地——无锡北门下塘的"旗杆下"说起。

清乾隆元年（1736 年），朝廷临时举办"博学鸿词"科举考试，经殿试共录取 15 名，无锡鸿山杨氏迁城四祖杨度汪排名第六，为二等第一，被授翰林院庶吉士。当时乾隆下了一道圣旨，凡录取为一、二等的，都可以在自己府第的前面树立旗杆，悬挂"博学鸿词"旗帜，以示荣耀。此后"旗杆下"成为无锡老地名之一。100 多年后，杨度汪的玄孙杨菊仙（名延俊）在道光二十四年（1844 年）乡试中，与合肥李鸿章同时中举。1874 年赴京会试时，杨和李又投宿同一客栈，头场考试下来，李鸿章生病，杨菊仙为李鸿章悉心料理汤药，李鸿章病愈再赴考场，两人都金榜题名，考中进士，结下深厚友谊。这为杨菊仙长子宗濂（字艺芳）、三子宗翰（字藕芳）后来成为李鸿章幕僚，飞黄腾达后兄弟俩又提携四弟宗济（字用舟）之子杨味云，埋下伏笔。至光绪八年（1882 年），因军功擢升道台，赏戴花翎，加布政使衔，曾参与李鸿章洋务运动的副省级高官杨艺芳，因母亲侯太夫人患病，擅离职守，回家省亲，遭御史弹劾，罢职归里。于该年委托二弟以回（字霖士）建墅园"潜庐"，逾年而成，奉母憩息。两年后复出。光绪十八年（1892 年），84 岁的侯太夫人病逝，杨艺芳辞官归乡守制，次年即 1893 年，与三弟藕芳在潜庐商议创办业勤纱厂；又筹建四褒祠，越年建成。而 1895 年开工建设的业勤纱厂，于 1896 年 12 月正式投产，此为无锡近代民族工商业第一家工厂，为无锡"百年工商城"举行了奠基礼。潜庐建成后，艺芳二弟以回一直隐居于此，直到光绪十二年（1886 年）重病临终前，才由家人扶回大成巷宅第。此后潜庐无专人定居，农历每月的朔日、望日即初一、十五，由族中子弟轮流去四褒祠上香，在潜庐休息。1915 年及 1934 年，杨艺芳之子杨翰西对潜庐作整修。抗战胜利前夕，四褒祠遭火灾，未能修复，潜庐幸存。

新中国成立后，潜庐为驻军营区，得到保护。20 世纪 80 年代初，著者随市领导踏看惠山古镇，在原四褒祠一堵即将拆除的残壁上，发现由清末重臣张之洞撰文，翁同龢篆盖书丹的《觉先杨君暨配侯太夫人墓志铭》青石碑刻 10 通，即与部队商量，

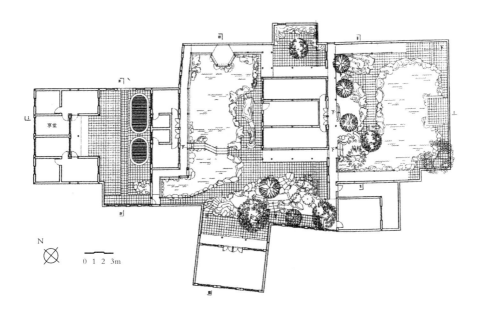

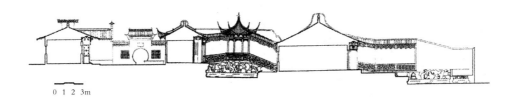

潜庐及四褒祠

完整拆运至市园林局机关保管；2000年9月仍由著者负责经办，将这些碑刻镶嵌在鼋头渚杨艺芳祠（一名光禄祠，中华人民共和国成立后更名诵芬堂）外墙水榭内。潜庐现占地约1400平方米，坐北朝南，面对惠山浜。建筑按南北轴线排列，依次为：门厅及戏台、主厅留耕草堂、起居室"丛桂轩"，共三进，以廊相通。一、二进，二、三进之间为天井、庭院。主轴线之西有一土丘，拾级而上，有望山楼，可仰借惠山山色。祠园内小桥流水，亭台间错，山石玲珑，花木扶苏，系惠山祠堂园林的上乘之作。

七、杨藕芳祠

位于惠山下河塘14号，与祭祀其父母、叔婶的四褒祠及其兄艺芳所建潜庐隔水（惠山浜）相望，为其长子杨森千建于1921年。该祠为典型的民国建筑，民居形式兼有西洋风格，清水做法，又在立面做出许多线条和图案，是惠山祠堂群中该类型建筑的代表，保存完整，富有价值。

祀主杨藕芳（1839—1907年），名宗瀚，字浩农，杨菊仙第三子。清同治初，与兄同入李鸿章幕，担任秘书工作，结交淮军将领如刘铭传、程学启、郭松林等，因功擢升道员，赏戴花翎，二品顶戴。光绪十一年（1885年），台湾建省，首任巡抚刘铭传函请杨藕芳赴台，委以"总办商务洋务，兼办台湾开埠事宜"重任，继而任台北道台，又委其"督办全省水陆营务，兼办台南台北铁路"，成绩斐然。至光绪十五年（1889年）因病返乡休养。次年，李鸿章电招杨藕芳接办上海织布局，谁知1893年9月织布局毁于大火，杨藕芳抑郁成疾，得心悸之症。回锡后于1895年与兄艺芳创办业勤纱厂，次年底工厂投产，负责厂务，数年间获利甚丰。后因年老体衰，积疾难愈，将工厂交付子侄辈管理。杨藕芳与其兄艺芳一样，都是无锡近代民族工商业的先行者。

杨氏乘自备汽艇去惠山祠堂祭祖及潜庐一角老照片

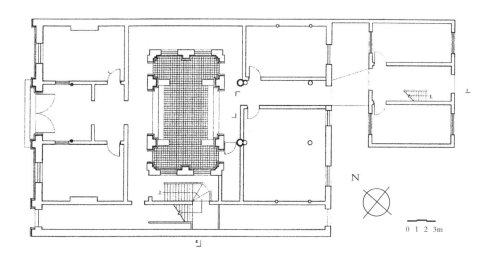

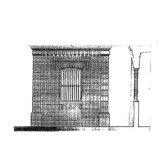

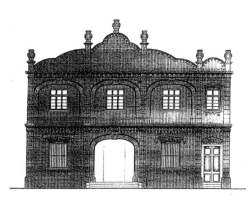

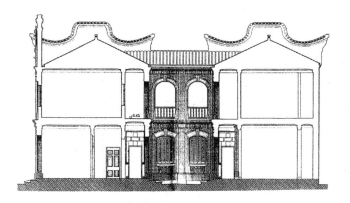

杨藕芳祠平面、立面、剖面图

八、陆宣公祠

位于惠山直街 43 号。祀主陆贽（754—805 年），字敬舆，嘉兴人。唐大历进士，贞元八年（792 年）拜相（中书侍郎，同平章事）。为官勇于指陈弊政，还建议积谷边境，改进防务等。所作奏议，多用排偶，条理精密，文笔流畅，为中唐时一代名相。逝世后，谥号宣，遗著有《翰苑集》（或称《陆宣公奏议》）。陆祠始建于北宋建中靖国元年（1101 年），是陆贽迁居无锡陶墅的后裔所建。明末毁于战火，清康熙四十七年（1708 年）重建，嘉庆时重修。祠宇建筑坐北朝南，典型的江南风格。门厅后为戏楼，于天井内筑砌水池，上架石桥通往享堂，享堂为硬山顶建筑，面阔三间，进深八架，高约七米。整体布局紧凑，井然有序，富有建筑艺术价值。陆贽迁锡后裔作为江南望族，历代名人辈出，诗书传家。原中央政治局候补委员、国务院副总理、兼中央宣传部部长、文化部部长、"文革"后任全国政协副主席陆定一，即为陆贽后裔。无锡山水秀美，人文荟萃，与众多迁锡名人后裔带来的文化基因，不无关系。

九、王武愍公祠

又名王思绶祠，位于惠山下河塘 8-1 号，坐南朝北，面对惠山浜，与坐北朝南的陆宣公祠前后相邻。祀主为太平军攻克武昌时殉难的清武昌知县王思绶，归葬家乡无锡后，谥号武愍，愍有哀怜之意。祠建于清同治十三年（1874 年），由洪钧奏请敕建，冯桂芬题写碑记和祠额。

王祠在惠山祠堂中，是保持原真性、完整性最好的祠堂之一。其建筑布局可分西、中、东三部分，各自成院落。中轴线由门间、碑亭、二门、工字殿组成，两厢设廊。西院由月洞门、庭院、天井、工字殿组成，原附祀与王思绶同时殉难的次子王燮。东部是以介福堂为核心的花园区：堂后堆叠假山，其上花木挺秀，来龙则起自锡山；堂前为湖石筑砌的水池，池上架三曲桥，桥西堍正对介福堂为戏台，人坐堂中观剧，妙音越过水池传来，盈盈入耳，效果更佳。

该祠堂的祭祀对象王思绶（1804—1855 年），字乐山，号佩伦，无锡人，东晋"书圣"王羲之六十四世孙。南宋初，王羲之后裔王皋自开封南迁，其子王绎迁居无锡开化乡，为迁锡始祖。清道光二十九年（1849 年），王思绶乡试中举，后以五品候补同知衔任武昌知县（副厅级县长）。咸丰五年（1855 年）二月，太平军兵临武昌，此时，湖北布政使胡林翼驻兵城外，挽留王思绶参赞军务，王婉言谢绝，坚持入城，履职尽责。次日城破，王思绶与次子王燮、仆人丁贵与吴福寿同时殉难。王思绶在锡

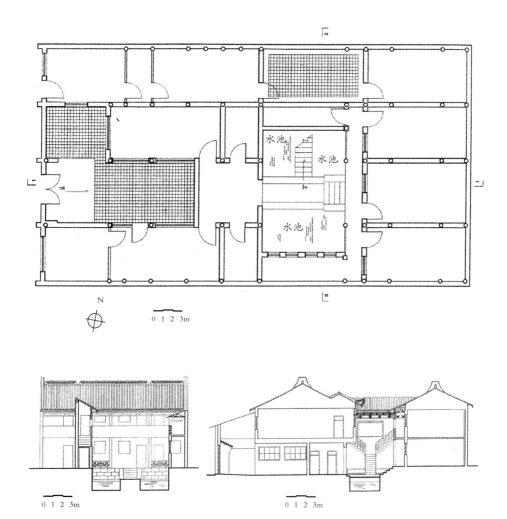

水池

水池

水池

N

0 1 2 3m

0 1 2 3m

0 1 2 3m

陆宣公祠平面、立面、剖面图

后裔名人辈出，如孙辈王心如、王镜苏（诵芬）兄妹尤以醇厚家风熏陶后代：王心如哲嗣王昆仑，早年毕业于北京大学哲学系，曾参加"五四"运动，北伐时任国民革命军总政治部秘书长，后任国民政府立法委员，国民党候补中执委，1932年秘密加入中国共产党，在国民党内长期从事统战工作。新中国成立后，历任政务院政务委员、北京市副市长、民革中央主席、全国政协副主席。王镜苏中年丧夫，含辛茹苦，典当度日，8名子女全上大学，"一门五博士"，传为佳话。其中顾毓琇，文理兼通，学贯中西，是江泽民同志的老师。当时旧式婚姻讲究门当户对，顾毓琇的奶奶秦氏，是社会名流秦敦世的胞姐，秦敦世的外孙女钱正英是两院院士、全国政协原副主席。王昆仑、顾毓琇、钱正英都是表兄弟、表兄妹。

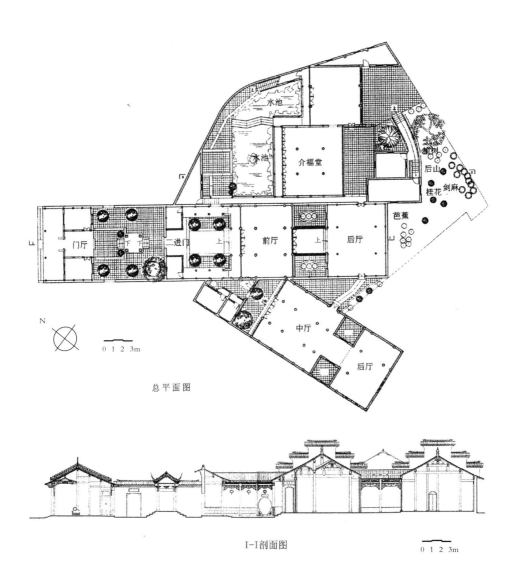

总平面图

I-I剖面图

王武愍公祠总平面图及剖面图

十、顾可久祠

又名顾洞阳公祠，在惠山古镇史家弄内，曾改由惠山下河塘 15 号出入，与杨藕芳祠左右相邻。

顾可久（1485—1561 年），字与新，号前山，别号洞阳，无锡人。明正德九年（1514年）进士，著名谏臣，廉平守正有操守，历官广东按察副使。在琼州（今海南省）12次主持乡试，识拔人才，海瑞即是其中最有名的一位。明隆庆四年（1570 年），海瑞任应天巡抚时，为追怀老师，奏请檄建此祠，并捐俸银助建，又撰写《谒顾洞阳公祠》诗作褒扬。海瑞是以廉洁奉公著称的清官，人称"海青天"，他逝世时家中仅有大红布袍 1 件，纹银 5 两，所以他把工资捐出来建设老师的祠堂，是很不简单的。顾祠在清康熙二十七年（1688 年）毁于火，次年重建，乾隆二年（1737 年）重修。乾隆六十年（1795 年）顾可久八世裔孙、署四川按察使顾光旭再次重修该祠，并拓建后院。当时，祠内建筑不多，主要有旗杆石、青石狮（1980 年移至锡惠公园内之昭忠祠前）、

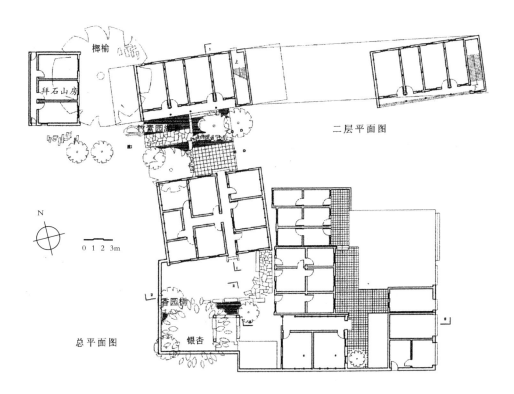

顾可久祠总平面图

单间四面坊、三楹八架享堂等。而在后院增设的有：四楹八架祠楼 1 座、楼西侧的三楹六架拜石山房 1 座，山房明间的墙上，今存明清古碑 3 通，又移来原在城中竹素园的太湖石"丈人峰"置于山房前。该石原是明广东按察使金事冯夔所建竹素园（遗址在今北禅寺巷女子中学内）故物，其友人邵宝咏有"石丈新从湖上来，君家方筑水中台"诗句。故称"丈人峰"或"竹素园湖石"。后竹素园归顾可久所有。该石高 3.87 米，胸围 3.68 米，根部 2.05 米，石色青而微黑，是无锡著名的明代太湖石奇峰之一。

十一、邵文庄公祠（原二泉书院）

位于惠山听松访 53 号，东邻寄畅园，南与惠山寺相接，西距二泉不远，现在锡惠公园范围。

祀主邵宝（1460—1527），字国贤，号泉斋，别号二泉居士、二泉山人，无锡人，明中期著名教育家、书法家。成化二十年（1484 年）进士，在出任江南提学副使期间，出掌中国古代四大书院之一"白鹿洞书院"。正德四年（1509 年）任右副都御史、总督漕运，不久因忤阉党刘瑾，被免职回乡。复出任贵州巡抚，赴任途中改任户部侍郎（副部长），负责漕运。邵宝为官期间勤于职守，清正廉洁，多次拒贿，人称"千金不受先生"。正德七年（1512 年）因病辞职回乡，正德十四年（1519 年）擢升南京礼部尚书，邵宝托病恳辞未允，旨准在家养病，直到嘉靖元年（1522 年）方获准退休。邵宝回乡期间，创办并主持二泉书院，以讲学为主，因时间上比东林书院早 88 年，誉称"东林先声"。邵宝逝世后，谥"文庄"，他有女无子，婿秦汶、嗣子邵煦及门生故旧将二泉书院改作邵文庄公祠，明清时多次重修。

邵宝在家乡无锡，生前生后都为人敬仰，口碑极好，也有传说故事流传：邵宝曾

中国工艺美术大师王木东创作的《邵宝》彩塑像

邵宝书《点易台铭有序》四面碑拓片

为惠山三茅峰之下的悬崖峭壁，摩崖刻"石门"二字，后有"若要石门开，须等邵宝来"的谚语流传。该传说至少有两个版本，一个版本近似"阿里巴巴和四十大盗"的故事；另一版本见 1934 年 12 月 8 日《锡报·民间故事专刊》，说是邵宝在惠山听松庵竹园处，叠石为点易台，在这石台上批点易经，夜宿石门内，日以为常。"后遇奇人指点悟道成地仙"，就关闭石门，云游四方。附近山民十分好奇，忽来异人指拨取得石钥，把石门打开。但四处找不到邵宝，却冲出龙象狮虎抓人，众乡民大惊，扔下石钥，逃出洞口，石门又关，门内隐约传出人声："若要石门开，须等邵宝来。"我曾亲耳听到一位惠山老人讲邵宝遇仙故事：还在邵宝年轻的时候，一天，惠山大德桥头来了一位卖汤圆的老头，他的价格很奇怪，包馅心的大汤圆每个 3 分钱，实心的小汤圆每个 5 分钱，大家争着买大的吃，偏偏邵宝买小的吃。老头哈哈大笑，白日升天。邵宝忽然醒悟，一大一小两个汤圆不像个吕字吗？经过八仙之一吕洞宾点化的邵宝，脑洞大开，后来考中进士做了大官。后来我想：为什么邵宝遇到的仙人是吕洞宾呢？原来在石门之上，有个白云洞，里面供奉的是吕祖石像。这个故事说的是邵宝本性善良，有仁爱之心，所以才会得到仙人的指点。

邵祠内现有建筑包括：原存文物建筑有门楼及两厢、君子堂及香积池、供奉邵宝塑像的享堂等；还有 2001 年重建的拜石亭和亭子所保护的邵宝手书《点易台铭有序》四面碑、超然堂和碑廊，廊内墙上镶嵌明清古碑 25 通。四面碑在 1995 年被公布为江苏省文物保护单位，在重新移入邵祠后，于 2002 年以"二泉书院"名称将祠堂整体范围扩展为江苏省文物保护单位。

十二、李鹤章祠（惠山公园、惠山园）

又名李公祠，在横跨惠山浜的宝善桥西南堍。李鹤章（1825—1880 年），号季荃，安徽合肥人。因科举屡试不中，改研究"经世致用之学"。其兄李鸿章创立淮军，鹤章为骨干之一。1853 年起与太平军转战 10 年间，"躬冒矢石，奋勇争先"，先后克复嘉定，下江阴、无锡、常州，获赏黄马褂，三品衔甘凉道台，曾国藩赞其为将才。战后归隐，因助赈山西，加二品衔。光绪六年（1880 年）在家中去世。曾国荃上奏清廷，与程学启一起，战绩宣付史馆，于立功地建专祠，这就是惠山建李公祠的由来。由于李鹤章部在克复无锡过程中，军纪太差，所作所为令百姓切齿，所以祠成后，只能花钱请人去祠内烧香。《惠山新志》称该祠"规模壮丽，花木繁多，假山池沼，楼阁堂榭，应有尽有，可以游欢，亦惠山之著名园林也"。1929 年，该祠改作惠山公园。

借景锡山龙光塔的李
鹤章祠（惠山公园）
老照片

据 1929 年 5 月 20 日《新无锡》所刊《改建惠山公园之筹备声》载：其改建费用"拟于忠烈祠（原昭忠祠）积款项下拨费若干"，又称："该祠建筑于逊清光绪年间，其中楼台亭榭，花木扶苏，风景天然，实不亚于苏之留园。……拟将前门改建铁门，使游人自外而入，即可望见园内曲径通幽及假山台榭之胜。门外清流一曲，亦拟从事开浚，俾汽船可以直达园前，又拟筑一水桥，使乘游船来者，便于上岸。"还准备"将旧时该祠所有之器具杂物（多数闻系红木）移入园内，分别设置，为游人休憩及啜茗之用"。由李公祠改建的惠山公园，人称锡邑第二公园（始建于 1905 年的城中"公花园"为第一公园），园内除茶馆外，还有时尚的咖啡馆，又于茶馆内辟书场，晚上开放夜公园。对于这段历史，原无锡县图书馆馆长秦铭光在 1935 年所著《锡山风土词》中吟道："蓺香赂得几村翁，庙貌曾酬一炬功。至今民心终不死，园林起处废崇封。"原注："惠山李公祠祀合肥李鹤章，报其洪杨时收复锡邑之功。功实由于提督郭松林，城厢民房被毁无算。祠成日，币致村老若干人捧香迎主入祠。鼎革后议废，十八年改为公园。"（"十八年"指民国 18 年，即 1929 年）

中华人民共和国成立后，惠山公园改为学校用地，随着学校变迁及道路拓宽，李鹤章祠仅剩花园一角的小桥、池塘和假山，主体则荡然无存。2008 年，无锡市园林部门从安徽黄山购得某大夫第旧宅，将该呈现徽派建筑"四水归堂"典型特点，用材粗硕考究，建筑装饰构件雕镂精美的清乾隆间古建筑，移入祭祀安徽合肥人李鹤章的祠堂旧址，仍名"李公祠"，又在祠旁建附属园林，总名"惠山园"向游人开放。现惠山园占地 0.55 公顷，建筑 860 余平方米。园子总体以约占全园面积 1/3 的大水池为构图中心。东南部以长廊串联景点，建筑环池塘展开，有水晶宫、黄石假山群、李公祠、花厅、读书处、接待室、石舫、亭榭、廊桥等。西南部园墙以逶迤起伏的龙瓦脊作装饰。借来锡惠山色倒映入池，龙光塔历历可鉴，花木扶苏，清旷怡人，为业已修复的宝善桥生色不少。

第六章 现当代公共园林

无锡位于太湖平原低山丘陵地带的北部，由浙江天目山东延的余脉所形成无锡的西部屏障——惠山，主峰是海拔 328.98 米的三茅峰，它也是无锡的最高峰。所以无锡的山，整体呈现平岗小坂，林泉入画的典型风貌，惠山则是其中的杰出代表。古人把惠山的九峰九坞九涧，对应无锡城区河流的"一弓九箭"：所谓"弓"，指无锡城东面的护城河，原河床现为解放东路的一部分；弓之"弦"，为大运河流经无锡城中的"直河"，又名"弦河"，原河床现为中山路的一部分；弦上的"九箭"，指东护城河的 9 条支流，分别称一箭河至九箭河，原河床现为道路、广场或居民小区的一部分。钟灵毓秀，人杰地灵，"九箭通，出三公"，是说青山绿水的无锡，历来人才辈出。以此而论，惠山不仅仅是无锡的自然高地，又是无锡的人文高地。春秋末期，老子《枕中记》所说的吴地"西神山"，据唐代"茶神"陆羽考证，就是无锡的惠山。山名中的一个"神"字，令人生出多少遐想。新中国成立后，围绕惠山及其东峰——锡山所建的现当代公共园林，就是这种遐想的具体化。它们是：锡惠公园及其园中之园"杜鹃园"，园外之园梁溪"吟苑"。

一、把名胜古迹融入葱茏林海的锡惠公园

新中国成立之初，锡山、惠山的风景建设就提上议事日程。开山之作是在 1949 年 11 月于锡山南麓"三家村"（辛巷）开辟苗圃，培育树苗。20 世纪 50 年代，经荒山造林，种植花木，锡山、惠山开始改变童山裸秀面貌，绿色渐渐浓了起来。1952 年 8 月，市政府拨款 10 万元，筹建锡山公园。第二年，从惠山直街拆来供奉黄飞虎的东岳庙三间大殿，改建为公园大门。又从上海请来无锡人顾子荣当顾问，花 5 天时间完成公园设计稿，他每天拿根手杖，这里戳戳，种什么树；那里指指，道路怎么修，竹篱笆怎么围，亭子怎么搭建，什么地方可以放几张石凳让游客坐坐，工作十分认真。整整 50 年后，顾子荣的女婿尤海量出任无锡市园林管理局局长。尤海量为人忠厚踏实，又能设身处地为别人考虑，我们在他手底下工作都很愉快，当然这是后话，按下不表。

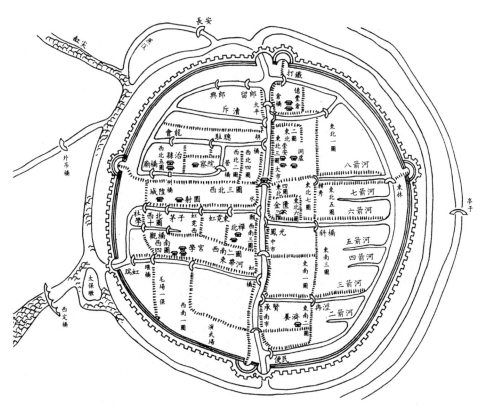

1953 年国庆节，锡山公园建成开放，同时举办菊花展览，门票 3 分，游人高达 18 万，引起轰动。从 1952 年上半年开始，寄畅园、华孝子祠等 N 个祠堂、若干个寺庙庵堂、碧山吟社旧址、愚公谷废址、二泉庭院、观泉街（一名观前街）、秀嶂街（局部）等，陆续划入公园范围，并对历史建筑作整修。与此同时，锡山公园内逐步建起第一茶室、锡云亭、观涧亭、喷水池、百花坞、动物园等。1958 年，于锡山、惠山之间原"秦始皇坞"开挖人工湖，两山山色倒映入湖，真山假水，相得益彰，取名"映山湖"。至 1959 年 4 月 23 日无锡解放十周年纪念日，以保护名胜古迹融入"绿海"为特点的扩大了的锡山公园，正式更名锡惠公园。6 月 10 日，无锡市邀请中国建筑权威"北梁南杨"即梁思成、杨廷宝先生等诸位专家游览锡惠公园。梁思成先生当场发表意见：中国庭院很像中国画手卷，不可能一眼把它看完，必须一段一段细看，它是一个连续的风景构图，人们在园林中游玩是流动的，有着时间与空间的变换关系。梁先生的这段话，对无锡此后的风景园林建设起重要指导作用。至国庆十周年，锡山顶放烟火，山下举办各种展览，映山湖内20条崭新的舢板开始游弋其中，锡惠公园步入鼎盛期。

上面所引梁思成先生的话，不仅仅对造园者来说是金玉良言，对广大游园者来说同样是金玉良言。下面我们试着按梁先生的点拨，从锡山大门进入锡惠公园，结合游览过程中随着时间推移所看到的空间节点上的景物画面和画面背后的故事，看能不能在您的脑海中形成一幅立体的风景长卷。

（1）锡山大门：1953年搬迁东岳庙三间大殿改建而成的锡山大门，原在锡山东麓，正对无锡城方向。1972年10月2日该大门遭雷击烧毁，后改为西式铁栅门，但与锡山龙光塔的风格并不协调。锡山大桥建成后，桥面的最高点有锡山的半山高，游客上下不方便。所以在1982年移位至锡山东南麓，恢复飞檐翘角的传统殿式建筑式样。门内在池塘边，树立重达10吨的巨大《锡山铭》刻石。由此右拐去原儿童乐园和张中丞庙后门，左拐为文化休息区。谁知大门刚建好，园林内部有不同看法：赞成派认为蛮好，反对派认为锡惠公园是太湖风景名胜区锡惠景区的主景点，要突出自然风景，大门仅是个出入口标志，越简单越好，甚至树两个石柱即可。有人把事情捅到了时任江苏省副省长、建筑权威杨廷宝先生那里，刚好杨先生想到无锡走一走，惊动了市领导。当时兼任江苏省太湖风景区建设委员会副主任的马健市长知道事情的来龙去脉后，对园林局领导说：对事情有不同看法很正常，可以在动手前听听各方面意见，必要时做多方案比较，不要刚建好就想拆，怎么向老百姓交代？有事向省里请示，事前也不向市里打个招呼，现在明摆着要"马吃羊（杨）"。听了这不是批评的批评，园林局领导闹了个大红脸。好在杨先生是位见多识广的大学者，又是忠厚长者，对诸如此类并不涉及原则问题的不同看法，笑一笑也就过去了；倒是对李正设计的杜鹃园赞不绝口，我们留待下面再讲；又对鼋头渚灯塔改建方案提建议：把原设计三重檐改成两重檐，据此改建的鼋渚灯塔果然十分得体。

1920年锡山老照片

（2）**龙光洞**：因毛泽东主席提出"深挖洞，广积粮，不称霸"号召，于 1974 年
11 月开凿人防工程"龙光洞"，洞底贯通锡山，1979 年建成开放。该洞主副巷道长
达 300 米，并有可容纳 500 多人的地下剧场和 13 个洞室，山洞内气温常年保持 18 摄
氏度左右。主洞口在锡山南麓，题额"隐辰"，寓意隐藏在山下面的龙。洞旁有建于
20 世纪 50 年代的第一茶室。茶室之下，为 1994 年由吴文化公园赠建的"吴文化福
寿天地"，内有双亭及石雕寿桃等，具有浓郁的民俗风情。

（3）**施墩遗址及喷泉广场**：施墩在锡山南麓，1955 年于此建喷泉广场和动物园
猴山时，在施工现场出土石斧、石锛、石箭和大量陶器、陶片。经抢救性考古发掘，
证实该处是新石器时代晚期大型先民聚居的村落，距今约 3500 ～ 4000 年，属太湖流
域马桥文化类型，在时间上相当于夏代，被命名为施墩遗址。

遗址上面的音乐喷泉广场，建于 1954—1955 年间，为当时青年男女跳交谊舞的
最好场所。1994 年作改扩建，主体为面积 3900 平方米的水池，池中安装彩灯 600 只，
喷泉随音乐翩翩起舞，流光溢彩，十分壮观。

其西原为锡惠动物园，1955 年始建，1956 年元旦开放。1986—1989 年扩建，
1998 年又充实展出内容。当时占地约 4 公顷，有动物 80 余种、上千只，为中型动物
园规模。2010 年整体搬迁至惠山西北麓钱荣路新址。园址改为绿地，内有新建的儿
童乐园。

（4）**九龙壁**：在音乐喷泉广场中轴线上方，1987 年建成，是宜兴市丁山均陶工
艺厂精心烧制的彩陶影壁。长约 28 米，平面略成弧形，金山石基座，金星绿琉璃瓦压顶。
主体陶壁用 144 块彩釉陶板拼接而成，9 条飞龙栩栩如生，有较高艺术观赏价值。

（5）**百花坞**：1955 年建设的大型休憩绿地。据著名文人周瘦鹃回忆：当时，无
锡园林部门计划"辟地 20 余亩，全种牡丹花，定名牡丹坞"。苏州文管会谢孝思主
任以为面积太大了，哪有这么多的牡丹种上去，不如改为百花坞，可种多种多样的花
树，一年四季，开花不绝，岂不很好？周瘦鹃立即附和赞同，说"百花坞太好了，恰
恰符合'百花齐放，推陈出新'那句名言。"建成后的百花坞，内有百花亭，浅坡幽
壑，可行可憩，别有一番情趣。坞内有高地，于 1994 年建游览索道始发站，坐缆车
可达惠山头茅峰，临风远眺，风景如画。

（6）**映山湖**：位于锡山、惠山之间，原为"秦始皇坞"故址，唐代陆羽《惠山
寺记》有载。清代秦瀛《梁溪杂咏》云"秦坞云深碧涧秋，东巡陈迹莽村丘，南朝一
片斜阳影，又上萧梁古佛楼"。诗中的"碧涧"指春申涧，结句指惠山寺。1958 年，

由政府组织"以工代赈"的淮阴农工 200 多人，驻锡某部 100 余人，以及黄包车（人力车）工人参与，又发动市民参加义务劳动，历时 10 个月，挖土 5 万立方米，开挖成形如和平鸽、占地约 1.4 万平方米的人工湖。两山及天上云影倒映入湖，故名"映山湖"，体现了水因山幽，山因水活的美妙情趣。湖中有小岛，1993 年于南岸建"麒麟亭"，1999 年又于湖西陆峭的岸坡建"翠漪榭"，亭榭依水，常有游人涉足。

（7）春申涧：映山湖的"源头活水"。系惠山第一坞"白石坞"中的天然石涧，相传因战国四公子之一春申君黄歇在惠山建行宫，于此饮马而得名，一名黄公涧。涧畔旧有春申君庙，唐代以《枫桥夜泊》而擅诗名的天宝进士张继，过无锡时曾于此吟道："春申祠宇空山里，古柏阴阴石泉水。日暮江南无主人，弥令过客思公子。萧条寒景傍山村，寂寞谁知楚相尊。当时珠履三千客，赵使怀惭不敢言。"涧中有巨石，长近 2 米，上镌"卧云"两字，为明二泉山人邵宝所书。当时，惠山寺有位与邵宝关系不错的高僧，名"圆显"，号"卧云"，学问很好，曾编辑《惠山记》20 卷。据邵宝后来回忆，石上的"卧云"取自圆显的号。是否有卧看白云之意？只能靠游客自己去体会了。中国古诗讲究含蓄蕴藉，景题犹如"诗眼"，遐想可得景外之情，"卧云"即是佳例。1956 年于石畔涧旁建三角形"观涧亭"。1983 年"卧云石"列为无锡市文物保护单位，该年还跨涧建桥亭，在涧南建扇形亭。1993 年在涧旁上山路上，建"云泉亭"。2005 年，公园按当年张继诗意对春申涧周围景观作优化改进，风景更好。

春申涧的流水诉说着历史的变迁

（8）华彦钧（瞎子阿炳）墓：近代民间音乐家华彦钧（1893—1950年），小名阿炳，1927年双目失明后人称"瞎子阿炳"，无锡人。父亲华清和是无锡城中崇安寺附近"雷震殿"的当家道士。阿炳8岁随父在雷震殿当小道士，以后一直居于此，该建筑于2006年以"阿炳故居"名称被公布为全国重点文物保护单位。阿炳幼时曾读私塾，又研习道教音乐，少年时就能演奏多种乐器，尤擅二胡、琵琶。他一生命运坎坷，心灵扭曲，其所谱大量乐曲，基本创作于双目失明沦为街头艺人之后。新中国成立后，中央音乐学院杨荫浏教授等于1950年暑期，用钢丝录音机为阿炳收录了《二泉映月》等3首二胡曲和3首琵琶曲，使这被誉为"东方命运交响曲"的绝唱得以流传。

1950年12月，阿炳病逝后，原葬无锡西郊璨山脚下"一和山房"道士墓地。1979年5月，由无锡市博物馆寻得原葬地拾骨，1983年迁葬锡惠公园之春申涧南侧现址。阿炳的迁葬墓由李正设计，占地742平方米。阿炳墓的形状似音乐台：以本山黄石筑砌的虎皮墙及金山石压顶为墓墙，正中镶嵌由杨荫浏手书的"民间音乐家华彦钧阿炳之墓"墓碑，其前是用金山石铺装的平台。阿炳的遗骸则深埋在墓墙后面隆起的土阜之中，以示融入大山，这种做法仿的是南京明孝陵。在修建阿炳迁葬墓过程中，特意在该墓平台下方保留一块天然裸露的岩石，后有人无意中发现此石酷肖头梳发髻、身着道袍、侧身斜卧的道士。1983年11月22日，为纪念阿炳诞生100周年，又在墓前树立由钱绍武创作的阿炳铜像，该铜像高1.9米，重约1吨，表现了阿炳在寒风中边操琴边行进的神态气质。1986年该迁葬墓以"华彦钧墓"名称列为无锡市文物保护单位。

凭吊阿炳墓后，可沿着游览主干道北行，沿途已修复的碧山吟社、愚公谷旧址、华孝子祠等五座惠山镇核心祠堂、天下第二泉庭院、惠山寺、寄畅园、二泉书院等景

华彦钧（瞎子阿炳）迁葬墓，让人联想起景外之情

点，如长轴画卷般展开。这些景点前面已作介绍，这里从略。又有于 2001—2005 年陆续重修或重建的顾端文公祠、五中丞祠、刘猛将庙、过郡马祠、嵇留山祠、邹忠公祠、李忠定公祠、尊贤祠、胡文昭公祠、张中丞庙等这些在锡惠公园范围内的祠堂，各以其独特的人文内涵、吸引着游人前往瞻仰。

二、洋溢着"一园红艳醉坡垞"诗情画意的杜鹃园

锡惠公园的"园中园"杜鹃园，坐落在惠山头茅峰东麓，前临映山湖，北与阿炳墓毗邻，原占地 2.13 公顷。园址本是一片杂木荒草丛生的坡地，地势西高东低，中部横有土坎，顺着山坡有个土涧，还有一个小小的池塘。1978 年由李正在此担纲设计一个以观赏杜鹃花为主题兼顾生产的专类园，定名"杜鹃园"，简称"鹃园"。当时，李正刚从"文革"中被打成"反动学术权威"押送砖瓦厂做苦工的阴霾中走出不久，就在工地上一个简易棚里，伏在一张只有三条腿、用砖块填起另一条腿的破桌子上，用一块借来的图板，画出了最美的杜鹃园图画。面对着造园地复杂的地形，李正确实犯了难，从坏里说，弄不好正会在荒山上唱一出荒腔走板，往好里想，明造园家、吴江人计成在其专著《园冶》中说："园地惟山林最胜，有高有凹，有曲有深，有峻而悬，有平而坦，自成天然之趣，不烦人事之工。入奥疏源，就低凿水，搜土开其穴麓，培山接以房廊。"对中国古典园林素有研究的李正，硬是凭借传统造园活用"因借"二字（因地制宜、借景）的扬长避短、随机设景的做法，使再现唐代韩偓"一园红艳醉坡陀"诗情画意的杜鹃园，既保持着鲜明的江南地方特色，又融注了独具创新理念的时代精神。造园工程于 1979 年动工，1981 年 9 月 22 日竣工开放。1982 年 3 月，江苏省副省长、建筑权威杨廷宝教授视察杜鹃园后说："这个园子因地制宜地修路，因地制宜地叠山，因地制宜地引泉，因地制宜地建了一些房子，我觉得确确实实做到了因地制宜，至少给我上了深刻的一课。总投资仅花了 90 万元，做到这个成绩令人钦佩，尤其是现在有许多地方都在做这种工作，做到这样是很难想象的。游览此园后，如读了一篇美的华章，文章读完后，余味还在脑中回旋。我在走到去（锡山）大桥的路上还在想，像这样因地制宜地建了这么个园子，原来的树利用得很好，要是再有一两棵古树，那将会增加不少动人的镜头。"此后，因无锡原有梅园，现有杜鹃园，1983 年 2 月 2 日无锡市人民政府作出《关于香樟树、梅花与杜鹃花为市树市花的决定》。1985 年，杜鹃园荣膺国家优秀设计奖。2007 年 10 月 17 日，"中国杜鹃园"在杜鹃园挂牌，牌匾由中国花卉协会会长江泽慧女士题书。此时杜鹃园已有杜鹃花 300 余种，

杜鹃园鸟瞰

成为全国杜鹃花种质繁育基地和基因库。

下面，我们仍按上面所引梁思成先生的中国园林"不可能一眼把它看完，必须一段一段地看"的说法，看杜鹃园是怎样在游览过程中留给游人"一个连续的风景构图"的深刻印象的。

（1）园门：古人对园林之门有"开门涉趣"的要求，而杜鹃园的园门确实做到了既简洁又富有情趣。该门前临映山湖环路，为传统民居式样。门楣上悬"中国杜鹃园"横匾，两侧挂王季鹤手书的楹联"三月崧小步；踯躅红千层"。进门有一漏窗透出园景山色。步入园内，迎面有翠岗横亘在游人之前，上面载满沁绿吐彩、花团锦簇的杜鹃花。循石径折而往西，杜鹃园露出了波光粼粼、树影婆娑、曲廊蜿蜒、琼枝翻绛的一角。接着怎样走？我曾与李正先生商量过，最佳选择是先从水池边的汀步转入沁芳涧，溯涧而上，景色有"先抑后扬"之妙。

（2）沁芳涧：原始地形是由西向东走向的大土涧，造园时请苏州匠师在土涧两旁堆叠了具有重岩复岭、深溪幽谷意趣的驳岸护坡，于此可见老树垂荫，芳草添绿，所以沁芳涧之名，得之于花香，又美在细细草叶飘洒的山石之上。循着曲涧上行，在廊桥"映红渡"畔，巨石危峙，悠然有画意。过桥洞，涧道盘曲迂回，至"云锦堂"

前，在堂前平台之下，叠石成石龛状，内有清泉一勺，朱有玠题书"醉春泉"，于此成为对景的是"醉红坡"，再往前为"枕流亭"。为增加沁芳涧的水意，此涧采取旱涧水做手法，即在涧底铺鹅卵石，又散点嶙峋巨石，使人联想起是湍急的涧流而磨石成卵形。说白了，沁芳涧的"水景"多半靠游人自己去想象。

（3）醉红坡：与沁芳涧同为杜鹃园的主景。在该坡的林间、岩前、树罅、石畔，忽聚忽散，疏密有致地种植着大片的杜鹃花，品类繁多，蔚为壮观。"醉红坡"题名石由陈从周教授手书，并作同名诗一首云：

> 年来谁识真中味，野趣难寻怨意浓。
> 洗尽凡心消尽俗，风光何必强人同。
> 看山雨里春如洗，廊引人随几曲工。
> 塔影沉潭轻点笔，醉红题壁映山红。

花丛中，有形制简朴的山花烂漫亭，尤饶"黄茅亭子小楼台，料理溪山煞费才"的意境之美，亭子附近树立陈毅元帅《杜鹃花》诗石，以点明主题。

（4）枕流亭：在沁芳涧仰望，见嵯峨山石之上，有亭翼然，亭后古木参天、亭下叠石为洞。穿过山洞，拾级可登上枕流亭。该亭是一座简洁大方的歇山顶长方亭，可俯视沁芳涧石景、水景之美，又可仰借锡山之巅的龙光塔和藏经楼。亭畔，竹影婆娑，有曲径可通杜鹃园北门（此门常关）。该亭又是踯躅廊的起点，循廊曲折而下，串联云锦堂、映红渡、绣霞轩和云墙，将杜鹃园周围合成一个优雅的庭院空间。

（5）踯躅廊：廊名源自黄花杜鹃，又名羊踯躅，比喻游人为园中美景所陶醉，流连忘返。该廊像一条轻柔飘逸的彩带，随地形而弯，因大树而屈，上下隐现，穿花渡涧，止于"鉴塘"大水池畔的绣霞轩和照影亭。廊中敞轩的粉墙上，镶嵌中国作家协会会员沙陆墟撰写的《杜鹃园记》和著名园林学家陈从周、朱有玠的诗词碑刻，让游人明了杜鹃园的造园理念、手法及构景之妙。而廊引人随、步移景换、游人如画中之人。同时，廊子的柱头犹如画框，剪裁画面，提炼花影山色，使动观的游线化为静观的幅幅画面，达到造园艺术效果的升华。

（6）云锦堂：杜鹃园的主建筑，坐南朝北，面对主景沁芳涧和醉红坡。该堂平面成"凸"字形，即三楹明间为主室，两侧次间作后退，让出的位置嵌入踯躅廊的廊身，使堂与廊和谐相融。堂前平台上，特意保留的乌桕树和枫香树各一棵，与云锦堂掩映有致。平台上有石洞，拾级而下可达醉春泉和沁芳涧。云锦堂的堂匾，由文学家冯牧手书，形容该堂沉浸在如云如锦的杜鹃花海之中。

在中国传统园林中，主厅一般坐北朝南，但杜鹃园之南，景色一般，唯有北面为秀美园景。所以李正按苏州园林"鸳鸯厅"的做法，北开落地长窗，可坐在堂中，坐观怡红快绿、清溪倒挂之景；而在南面开半窗，做成贴壁假山下临小池之景，既利用外墙屏挡"俗景"，又使游人可临窗欣赏一幅立体山水画轴。其造园手法之妙，令人一赞三叹。

杜鹃园主体建筑『云锦堂』设计图稿

（7）**映红渡**：纵贯杜鹃园的沁芳涧，把园子分为南北两部，沟通其上交通的，西为枕流亭，东为泻玉桥，中间的就是两边桥头连着踯躅廊的廊桥"映红渡"。它点醒了小园的静默，烘托了四周繁花如浪的佳景。游人至此，往往驻足留步，凭桥栏而眺望。于此可以近聆惠山半岭松风，万壑回响；远眺锡山耸秀，古塔凌空。环视，则园内高岩曲涧，极亭台之秀，山石之旁又微露花影波光。故映红渡之胜，胜在人见我见俱是佳景。

（8）**绣霞轩**：踯躅廊的收头，是一座高雅精致、小小巧巧的三间体平房。轩址原为土坎，地势高为坎，低位池，门前可迎惠山山色，屋后隔水池能见锡山龙光塔影。该轩在杜鹃园中起着承上启下，映带左右，组合不同景区的作用，符合造园艺术所谓轩"以助胜则称"的要求。绣霞轩之北，与踯躅廊相对应的是接出一道开着月洞门和漏窗的云墙。在月洞门的上方，取杜鹃花盛开之意，镶嵌砖额"云蒸·霞蔚"。月洞的右前墙角旁还巧妙地保留了一棵枫香树，疏枝斜干，婆娑弄影，为从月洞门内借景锡山龙光塔，平添了不少风情。

云蒸·霞蔚门洞就像画框将锡山龙光塔借景入园

（9）照影亭：该亭紧贴绣霞轩的后墙，从轩内拾级而下，可达。在亭内可领略到宋代朱熹"半亩方塘一鉴开，天光云影共徘徊"的诗趣，所以命名亭子所临的小水池为"鉴塘"。而且这里的碧水清漪和绣霞轩所见的媚山秀色，一则淡雅开朗，一则浓郁深邃，适成鲜明对照。而在轩、亭切换过程中，恰好解决了地形的上下高差和相互沟通的问题，令人有倏息变化、跌宕起伏之感。

在照影亭凭栏眺望，景色清丽动人：亭右临水处，堆叠着黄石假山，其旁露出芭蕉的一叶翠绿。池畔，又有后来建造的西神茶墅浮在水面之上。东面稍远处，土丘横亘，其上有嘉树繁花，又有坡脚顽石出露水中。水池的溢水口设有一组汀步，池水漫溢时泻入沁芳涧。从照影亭仰视，锡山龙光塔借景入园，正如陈从周所吟："塔影沉潭轻点笔"，令人有美不胜收之感。

（10）西神茶墅：位于杜鹃园东北角，基址原是园中花房等生产设施用地。2007年夏秋间，仍请李正设计，改作占地300多平方米的休憩场所，其主体为简洁雅致、窗明几净的茶座，以惠山古称西神山而命名为"西神茶墅"。该建筑以大片落地玻璃窗透视窗外新挖水池的粼粼波光。该水池位于鉴塘上方，所以在两池之间设滚水坎，形成既分又合的高低水池，构景之妙，令人称绝。杜鹃园是山麓之园，更是江南之园，草木华滋者，以擅水意、水情、水趣而韵绝。西神茶墅做到了这一点，故能山色染水，活水生香。

（11）杜鹃新区：为进一步展示盆栽名品、精品杜鹃花的丰姿神采，并普及杜鹃花科学知识，园林部门又在杜鹃园东南部原庙巷拆迁地块，辟建新区，使杜鹃园总面积达3.43公顷。新区内以传统建筑形式的媚春堂、画春堂、悦春斋为主体建筑，辅之以亭、廊、楼、榭，建筑总面积1680平方米，完善了杜鹃园整体功能，文脉延伸，亦有可观之处。

三、"庭院深深深几许"的花卉盆景专类园——吟苑

吟苑西倚锡山，东临京杭大运河，与锡惠公园仅一路之隔，2009年6月又划归锡惠公园管辖，故戏称吟苑是锡惠公园的"园外之园"。当然，在中国传统园林中是没有这种说法的，这里仅是相对杜鹃园为"园中之园"所作类比而已。吟苑其地，中华人民共和国成立前原为义冢"丹阳坟"；20世纪50年代辟为苗圃、花圃，70年代末辟作百花园，未脱花圃窠臼，设施尚简。1982年按规划于此建设观赏花卉盆景的专类园，由李正规划设计，占地2.66公顷，于1985年10月1日建成开放。因盆景

艺术被誉为"无声的诗，立体的画"，取名"吟苑"，由上海市副市长宋日昌题匾。吟苑是小园，适合静观，循游线而行，颇多驻足观赏点，有如欣赏一幅幅美丽的图画。

（1）门头：吟苑大门朝东，前临运河西路，再前为京杭大运河。河边，垂柳拂水，花丛烂漫，又建有亭廊，俗称"小外滩"。吟苑大门以马头山墙和花架廊组成，较为别致，透过绰约的花枝，可借景锡山龙光塔，给人以深远的感觉。入门，有一湖石小池，其前为用于"障景"的花架照壁，但又在壁上开设漏窗，透露一角园景，诱人入内。

（2）"壶中天"盆景展区：古人以"壶中"喻仙境，在造园艺术中，则借用来比拟小中见大的咫尺山林。而盆景为大自然的缩影，也犹如掌上山川，壶中天地。所以吟苑的盆景展区被称"壶中天"包含着造园艺术和盆景艺术两层意思。该展区包括三组景观：

一是题额"云林画稿"的序馆，以及馆后室外盆景展示庭院。该小院通过对墙垣、屏架、隔断、景门和花棚的精心组合，勾勒出一系列如巷如弄，相对凝聚而又大小不同、形状互异，但又层叠套连的小空间，创造出"庭院深深深几许"的艺术效果。在该处还设置了一座用于小憩的亭，亭口的月洞和亭壁的扇形漏室，刚好把亭外的园景化作扇形图画。

盆景大体可分为树桩盆景和水石盆景两类，逸林馆内外原是树桩盆景的陈列区。而"逸林"之意，既指树桩盆景之"景"要师法自然而具高逸苍古之态，又指姿态幽雅的树桩盆景在此相聚成林，两者相合，就是"逸林"二字。展区内有花架廊供游人在水边坐着休息。

逸林馆之西北，是以荟峰馆为主建筑的水石院，荟萃了水石盆景的精品佳作。这里在建筑形成的方正空间中，用曲池、湖石、花木作为点缀，改变了平直线条的呆板之感，呈现出富有诗情画意的境界。水石院南侧，沙曼翁题额的"宁静致远"水榭和"泠音"石坊，是临水而建的轻点之笔，虽着墨不多，但作为引连吟苑南北景观的过渡小品，能为吟苑增加生动的画面。

两馆之间，循石级可登上假山之巅的"历历亭"，亭名之意为：在此驻足休息，盆景展区诸景可以历历入目。只可惜吟苑的盆景都集中到锡惠公园后，此地改为茶馆区。想当年，陶渊明采菊东篱下，悠然见南山。而今天可以悠然见锡山的吟苑"壶中天"却成为"茶中天"，几疑闹市一角，正是东篱为市井，有辱黄花矣。

（3）寻英·撷芳长廊：吟苑的花卉观赏区，中为人工湖，内有小岛，岛上有小塔，无锡园林"无塔不园"，连小小的吟苑亦是如此，可见人有同好。湖中挖出的泥土则在南岸堆成假山，以屏挡园外交通要道的喧嚣之景，使吟苑可以闹中取静。湖中、水畔和假山一带，精心栽种各色花卉，与此地的疏林草坪组合成仿生态园区。游人至此，仿佛投入了大自然的怀抱。而位于吟苑北部，东起月洞门，经丽秾轩、渡碧廊桥，西南止于"驻春"小筑的"寻英·撷芳"长廊，就是用来组织花卉区园林空间和游览线路的。由于该廊面朝大假山，半抱人工湖，湖中小岛又恰如假山余脉，山水信息特别丰富。廊引人随，顾盼生情，驻足静观，幅幅成图。

（4）丽秾轩：两头与长廊相接的丽秾轩，是吟苑的主建筑，"丽秾"形容这里的景色浓淡相宜，美丽动人。该轩有3间正厅和两侧各一间耳室组成，耳室用来连接长廊。所以从室内看两头，是门廊套叠的建筑景观层次，而室外则是由浅草、花丛、碧水、翠岗形成的开畅爽朗、层次分明之景，俯身探水，游人与游鱼相乐，静中寓动，景情相生，使人想起庄子的知鱼之乐。

（5）渡碧廊桥和驻春小筑：从丽秾轩循廊向西，拐弯朝南，渡碧廊桥横跨在溪水之上，桥上之廊，实为花架，藤蔓轻曳，缭人心绪，桥上西侧的圆形漏窗，刚好把锡山塔影扣入窗洞，真是一幅别致的窗景。桥头的"驻春"小筑，是长廊的收头，又似江南水乡小小的乌篷船，停在水畔，十分得体。

（6）漱香亭和宜啸亭：吟苑的南部假山，以土为主，土石相间，花木茂盛。逶迤起伏的假山之西，建有飞檐翘角、长六角形的漱香亭，原通过它可以借景锡山，现在树木长高了，亭子隐在密林之中，十分安静。假山之东，另有宜啸亭，仿松亭柱，茅草圆顶，寓意山中隐士月下长啸，有一种返璞归真的韵味。

（7）芳草轩和蒲风菰雨榭：该组轩和榭位于吟苑中部，勾连假山和水池，两者以花架廊相接，由朱屺瞻题额。芳草轩以浅草如茵命名，轩畔有李建金创作的《百花仙子》白石塑像，富有青春气息。此轩以借景见长，从轩外向西眺望，园中假山似锡山余脉，而锡山是惠山真正的余脉。三座山，三个层次，所谓"山贵有脉，美在层次"，所以在这里看山，有"山在苑中，苑在山中"之慨。蒲风菰雨榭是临水建筑，甚简朴。于此向渡碧廊桥方向看，似有溪流从锡山、惠山之间的峡谷缓缓而来，穿过桥洞汇成人工湖，真是"水贵有源，妙在曲折"。而隔着人工湖，丽秾轩和好山入座楼都是绝妙对景。

（8）曲韵桥和好山入座楼：三面环水的好山入座楼，又名绮山楼，曲韵桥是它的水上通道。该桥是三折平桥，贴水而建，见出水意的丰盈迷漫，又分隔出大小水面，呈现开敞与幽曲、自然与规正的对比，提升了全园水景的情趣。过桥为广坪，用来烘托好山入座楼的高耸气势。由于该楼位于吟苑盆景区和花卉区的连接处，又是游线的"终点站"，所以在该楼的外墙镶嵌沙陆墟撰书的《梁溪吟苑记》和杨齐南所绘《吟苑图》青石碑刻。引导游人回味刚才游园时所见所思所闻。而登上好山入座楼，能使游人再一次领略吟苑美景。该楼因能将锡山塔影和惠山九峰引入楼座而得名，楼名匾由上海女书法家周慧珺书写。每当夕阳西下的时候，满目青山，一水烟霞，形如平岗小坂的假山，苍松送涛，小亭隐现，借景入苑的锡山、惠山，塔影闲闲，九峰可数。"吟到夕阳山外山，古今谁免余情饶"——这是陈从周教授借用清代诗人龚自珍的名句，对吟苑所作的评价，贴切而中肯。

李正先生手绘的《吟苑图》

太湖园林

佛讲缘起，道法自然。喻之于园林，前者讲园的起因，后者则把"自然"作为衡量造园艺术水准的标尺。

无锡太湖百年近代园林缘起于无锡百年工商城，工商城是因，园林是果。1860年鸦片战争之后，中国沦为半封建半殖民地社会，中国历史由古代转型进入近代。随着太平天国忠王李秀成部与清军转战江南，无锡城乡若干士绅办团练，捍乡里，被太平军打败后，他们投奔曾国藩、李鸿章讨救兵，由幕僚襄赞军务而投身洋务运动。与此同时，一批生活在乡里乡间的草根平民，因民生凋敝而去十里洋场的上海寻亲打工学生意，其佼佼者在芸芸众生中崭露头角，脱颖而出，在赚得第一桶金后走上实业救国之路。正是有了上面这些从实践中磨炼出来的人才和资金，无锡近代民族工商业在江南大地迅速崛起，又成为在无锡太湖包括其"内湖"五里湖（蠡湖）畔掀起造园热潮的直接动因。

太湖园林之道最讲究道法自然。即把园子建在真山真水之中，把最大限度发挥环境之长，以供人欣赏和享用作为造园的最高追求。在无锡太湖园林中，所谓"人巧"，是"四两拨千斤"，巧借自然做文章，为园主和游人提供相对最佳的游观、休憩场所。如果人巧做过头，反而弄巧成拙，丧失湖畔山庄的清新野趣。对于这个问题，下面结合实例，一一道来。

第七章 梅园横山风景区

人们常说"文如其人"或"字如其人"，那么，园林是不是也是这样呢？明末松江人计成在其园林专著《园冶》中说："世之兴造，专主鸠匠，独不闻三分匠、七分主人之谚乎？非主人也，能主之人也。"以无锡荣氏梅园为例，如果没有园主荣德生的胸襟，就不会有今日梅园的驰名中外。对这个问题分三个层次讲：

一是着眼整体的发展眼光。民国元年（1912年），即将成为梅园主人的荣德生写了一本书，名为《无锡之将来》。他在书中写道："尤足览胜"的"五里湖、太湖之滨将见别墅山庄参差矗立，为世外之桃源"。而随着五里湖和太湖之滨的山庄墅园、滨水园林不断拔地而起，1930年国民政府拟"仿照美国辟黄石公园先例，就太湖区域筹设太湖公园。……并在锡邑滨湖地带，设立太湖公园筹备处，主持建设太湖公园一切工程及建设完成后之一切管理事业。"在此过程中，荣老板除率先建设梅园、锦园外，还对无锡太湖风景区的基础设施建设提出自己独到的看法，并力能所及地付诸实施。例如，他在1914年筹建从西门迎龙桥，经河埒口，直达梅园的"开原路"，1927年开通公共汽车，是无锡第一条马路和公交线路。1918年他又发起建设从火车站至惠山的通惠路，并延伸至河埒口，以接通开原路。1926年更提出自梅园"接通开原路，直达管社山鼋头渚，通行公共汽车之计划"。该计划限于多种原因，后来未能实现。为此荣德生又积极促成无锡市政当局在20世纪30年代上叶，修筑环通滨湖各个园林的环湖路。他本人在1934年六十大寿时，捐出寿仪6万银圆，兴建了横跨五里湖的宝界桥，使环湖路完成预定目标。

二为结合旅游的发展思路。近代意义上的"无锡之旅"，发端于19世纪末至20世纪初。最早文字记载见鼋头渚"横云山庄"园主杨翰西所著《横云景物志·白相船》："西人游艇，俗名白相船。以光宣之季，民国初元，为最盛。其时，鼋渚未辟，邑人士足迹罕至湖滨。而西人以圣诞节来游者，于项王庙、鼋头渚之间，舳舻相望。夏日更有泊一二星期避暑者。"沪宁铁路在无锡设置火车站以后，"太湖一日游"逐渐成为时尚，每年赏梅季节，更开通赏梅专列，以满足蜂拥而至的游客需要。选择在无锡"二日游"的，一般在火车站附近找饭店、客栈投宿。有地位、"摆派头"的则下榻园林内部宾馆，如梅园的太湖饭店（现管理处办公楼）和宗敬别墅，鼋头渚的涧阿小筑（俗称木洋房）和松下清斋，蠡园的湖山别墅、颐安别业等。每当游客回程，手里拎满油面筋竹篓头、盒装的肉骨头（酱排骨）或惠山大阿福，还有黄篮头装的王兴记小笼馒头，挤上火车，或站或坐，成为一道风景。为此，1933 年 10 月初锡山通讯社记者在鼋头渚采访荣德生，荣老板认为："若建设风景区，盛理名胜，既能吸收外埠来锡游览人士之金钱。且工商业尚有失败之虞，名胜却无失败之日。试观浙江之西湖名胜，历久勿衰，每年吸收外埠游览人士之金钱，何止数百万。"1947 年荣德生又在自订年谱《农乐自订行年纪事》中说："前人不知利用风景园林，可以吸引游资，振兴商市，欧西如瑞士，即用此法，每年收入可观。"对照上面两段话，仅过十几年，荣老板对园林发展旅游业已把目光从国内转向国际。

三为优化生态的发展理念。荣德生造园，首重环境和生态，尤在植物造园、植物造景上开一代风气之先。所以其所建梅园，不仅仅以梅为主，更做到"四面有山皆入画，一年无日不看花"。到了梅园，如果满坑满谷都是单一的梅花，反而重点不突出，显不出梅花的大度和珍贵，只有做到无日不看花了，方能见出梅花的大家风范，这是绿色造园的辩证法和一大诀窍。毛泽东主席《卜算子·咏梅》云："待到山花烂漫时，她在丛中笑"，尽显梅花的高尚品格和意境之美。

《孙子兵法》有言：不谋全局者，不足以谋一域。这同样适用于造园。而从上面所说，我们不难看出荣德生为人处世的目光和胸襟，也不难看出由荣德生亲手打造的荣氏梅园所能获得的成就及其所发挥的社会效益。正是这些历史人文积淀所体现的文化艺术价值和社会价值，荣氏梅园 2006 年被国务院公布为全国重点文物保护单位。

一、荣氏梅园缘起及沿革

1906 年，虚龄 32 岁的荣德生和友人徐子仪同去苏州阊门外的留园游玩。这留园原是苏州进士徐泰时建于明万历年间的宅园。当时这园子有东、西两园，东园是留园的前身，西园后来演变为戒幢寺的放生池，仍称西园。荣德生等游览留园后又去西园，经过题额"西园一角"的黄墙发券门时，见照壁上赫然有"大德曰生"四个砖刻大字，说来也是机缘凑巧，这出自《易经》又富有哲理的四字分明嵌着荣德生的大名，不能不对荣德生有所触动。所以游览完毕后，徐子仪问荣德生"最喜何处"，荣答"西园"，并表示"将来欲自建此一角"。第二年正月中，荣德生乘坐小轮船去苏州太湖边的"玄墓"即广福赏梅，并看汉代司徒庙中清、奇、古、怪"四大柏树"。"岁寒然后知松柏之后凋也"的千年汉柏，"粉蕊弄香，芳脸凝酥，琼枝小。雪天分外精神好，向白玉堂前应到"的梅花精神，无疑激发了荣德生心中的共鸣，这为素有"众善奉行"夙愿，法号"福根"的荣德生在几年十几年后，建造一座以梅花为主题，又与寺庙为邻的江南园林，即梅园和开原寺，奠定了思想基础。有人会问：这种说法有依据吗？依据有两个：一是荣德生本人所著《乐农自订行年纪事》中有关这两次"苏州之旅"的文字记载；二是从荣德生的个人经历中，不难看到松柏和梅花不屈不挠的影子，从而引起心灵的共鸣。

　　早年的荣德生和比他年长两岁的哥哥荣宗敬，只是太湖之滨、梁溪河畔的农村娃和大上海的小学徒，自小居住在荣巷西溪两间祖传的旧瓦房中。他们的祖父荣锡畴是个商贩，家境小康。但经过 1860—1862 年清军和太平军在江南一带的争夺战，家道

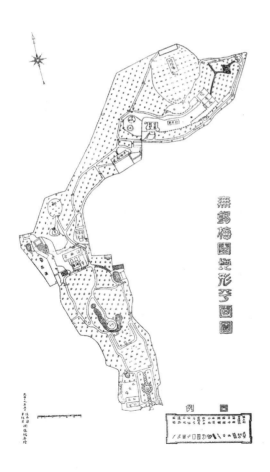

1930 年荣氏《无锡梅园地形平面图》

中落，两兄弟的父亲荣熙泰只能"养鱼耕田以自给"。有幸的是荣熙泰好读书，懂《周易》，明事理，又打得一手好算盘，后去浙江乌镇和广东当账房先生。1893 年春，荣德生随父去广东三水河口的厘金局即税务所帮账，当助手，受到历练。1896 年，20多岁的荣氏兄弟以父亲所给的 1500 元大洋为启动资金，与人合伙在上海开办了一个小钱庄，同时在家乡设立分庄，并经营茧行，掘得了"第一桶金"。1900 年，兄弟俩以 6000 银圆与人合股，在无锡西门外太保墩即西水墩创办了无锡第一家机器磨面厂，取名"保兴"，后来合伙人撤资，兄弟俩同心协力，独资经营，并在 1903 年更改厂名，这就是茂新面粉厂。创业之初，屡遭磨难，兄弟俩连闯三关，终于站稳脚跟。

　　第一关是邑绅反对。1900 年秋冬间，荣老板在太保墩购地 17 亩为厂址。十二月初一办妥地契，坐船顺着梁溪河回家，船到仙蠡墩，突然狂风大作，船不能行，只得上岸步行回家，心想会不会建厂起风波？果不其然，第二年二月初八破土动工时，地保就来问讯，有没有去乡绅那里打招呼？随即，接到县衙门谕单，说是绅士联名告状，状告面粉厂，侵占公地。官司从县里、府里一直打到省里，最终双方和解，原告撤诉。但帮荣家说话的无锡知县孙襄臣以"办理无方"为由被摘去顶戴，后调离无锡，去他处任用。第二关是民间传谣。说工厂竖立大烟囱时，要用童男童女祭造，难怪有人反对。当然这是无稽之谈，最终谣言不攻自破。第三关是商家抵制：当时，无锡人把面粉说成"干面"，无锡最负盛名的面馆是拱北楼，常去拱北楼吃早面的乡绅们说，机器干面不如土粉，不可用。此言一出，其他面馆点心店，闻风附和。茂新厂日产面粉 300 包，

以荣德生之号冠名的"乐农别墅"前，摆放着荣家的发祥物——茂新厂早年磨面粉的法制石磨。左为树立在梅园内的荣德生铜像

销路成为大问题。荣氏兄弟一方面从提高面粉质量入手，每天的早餐，必去厂里吃"面疙瘩"（无锡话称"面癫团"），通过品尝，改进小麦品种配比，使口感胜过土粉。另一方面找来能人王尧臣、王禹卿兄弟，让这两位无锡老乡专门负责面粉销售和小麦采购工作，果然销路大开，还卖出好价钱。这样到民国元年、（1912年）时，荣德生"兴致甚旺，至乡或在厂，与吉人叔、鄂生叔计划社会事业，决定在东山购地植梅，为梅园起点"。园址选定后，荣德生即请朱梅春设计，贾茂青督造，造园工程正式启动。朱、贾二人，文化程度很低，是住在梅园附近的能工巧匠，一个是造房起屋的"大木匠"，一个是泥瓦匠。荣德生对他们都很放心。这里顺便提一下，上面说到的王禹卿，后来是蠡园主人，而荣吉人的弟弟荣鄂生则是中独山"小蓬莱山馆"的园主，这两处园林都是著名的无锡太湖近代园林。

对于"荣氏梅园"的造园过程及其与荣氏企业大发展的关系，在由陈文源、沙无垢、汪春劼撰稿的《百年梅园》（凤凰出版社，2011年10月第1版）中有较为简洁的叙述：

荣氏梅园从1913年建园工程启动，大片梅林逐年种植，至1922年由东山向浒山扩展，1930年念劬塔落成、1933年捐建开原寺，经历了整整20年。这一过程，恰好与荣氏企业在辛亥革命以后20年间的大发展相吻合。

1913年，荣氏兄弟将创业重点由无锡转向上海。至1922年，先后在上海建立福新一、二、三、四、六、七、八厂和申新一厂、二厂，在武汉建福新五厂和申新四厂，在无锡建立茂新二厂、三厂和申新三厂，在济南建立茂新四厂，成为闻名中外的"面粉大王"，并在纺织行业崭露头角。（案：茂新、福新系统为面粉企业，申新系统为纺织企业。）从1923年至1931年，两兄弟又通过购买和租办旧厂、建造新厂的方式，在上海、常州建立申新五、六、七、八、九厂。1930年常州申新六厂租期届满，退还原主，在上海购得厚生纱厂补申六之缺；1933年将杨树浦申新九厂拆迁至澳门路建立新厂。至此，荣氏兄弟又摘得了"棉纱大王"的桂冠。也正是在这20年间，以1933年为界，梅园各主要景点相继建成。

梅园在1914年，建香海轩，凿砚泉。1915年，建天心台、荷轩、招鹤亭，楠木厅上梁，两侧建东、西轩，翌年竣工，荣德生取《诗经·豳风》重稼穑之意，拟名曰"诵豳堂"。1916年，建留月村、揖蠡亭，筑园路、疏沟溪、架野桥，凿洗心泉于园门东侧。自金坛购得"米襄阳拜石""嘘云"等太湖石奇峰，立于天心台前；自山东购得"快雪堂"残碑300余方，砌于留月村壁间。种植大红枫一颗，来自苏州，百夫移植，种已逾抱；得骨里红、重台等梅种上品及日本红、绿、紫双瓣樱花植于园内；并亲书园名，镌于园门内一块高 2 米多的紫褐色巨石上。1917 年，筑小罗浮景点。1919 年，乐农别墅建成。至此，梅园粗具规模。

1922 年，梅园向浒山扩展。1923 年，在南山坡建造宗敬别墅。1926 年建秋丹阁，太湖饭店落成，为游人食宿宴客提供方便。同年秋至翌年春，又放炮凿石，筑砌豁然洞，平整山顶，辟为网球场和高尔夫球场，北建敦厚堂、南置早年创业时使用的四部法制石磨，安放在水泥浇制的座子上，摆成八张圆桌。1927 年秋，在留月村设读书处。1929 年，在豁然洞旁建经畬堂，读书处移此。1930 年，在浒山之巅建念劬塔。至此，荣氏梅园主要景点全部建成，占地 81 亩，成为当时无锡最具魅力的风景旅游区，与杭州超山、苏州邓尉山并列为江南三大赏梅胜地。

1933 年，荣德生将浒山东麓土地 20 亩赠给开原寺，作为建寺基地，并捐资助建，于当年年底落成，翌年佛像开光，迎接香客，成为无锡又一处佛教丛林。

从上面的叙述不难看出，梅园的造园活动与荣氏企业的发展息息相关，没有荣氏企业的资金保障，梅园就不可能得到持续发展，而从梅园又可看到荣氏企业发展的影子，梅园是荣氏企业发展的里程碑。

在抗日战争时期，无锡在 1937 年 11 月 25 日沦陷，至 1945 年 8 月 15 日日本投降，荣氏在锡企业遭日军严重破坏和掠夺，损失惨重。梅园也难逃此劫，据荣德生自己记述："门口大梓树一对已不见"，"花木亦有损坏，房屋则门窗已无，联额尽失"。

抗战胜利后，荣德生委托申新三厂厂长郑翔德整理梅园，至 1946 年初，梅园草草修理，已用去法币 60 余万元。梅园重新开放后，游者甚众。于是由申新三厂工程师戴念慈作园景扩建规划，绘制渲染图即规划效果图 10 幅。谁知 1946 年 4 月 25 日至 5 月 28 日（农历三月廿四日至四月廿八日）荣德生在上海遭匪徒绑架，关押 34 天，被勒索美金 60 万元，梅园扩建计划作罢。此后梅园一直由申新三厂管理，经费也由申三拨付，直至 1954 年。1949 年 2 月 17 日，荣德生等无锡工商界代表人士委派钱孙卿之子钱钟汉等去苏北解放区，与中共华中工委商讨迎接无锡解放之事。荣德生两次去梅园听候消息，"每次有人递送消息，内情可知"。无锡解放前夕，荣德生乘黄包车在无锡城里兜了一圈，以安定人心。至于为荣德生编制梅园扩建规划的戴念慈工程师，中华人民共和国成立后曾任国家建设部副部长。从戴先生到前面所提到的为荣德生建造梅园的朱梅春、贾茂青泥瓦木匠，以及荣氏企业重要骨干王尧臣、王禹卿兄弟等，可以看出荣德生在识人、用人上有超人一等的独到之处。

二、 新中国成立后荣氏梅园的保护和梅园的拓展扩建

1950 年 2 月 9 日，无锡市风景区管理委员会成立，下设 4 个分会，分别管理惠山、鼋头渚、蠡园、梅园。自建园以来一直免费向公众开放的梅园开始收门票，价格为 0.03 元／人。

1955 年 9 月 11 日，荣德生四子·荣毅仁致函无锡市人民委员会（当时市政府称市人委）："兹为完成先父愿望，特专为陈请，将梅园除其中乐农别墅一部分拟留作纪念先父之处外，全部园林建筑物，敬请赐予接收"，并告知具体事宜由申新三厂郑翔德办理。1956 年 1 月 26 日，荣毅仁、荣鸿仁又委托单念澄、荣毅珍将园内原属荣家的一批红木家具、挂屏、书画、文玩及 18 尊玉佛一并赠送梅园公园。其中玉佛即汉白玉仙女雕塑，据 1920 年 11 月 13 日《锡报》有关报道称："大如三岁婴孩，价约三千余元……系清代乾隆时宫中之物。"据荣氏后裔回忆，这批雕塑从清宫中流出后，原为"山西老财"购得，荣家转购后起先"置于诵豳堂右首屋内，后陈列在豁然洞内"，

荣毅仁先生赠献梅园的信函影印件

先父德生公在日，曾为此加地方名胜，在本市西郊购置山地，辟为梅园，锐意布置，以供为地方人士来锡游览，数十年来已成为当地名胜之一。解放后，先父有意将梅园赠献政府管理，则内部布置尽为绚烂焕，先父逝世，毅仁忙于工作，竟忘却办理，兹为完成先父遗望，特专为陈请，将梅园除其中乐农别墅一部份拟作纪念先父之处外，全部园林建筑物敬请赐予接收，如须办理任何手续，请与无锡申新纺织厂厂长郑翔德先生联系，务祈早日洽办，不胜企盼。

谨上

无锡市人民委员会

荣毅仁

一九五五年九月十一日

十分珍贵。市政府接管梅园至今，对园子多次重修，保护原貌，园内花木也得到良好养护和更新。梅园于 1994 年 1 月 24 日、2002 年 10 月 22 日，先后由市政府、省政府公布为市级、省级文保单位，2006 年 5 月 26 日，国务院公布"荣氏梅园"为全国重点文物保护单位。

1959 年 12 月，在荣氏梅园以东至横山征地 50 公顷，拓建梅园提上议事日程，此后梅园面积从 81 亩稳定在 800 多亩。第二年在拓建区挖池堆山，拟建"松鹤园"，又筑园路，栽植花木，尤其是种植了大片桂花林，以形成"春梅秋桂"特色，后因国家经济困难，半途停工。

1982 年，国务院公布太湖为首批国家重点风景名胜区，梅园、鼋头渚并列为其 13 个景区中的梅梁湖景区的主景点。以此为契机，1986 年"梅园碑廊"竣工，廊内镶嵌当年荣德生从山东购回的"快雪堂"残碑 112 方。1987 年重新启动荣氏梅园以东拓建工程，至 1993 年在梅园的横山片区先后建成东大门、问梅坊、闻籁亭、明壑亭、怡怡亭、琅琅亭等，在横山之巅建吟风阁，在横山南麓建"小金谷"并修复文物建筑"畹芬堂"，在南山坡建成"中日梅文化观赏园"和"纮齐苑"，至此，横山片区的造园工程基本完成。1995 年 7 月 20 日，国家邮电部发行《太湖》邮票，内有一枚《太湖·梅园香雪》邮票，题材为梅园标志建筑——念劬塔。

进入 21 世纪后，2001 年 2 月 17 日至 3 月 15 日，全国第七届梅花蜡梅展在梅园举行，原国家副主席荣毅仁及哲嗣荣智健先生，中国花卉协会会长江泽慧女士分别致电、致函祝贺，荣毅仁对梅园史料展馆开馆表示祝贺。与此同时，浒山南麓、梅园中大门之内，由吴惠良设计的占地 8000 平方米的"九曲花溪"仿生态景观和占地 2300 平方米的"荷兰园"，由李正设计的"古梅奇石圃"相继建成开放。翌年，建筑面积为 1300 平方米的高架温室和相邻的喷水池、游乐场竣工。自 2004 年开始，每年一度举办的"春天，从梅园开始"主题名花展成为新常态。2007 年，旨在优化梅园南侧生态环境的占地 4.2 公顷的梅园透绿工程竣工。至 2009 年，梅园列为国家 AAAA 级旅游景区。

2011 年，梅园向北拓展，在开原寺的后面、浒山北麓征地 3.5 公顷，建设"梅品种国际登录园"。该年每逢梅花盛开的双休日，入园赏梅的游人常常超过 10 万人次。2012 年 2 月 12 日"全国第十三届梅花蜡梅展"又在梅园开幕。当天同时举行"百年梅园"庆典和梅品种国际登录园竣工仪式。此时的梅园，已是占地超千亩，独擅鲜明文化特色和时代特征，极具历史、生态、艺术、旅游、科研价值的，开始走向世界的一代名园。

三、今日梅园游线和看点

古人说："门者，路之由也"。即大门是道路的开始，园林同样如此。梅园自西向东有三座大门，都面向梁溪路及锡宜公路，而梁溪路的前身是荣老板当年捐款建造的开原路。西大门是因锡宜公路拓宽在1980年重建的荣氏梅园大门；东大门在横山南麓，建于1988年；中大门建于2000年，2007年作优化升级，门前配套建设停车场、票房、游客中心、洗手间等，是梅园的主出入口。梅园是千亩大园，其中又有较小的精致院落，而大园有比较长的游览线，适合动观，小院可以给游人较多的观赏点，适合静观。所以游梅园要动观、静观相结合，不能来也匆匆，去也匆匆，走马观花的结果是花钱买疲劳，不值得。以我的经验而言，从中大门入园后，宜左拐，循路至东山梅园起点，由此梅园美景自西向东、折而向南布局，包括荣氏梅园、古梅奇石圃、梅品种国际登录园、横山、荷兰园和九曲花溪等五大片区。这五个片区既分别以文物园、园中园、品种园、山景园、生态园而各具千秋，又融会贯通，珠联璧合，组成广袤的梅园香雪海，花海中有数十个看点，不能忽略。下面依次作介绍：

1. 荣氏梅园的看点

荣氏梅园的起点东山，是座南低北高的小山，园景就顺着山脊渐次向上，一路展开，至"小罗浮"石刻，向东为浒山，眼界又放一层。浒山东北走向，往东至豁然洞，该洞的上口可达浒山顶。顺坡而下，山麓有开原寺。此为荣氏梅园的主导游线。

游线的开头是"梅园"石刻、紫藤棚和洗心泉三景。1916年荣德生称："梅园二字为余自书，洗心泉亦同"。梅园刻石的原石毁于"文化大革命"，现石是1980年根据老照片描摹重刻的。在紫藤棚的百年古藤中，有荣德生手植紫藤，十分珍贵。而洗心泉得名于荣德生所说"物洗则洁，心洗则清"。少年时的荣毅仁为此撰《洗心泉记》，内有"洗心者，用以洗心中无形之污耳"等句，寓反证己身，警策自勉之意。

由紫藤棚往前，湖石奇峰、天心台亭和大片梅林笑迎游人。湖石奇峰包括"米襄阳拜石"和福、禄、寿"三星石"。大家知道，北宋书法家以苏、黄、米、蔡最为著名。米，不是大米的米，而是米芾米襄阳，他爱石成癖，见奇石就要下拜磕头，人称"米颠"。这米襄阳拜石有两层意思：一说米芾在丹阳担任公务员时，衙署内有一奇石，石上有大小八十一孔；而梅园的这尊奇石恰巧也是九九八十一孔，如果在奇石下面点一炷香，袅袅青烟会从八十一孔中冉冉升起，这是荣德生亲自验证，不会有假，也就是说这石是米襄阳所拜之石。另一种说法是这尊酷如长者的奇石就是米襄阳的化身，他正在拜前面的福、禄、寿三星石。三石中以福石即"嘘云"最大，荣老板说"名嘘云，高可二丈"。更有趣的是透过福石中间的"口"字形洞窍，梅园标志建筑念劬塔宛然其中。某次，我向荣智健先生介绍荣氏梅园保护情况，智健先生告诉我，在他的平辈中，还真有智福、智禄、智寿。后来我查资料，智福、智禄是荣公长子的两位女儿，智寿是次子的女儿，在《乐农自订行年纪事》中有载：智福生于1930年，智禄、智寿同龄，生于1932年，可见荣公对三星石的钟爱。而且这些湖石奇峰的来头不小，是"金坛于敏中相国园中故物"。于敏中在清乾隆二年（1737年）中状元，历官大学士兼军机大臣，是所谓的"真宰相"，当年权势显赫，但晚年和逝世后，牵扯腐败案，乾隆下旨"于敏中着撤出贤良祠，以昭儆戒"。三星石之后，是以"梅花点点皆天心"诗句取名的天心台，台上有亭，台亭周围，小溪环绕，上架"野桥"，有"骑驴过小桥，独叹梅花瘦"诗意。而天心台周围，确实有大片梅林，而且品种丰富，花色美丽。梅林旁，西有怀念商界鼻祖陶朱公范蠡的"揖蠡亭"；东有莲花池畔的三间体荷轩，该轩始建于1916年，1961年因梅园向东扩建，将荷轩改筑为朝东开门的清芬轩，作为新老园结合部的景点建筑。

在这梅林深处，有一组聚散有致的建筑景观：

最前面的是香海轩，始建于1914年，中西合璧式样。当年立基建屋时，在东南角的岩石上发现有泉水渗出。疏浚时在古泉眼中挖得刻有"文光射斗"四字的端砚一方，因此命名该泉为"研泉"（古代砚、研通解）。端砚是中国四大名砚之一，十分珍贵。为什么在泉眼中会有如此名贵的砚台呢？原来梅园的园基是清乾隆二年进士徐殿一（又名徐时璸，梅园附近徐巷人）小桃园别墅的故址，所以这方端砚很可能是当年徐进士的遗物。香海轩早年也称"梅香室"，因室中悬挂"香海"匾而改称今名，说起来里面还有一段故事。荣德生在建造该屋之初，曾托人以50两银子觅得康有为手书的"香雪海"三字。1919年康有为应荣德生之邀造访梅园，发现这三字竟是他人假冒的伪作。于是重书"香海"二字赠给荣德生，字下有跋，并赋诗一首，说明原委。荣德生将"香海"制成匾额，悬挂在轩内。该匾在抗战时下落不明。1979年园林部门请康有为的女弟子萧娴重书"香海"二字，制匾后悬挂在轩前檐下。1991年，顾文璧先生告诉著者，他在南京博物院见到过康有为"香海"手迹。于是著者与他人即去南博商得手迹的高清晰度照片，请扬州漆器厂师傅用金丝楠木重制康有为亲书"香海"匾，悬挂在轩内。至今两匾并存，传为佳话。

香海轩前面的广场上，巨枫红醉，丛桂飘香。于1986年6月21日立荣德生铜像，其后石壁镶嵌荣家姻亲、全国政协原副主席、澳门总商会会长马万祺所著《风入松·江苏无锡风景美》词碑。铜像之侧，为清末进士、常州名士钱振锽1931年撰书，1986年其哲嗣钱小山重书的《梅园记》碑刻。其旁大树下，有著者撰稿的《百年梅园铭》刻石。在香海轩东山墙廊间，还有刘海粟大师所绘《梅花图》碑刻一方。总之，香海轩虽小，其文化内涵却十分丰富。

香海轩以连廊与诵豳堂相接，廊中悬挂"一生低首拜梅花"横匾，说出了荣德生的心声。诵豳堂，一名楠木厅，系1915年荣德生购自本地胡埭镇西溪大厅上秦广生家的古建筑，当年迁建上梁，翌年建成并向两侧接出东西厢房。堂名为荣德生取《诗经·豳风》吟诵农民种庄稼艰辛劳作之意而自题。堂内的布置陈列，堪称高大上，一色的红木家具和大理石挂屏，匾额楹联琳琅满目，含义深刻。例如，楹联"发上等愿，结中等缘，享下等福；择高处立，就平地生，向宽处行"，就是荣德生为人处事的生动写照。楹联"使有粟帛盈天下，常与湖山作主人"所说是荣德生的事业和成就。楹联"为天下布芳馨种梅花万树，与众人同游乐开园围空山"讲的是梅园的造园宗旨和荣德生与众人同乐的宽阔胸襟。集明代苏州才子祝枝山佳句联"四面有山皆入画，一年无日不看花"描绘了梅园的生态环境之美。而前清两广总督岑春煊题书的"湖山第一"匾额，点化了梅园造园艺术崇尚自然的意境之美。

诵豳堂之西，为留月村，是当年荣德生所购山东《快雪堂》残碑的贮碑之所，1927年初又在此设"读书处"，并自1918年开始至1936年每年都要在此举办菊花展览。堂之东，是以荣德生的大号命名的乐农别墅。少年荣毅仁在梅园读书时曾居于此；1947年荣氏创办江南大学后，这里成为教授宿舍和科学图书出版社的办公室；现辟作梅园史料展馆的《荣德生先生史料陈列》场所。乐农别墅前有圆形石台3张，是当年荣氏企业的发祥物——茂新面粉厂早年使用的法制石磨的磨盘。诵豳堂之后，有招鹤亭和"小罗浮"刻石，它们是触发游人展开想象翅膀的景观景物。其中招鹤亭好在亭名呼应了宋代的两座放鹤亭。一是北宋徐州隐士张天骥在云龙山的东山所建的放鹤亭，当时担任徐州太守的苏东坡还写了篇十分有名的散文《放鹤亭记》；另一是南宋以"梅妻鹤子"著称的隐士林和靖在杭州孤山又建了一座放鹤亭。这一放一招，你放我招，打破了时空的界限，让人浮想联翩。而"小罗浮"刻石则令人想起广东增城罗浮山的万千梅树，以小喻大，开阔了梅园的视野。

东山的构园活动基本结束后，荣家在1922年开始经营浒山风景。在浒山的园林建筑中，位于最高处又是整个梅园舍我其谁的点睛之笔，是1930年荣氏兄弟为母亲石太夫人八十冥庆（无锡人称作"做阴寿"）建造的念劬塔，塔名取自《诗经》"哀

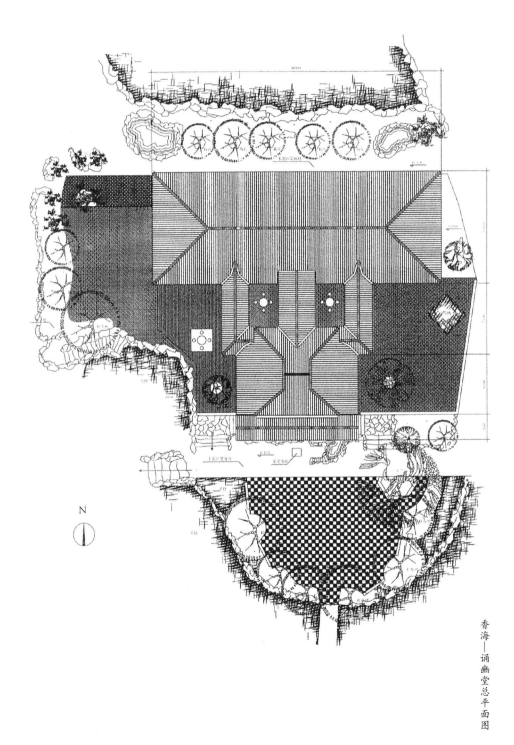

N

香海—诵豳堂总平面图

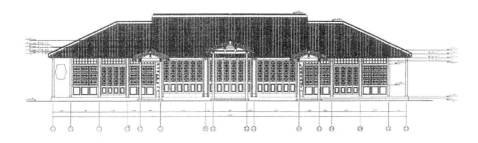

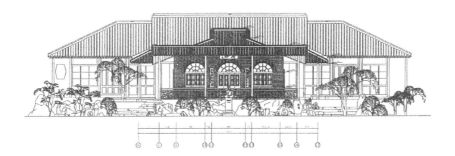

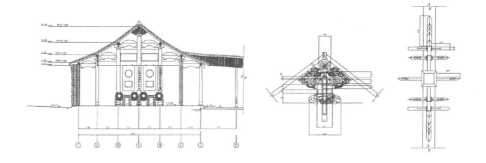

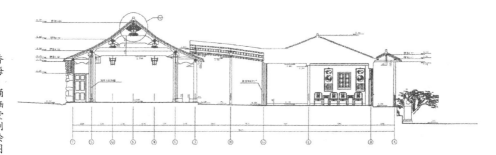

香海—诵幽堂测绘图

哀父母，生我劬劳""棘心夭夭，母氏劬劳"等句，表示不忘父母辛勤劳苦的养育之恩。所以念劬塔首先是荣氏兄弟恪守孝道、弘扬传统人伦美德的象征。如着眼整体环境，念劬塔为梅园勾勒出最美的天际轮廓线，"指挥云树规全局，研炼香海入壮图"，集点景、引景、观景于一身。登塔凭栏，远瞩湖山，历历在目的是一幅壮丽的天然图画。塔旁有龟池，池畔有半亭，亭内镶嵌落款"回山人"的"以善济世"古碑。该碑移自明代著名谏臣顾可久墓，因此有人认为回山人就是顾可久的学生清官海瑞，但因查不到依据，包括去海南的海瑞家乡查找资料，都找不到肯定答案，这里只能存疑了。

念劬塔之下，东为1923年竣工的"宗敬别墅"和1926年建造的"秋丹阁"，西有1926年建造的"太湖饭店"旧址。宗敬别墅落成于荣德生之兄宗敬先生50周岁时，系当时设备一流的高级招待所。1985年整修时，发现其下有长30米的暗道，应是当年的安全防范设施。2006年12月3日，于别墅前立荣宗敬铜像，现辟作荣宗敬生平史料展厅。秋丹阁是船形建筑，俗称"岸船"，因建造当年园内牡丹春花秋放，因而得名。太湖饭店旧址是两层楼房，是当年荣德生与新世界旅馆老板张德卿合资经营的，有客房20多间，设备仿照上海新惠中旅馆特等房，还有会议室和休闲娱乐设施等。民国时期接待过多位政要名流，1947—1952年为江南大学教授宿舍，后为申新三厂职工休养所，1955年移交园林部门，现为梅园管理处办公室。

浒山东坡，于1929年建造梅园"读书处"新校舍，名"经畬堂"，堂名的含义是勉励学生，要像农民那样辛勤耕耘，认真学习，熟读经书，懂得社会和人生的大道理。当年，荣毅仁在此完成中学学业，后考取上海圣约翰大学。他的读书处同学，也有不少考上大学，还有出国留学的，为荣氏企业培养了不少人才。经畬堂现辟作梅园史料展馆的"读书处"史料陈列展厅。2007年秋，于经畬堂前，立荣毅仁铜像。经畬堂之旁有1926年秋至翌年开凿的"豁然洞"，洞景天然，于洞中拾级而上可达浒山顶。当年将山顶填平，辟作网球场和高尔夫球场，并建"敦厚堂"作为休憩处，兼作读书处学生的"演武厅"。2011年荣智健先生出资200万元修复敦厚堂。从浒山顶拾级而下，东麓为开原寺。

1933年，荣德生舍地20亩并捐10万大洋，请鼋头渚"广福寺"方丈量如和尚募建开原寺，寺址在浒山东麓，朝南，因地处开原乡，名"开原寺"。1947年，荣德生又助量如和尚在寺内创办无锡汉藏佛学院，信徒云集，香火旺盛。这是荣德生在1929年提出开发太湖风景要学习杭州西湖建灵隐寺做法的具体实践。可惜1958年开原寺的宗教活动中止，部分殿堂改作"全国大寨式典型展览江苏省展馆"用房。1983

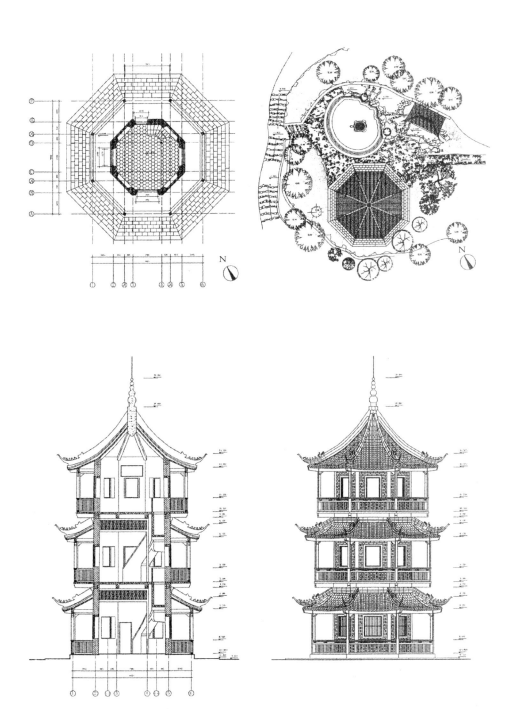

念劬塔测绘图

年江苏省人民政府批准恢复开原寺，经精心修复并经1985年、1989年两次重建或扩建，开原寺恢复庄严净土，殿宇深邃面貌。自南向北主要建筑有：天王殿、观音殿、地藏殿、平丰钟楼、鼓楼、毗卢宝殿、大雄宝殿、藏经楼、玉佛楼和楼下法雨堂、放生池、客堂等。1990年，迁建城中清大学士嵇璜故居之御赐楠木厅于开原寺，为念佛堂，一名尊贤堂。2008年又在鼋头渚风景区的管社山建开原寺的下院"镇湖精舍"。开原寺恢复宗教活动后，荣家再续佛缘：1990年荣智健先生为纪念祖父荣德生和祖母程慧云，向开原寺捐赠清乾隆版《大藏经》一部，计724函7240册；又乐捐净资，独资承担藏经楼修复费用。开原寺在中外佛学交流上也做了大量工作，受赠：泰国第18世僧王捐赠的铜铸弥勒佛1尊，美国纽约佛学会会长寿冶法师募赠的在缅甸定制的侧卧玉佛1尊，日本明石市友好人士设计赠送的"平丰"亭式钟楼及其内悬挂的铸铜梵钟等。开原寺已成为三宝俱足、利乐众生的江南名刹。

2. 古梅奇石圃

位于浒山南麓，紧贴荣氏梅园，占地1.1公顷，是梅园的"园中园"。造园布局顺遂自然山势，巧借梅园念劬塔，以梅韵石清突出其饶有画意的风骨之美，又通过有关梅花的诗、画、碑刻和陈列品，渲染梅文化氛围，触发游人兴会。园门在园子的东南角，正对梅园主环道，旁为"远香馆"茶座。步入梅花形门洞，迎面为朱有玠手书的"古梅奇石"景名刻石。前行为古梅圃主建筑——梅博馆，展示中国三千年梅文化的源远流长。梅博馆外接临水平台，以"争春"半亭丰富立面，提示游人驻足览景。梅博馆南北轴线的北端，地形逐步升高，上建岁寒草堂，仰视，则念劬塔宛然在目。循路行，是以上池"红梅泾"、下池"浮玉漪"为构图中心的滨水区。水池边原有巨朴古柳，又新栽梅花，倒映清池，有"疏影横斜水清浅""一枝分作两枝妍"情趣。两池间有汀步，又建跨水廊桥，在两头分别连接吐艳四照轩和冰清玉洁亭。再上，为处于古梅圃西北角地势最高处的冷香坡，内有方形双亭，名冷艳亭。至此，古梅奇石圃的边门就像镜框，裁剪荣氏梅园一角，引人又入佳境。

3. 梅品种国际登录园

位于开原寺之后的浒山北坡和横山西坡交会处。该登录园旨在传承梅园文脉、弘扬生态造园艺术的基础上，加强梅花学术研究而助推梅园走向世界。对著名植物品种进行国际登录，是近年来国际植物学界兴起的一项重大基础性研究课题，是发展中外园林事业的一项重大举措。而某项国际登录权的获得，又是该国园艺界在这一领域国际地位的标志，有助于拥有该观赏植物更多的自主产权，推进其产业化进程。打个比方，其重要性有如服装和奢侈品的国际名牌，所以登录不登录，其价值地位就不能同日而语。目前我国获得国际登录权的观赏植物仅梅花、桂花两种。其中梅花品种的国际登录权，系 1998 年由中国工程院院士、北京林业大学教授陈俊愉先生获得。也正是陈俊愉先生的慧眼识拔和鼎力举荐，使无锡梅园获得建设"梅品种国际登录园"的资格。在登录园建设过程中，因地制宜利用原有多个小池山塘，经疏浚沟通，造就系统水景，并巧妙穿插园路游线，形成 3 个功能小区：一是梅品种展示区，占地 1.5 公顷，种植 11 个梅品种群 381 个国际登录品种；二是梅艺圃，展示梅桩的色、香、形、韵；三是七彩花田区，占地 0.7 公顷，体现梅花"待到山花烂漫时，她在丛中笑"的博大胸襟。登录园内主要景观建筑有花架廊、文化中心、空中廊桥、暖薰榭、梅艺苑、添花径、梅缘堂、舒啸轩等。拾级而上，与浒山之巅的乐农台、敦厚堂相接。

4. 横山风景

无锡的山大多东西走向，而海拔 86 米的横山偏偏南北走向，这是它得名的由来。山顶有 5 座春秋时期的石室土墩，一说是"烽火墩"，一说是墓葬，至今无定论，堪称千古之谜。经 1988 ~ 1993 年陆续开发，横山风景崭露头角，尤其适合慢游休闲的游人。从梅园东大门即横山门拾级上行，前有石坊，坊额"问梅·伴松"，分别由陈俊愉院士、吴中伦院士题书。坊柱镌刻无锡作家沙陆墟先生撰书的楹联"一塔崔嵬，万树琼辉香雪海；三峰翠黛，五湖水映碧云天"，描绘了涵盖东山、浒山、横山的梅

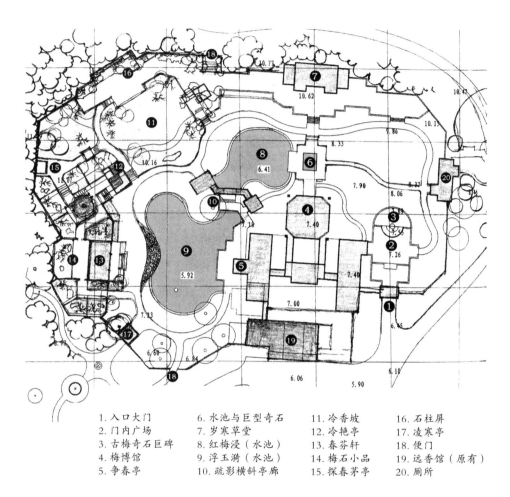

李正先生绘古梅奇石圃总平面图

1. 入口大门	6. 水池与巨型奇石	11. 冷香坡	16. 石柱屏
2. 门内广场	7. 岁寒草堂	12. 冷艳亭	17. 凌寒亭
3. 古梅奇石巨碑	8. 红梅浸（水池）	13. 春芬轩	18. 便门
4. 梅博馆	9. 浮玉游（水池）	14. 梅石小品	19. 远香馆（原有）
5. 争春亭	10. 疏影横斜亭廊	15. 探春茅亭	20. 厕所

园及开原寺胜概。沿游道上行西拐，山坡上有中日梅文化观赏园，小金谷、畹芬堂等景点，如继续爬山，可达横山之巅的吟风阁。

中日梅文化观赏园始建于 1993 年，占地 18 公顷，由无锡市园林部门出资百万余元、日本梅研究会会长松本纮齐出资折合人民币 30 万元合作建造。其首景是松本捐建、日本建筑师中塚胜将设计的日式风格纮齐苑。苑之上为植梅区。从丛梅花之上，建梅影壁，铺地亦用梅花图案。影壁上的碑刻，选用毛泽东亲书，郭沫若手书并录陆游的梅花诗词三阕；又精选宋元明清名家梅花诗画 16 幅，以其鲜明的艺术形象把梅花的风姿神韵刻画得淋漓尽致。在园的最高一级平台上，有南宋梅花诗人林和靖花岗石雕像，于此俯视全园梅林香雪，别有一番情趣。

由国学大师冯其庸题写园名的"小金谷"，即牡丹园，它取名于晋代富豪石崇以广植牡丹而著称的金谷园。小金谷内有牡丹亭、小石潭、玉女廊、怡香楼、百福榭等景观。园中的花木种植，按传统式样以玉兰、海棠、牡丹（富）、桂花合成"玉堂富贵"，寓意繁荣吉祥。初夏时节，"花王"牡丹和"花相"芍药竞相开放，黄白红紫，灿若云霞，十分诱人。

小金谷的对面，隔路有荣张畹芬建于1913年的畹芬堂。她曾创办荣氏女校并担任校长。堂之周围，种樱植桂，各具春秋景色，环境清幽，是养性之所。又辟"荣氏植物园"，俗名"桃园"。园中有桃千株，有竹百本，潇闲错落，风姿嫣然。南有小舍，面湖而筑，颜其额曰："桃花源里人家"。这小舍就是畹芬堂。今堂尚存、园已杳，开原寺悠悠钟声随风而至，令人作思古之想。

吟风阁在横山之巅，重檐两层，金顶红瓦，造型简洁明快。此阁枕横山，临太湖，登阁高歌，足以抒怀，故名"吟风阁"。吟风阁前左有知春亭，右下为寒香花榭，高低错落，为横山增色。吟风阁不仅和梅园原有建筑脉络相承，还和鼋头渚的鹿顶山舒天阁、惠山二茅峰的电视塔，彼此呼应，遥相传情。

5. 荷兰苑和九曲花溪

从横山回到开原寺前方的浒山南麓，为喷泉广场、生态游乐场和高架玻璃温室。这些景观设施与占地2.3公顷的荷兰园紧紧相邻。园中的山溪、水池边，有大片疏林草坪，到了暮春初夏季节，郁金香、风信子等球根、宿根花卉，盛开在花径、花带、

李正先生设计的吟风阁图稿

花坛之中，又有大风车、大木鞋、木吊桥、咖啡屋、乡村小教堂等点缀其间，自成田园牧歌式的异国情调，又能与梅园景色相协调。

荷兰园之西，为仿生态的九曲花溪。这里巨石壁立，小溪流淌，岩石间有幅幅花石小品，令人陶醉。溪之西头，飞檐翘角的松鹤亭，使宁静的梅园香海产生了动势。回首而望，花溪就像一幅水墨云壑图，平添了几分生动韵致。松鹤亭对面，又有以梅花为母题而建造的"锡明亭"。20 世纪 80 年代初，中国无锡市和日本国明石市结为友好城市，两市均以梅花为市花，所以在两地各建以梅造型的锡明亭和明锡亭以资纪念。游人走出花溪西端隘口，又见梅园中大门之内的梅园碑廊，加深了游人游园印象，游过一次，不能尽兴，期待着下次再来。

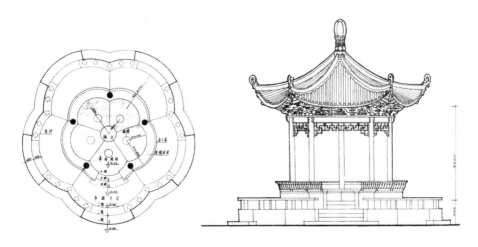

李正先生之锡明亭（明锡亭）平面、立面设计图

第八章 鼋头渚风景区

    无锡西南多佳山水，以太湖鼋头渚为杰出代表，这是老天爷的恩赐，大家通常形容为"得天独厚"。如从人文角度看，中国科学院院士齐康说："园林是人与自然对话的场所，也是古往今来人们心目中不断追求的精神家园。"鼋头渚作为继城中"公花园"、西郊"荣氏梅园"之后，无锡人所构建的已有百年历史的近代园林，它与前两者相比，各有不同的空间范围和结构，独特的历史人文内涵和艺术特色。但又有一个共同点，就是不约而同地把环境放在第一位。诚如两院院士、原国家建设部副部长周干峙所说："无锡园林有一个重要特色，就是与大自然的融合，有一个'大园林观'的传统……形成'小园林，大环境；小天地，大自然'的浑然一体。"这段话也可以理解为是对中国传统文化"天人合一"理念的一种积极探索和有益实践。在这方面，鼋头渚可以说几乎做到了极致，具有这种"大园林观"的典型性，所谓天然去雕琢，清水出芙蓉。

    对以上所说，大家可能觉得比较抽象。下面就改用形象化的语言作简略描述：

    天然的鼋头渚，是南犊山（又名充山）伸入太湖的一个面积不算大的山渚余脉，因状如鼋头而得名。而作为冠名"鼋头渚"的风景区，则是以天然鼋头渚为核心，包括其所背负的独擅一种平岗浅林、山外有山韵味的延绵山峦。这些山峦所引领的浩渺太湖，又以岛屿纵横、湖中有湖而具海的雄伟、湖的秀丽。这种重湖叠巘、廓然胜境的万千气象，既是画家的范本，又是造园家据以营构人工山水的蓝图。更何况建造在这天然图画中，又能做到源于自然、尊重造化的鼋头渚风景区，当然就美得尽在不言中了。该风景区的现范围，东起犊山大坝、十里芳堤、鼋渚路、山水东路沿线，西到湖中三山岛（又名乌龟山、箬帽山）西缘，北自管社山（又名北犊山）北麓及环湖路，南至宝界山（又名朱山、琴山）南麓一带，中有独山（又名中犊山、中独山）、充山（又名南犊山）和鹿顶山。如在空中俯视该风景区，其东西向分别为蠡湖（又名五里湖、漆湖）和太湖（无锡所辖的湖域又名梅梁湖），而蠡湖则是太湖的内湖。两湖的水流，

清末廖纶手书的摩崖石刻『横云』和『包孕吴越』点明鼋头渚风景之具有太湖美的典型性

则以充山与独山之间的"独山门"，独山与管社山之间的"浦岭门"这两个水门相通。该范围总面积约 13.5 平方公里，内有陆地约 4.1 平方公里，三分陆地七分水，总体呈现山外有山，湖中有湖，山环水抱，山水萦绕的生动局面。恰如明代江南才子文徵明《太湖》诗所咏：既有三万六千顷浩渺烟波和七十二峰逶迤山峦所组成的洵美空间，又有 2500 多年前范蠡西施故事所生出的多少感慨和遐思。

而从时间看，鼋头渚景区历史人文的积累、沉淀和发酵，同样十分精彩。早在2500 多年前的春秋末期，越国大夫范蠡助越灭吴后，功成身退，化名渔父、鸱夷子皮等，与美女西施一起，相传曾隐于无锡梁溪河畔的仙蠡墩，仙指美若仙女的西施，蠡就是范蠡，他俩曾泛舟五里湖，这也是把五里湖又叫作蠡湖的由来。到了西汉末，汉成帝的表兄弟王莽以外戚掌握政权，公元 8 年篡位称帝，改国号为新。在此期间，他拉拢辅佐丞相的检察官（丞相司直）无锡人虞俊，威吓利诱，许以司徒高位，但虞俊不从，仰天高呼："吾汉人也，愿为汉鬼！"饮毒药身亡，归葬家乡宝界山。东汉光武帝刘秀立，赐朱幡覆盖虞俊墓，以表彰他忠贞不屈的高尚风骨操守，"朱衣宝界"成为此处最早的名胜古迹。到了南宋初，五代时吴越国王钱镠的迁锡后裔、退休知州钱绅在宝界山东麓建墅园作为归隐之所，园内疏泉为池，因水质与惠山"天下第二泉"相同，取名通惠泉，上覆通惠亭，影响所及，遐迩闻名。

这里需要指出的是，古代的无锡，北有战国时叫作无锡湖后来改名并沿用至今的芙蓉湖，南有古称五湖、具区、震泽的太湖。当时，芙蓉湖距离惠山、锡山不足 1 公里，又与半绕无锡城西的梁溪相通，它们共同组成了无锡山水名城的第一个层次。毋庸讳言，那时候无锡人对芙蓉湖的关注度要超过离城较远的太湖。但到了明代时，无锡经济社会得到较快发展，而经济发达、文化繁荣必然带来人们视野的进一步拓展，所以在明永乐十三年（1415 年），无锡县学教谕（处级县教育局长兼官学校长）李湛把"太湖春涨"列为梁溪八景即无锡八景之一。嗣后，天顺八年（1464 年）进士陈宾在上述钱绅的通惠亭墅园旧址植梅数百，号"梅坡"。嘉靖、隆庆间，父子进士王问（号仲山）、王鉴就梅坡故址筑宝界山居（又名湖山草堂）为隐所，足不履城市，在此以书画自娱达 30 年之久。王问常至鼋头渚赏景，并作摩崖石刻：劈下泰华、天开峭壁、源头一勺。这三处石刻以及王问在宝界山居创作的《湖山歌》碑，现在都完好地保存在鼋头渚山水之间。与王问同时代的进士华云还为鼋头渚写了一首诗，称赞这里的风景"瑶台倒映参差树，玉镜平开远近山"，就像仙境一样美丽。到了万历二年（1574年），无锡人孙继皋状元及第，他是无锡所出的第二位状元公。晚年他跑到太湖边，为自己寻找身后的墓地。他慕名到了鼋头渚，一看这里竟然是一幅"渚势欲吞吴，吴流归旧湖。天浮一鼋出，山挟万龙趋"的壮丽画面。心想自己仅是位副部级的刑部侍郎，不能享用这样显赫的"宝地"，所以后来他把自己的寿穴选择在同为太湖边又与自己身份相符的大浮白旄山麓。自万历二十三年至天启元年（1595—1621年），明东林党领袖高攀龙长期居住在五里湖畔的"水居"中，他效仿古人"沧浪之水浊兮，可以濯吾足"而去鼋头渚湖边濯足，以表达他对时局的看法并表明自己的胸臆心迹，遗迹今存。

鼋头渚作为老地名，最早记载见明万历二年（1574年）刻印的《无锡县志·卷一·山川》："鼋头嘴在充山下，苍鹰嘴在鼋头嘴西南。""渚"怎么变成"嘴"了呢？古代的无锡人，常把山体伸入太湖的山脚石脉，比喻为鸟的长嘴巴，叫作山嘴。那又为什么要把山与鸟联系起来呢？原来远古的时候，无锡为东夷之一脉，而凤鸟则是东夷重要的图腾符号。所以鼋头嘴这种叫法，可能保存着更为久远的历史记忆。用普通话读，嘴与渚的读音区别是很大的，但在无锡方言中，"嘴"字与水中小块陆地的"渚"居然同一读音，后来就管叫"鼋头嘴"为"鼋头渚"。明末清初，无锡人王永积编著的《锡山景物略·卷五》解释："……更有一巨石，直瞰湖中，如鼋头然，因呼为鼋头渚。"鼋是一种生活在淡水中的爬行动物，古人认为它是龙的唾沫所化，所以鼋和龟一样，同被看作为吉祥的灵物。据记载，太湖水体中，原来确实有鼋的踪影。

清初，在鼋头渚所在的充山对面，义士杨紫渊在管社山建隐所管社山庄。一名杨园，率妻携子居于此。乾隆年间，"管社山土神庙有楼，全揽具区之胜……颜曰小岳阳楼"。两者可看作是距离鼋头渚最近的早期园林风景开发。光绪十七年（1891年）农历正月初八，先后任无锡、金匮知县的廖纶与友人乘小轮船游览鼋头渚，即兴在临湖石壁上，摩崖题书"横云"和"包孕吴越"六字。横云，比喻这里景色像天上变幻无穷的云，雄秀相济，气象万千；而包孕吴越，则定格了太湖哺育江浙两省儿女的博大胸怀和数千年来的人文情怀。与此同时，鼋头渚一带开始出现"白相船"，白相船，其实就是无锡近代旅游度假业的滥觞。所有这些，都为鼋头渚及其周围兴建近代风景园林，做了很好的铺垫。其"领头羊"就是横云山庄园主杨翰西。

杨翰西（1877—1960年），字寿楣，号静斋、澄园。前清举人，曾有在北、上、广、津等地读书做官及赴日考察经历，但其主要事业是在家乡无锡兴办工商实业兼及社会事业。其父杨宗濂、三叔杨宗翰曾为晚清重臣李鸿章幕僚，是近代无锡民族工商业的拓荒者，《清史稿》载有兄弟俩事迹。杨翰西先是于1915年早些时候，在管社山东南麓"杨园"旧址，修复族祖杨紫渊墓并建紫渊祠。复于该年冬季至翌年 3 月，在管社山西南麓湖神庙的左庑废址，捐建万顷堂。此为鼋头渚造园的前奏。1916 年冬，杨翰西筹购南犊山"鼋头渚"一带山地 60 亩为建山庄墅园的起点；翌年付款并先在园址内栽培水蜜桃等果树，名"杨氏竢实植果试验场"；1918 年开始兴建"横云山庄"建筑，至 1936 年全部建成，耗资 20 余万元。其间，在今鼋头渚风景区范围内，由杨翰西捐地、量如和尚主持募建的广福寺，王心如、王昆仑父子构筑的太湖别墅，陈仲贤构筑的若圃（陈家花园）、郑明山构筑的郑园，在中独山由陈子宽构筑的子宽别墅、荣鄂生构筑的小蓬莱山馆，位于宝界山东北麓由上海交大、无锡国学专修馆校友为两校老校长唐文治建造的茹经堂，位于管社山东麓由杨味云构筑的其父杨用舟祠（杨家祠堂）先后建成，形成一组倚山面湖，错落有致，以墅园、寺园、祠园为核心的近代园林群。至此，无锡太湖风景名胜区拉开了大幕。

在 20 世纪二三十年代，去过鼋头渚一带的民国政要、社会贤达、文化名人不在少数。举几个例子：1924 年 3 月，当时还是文学青年的郭沫若自上海抵无锡游览，傍晚时分到鼋头渚，这里典型的太湖风光使他联想到了海，但尝尝水的滋味"是淡的"，由此他断定春秋末期的范蠡和西施在这里"只有你们的笑纹……却没有你们的泪滴呢"。1926 年 10 月 9 日《新无锡》刊登前清南通状元张謇生前赠送给鼋头渚广福寺和陶朱阁的对联，两联既有对鼋渚风光的高度赞美，又有抚今追昔的无限感慨。1928 年 1 月，胡适偕夫人和两位公子游览鼋头渚后，痛赞这里所见太湖风光的阔大壮丽，表示"必买舟重游，领略湖光山色"。末代状元刘春霖是继明代无锡状元孙继皋、南通状元张謇之后的第三位与鼋头渚直接有关的状元公，他书题的"鼋渚春涛"刻石，至今让人津津乐道，还成为《太湖》邮票题材。1934 年 10 月，人民音乐家聂耳随上海联华影片公司来无锡环湖路工地拍摄电影《大路》外景，住宿在陈家花园的一幢小楼上，在这里创作了该片插曲《大路歌》和《开路先锋》。1935 年田汉在鼋头渚作《游太湖》七律一首，该诗最后两句"忽忆故人椰叶下，盈盈红泪湿罗襦"。诗中的"故人"就是该年 7 月 17 日在日本海滨游泳时溺水身亡的挚友聂耳。田汉、聂耳分别是《义勇军进行曲》的词、曲作者，新中国成立后《义勇军进行曲》先后定为代国歌、国歌，田汉和聂耳都在鼋头渚留下了红色记忆。抗战时，横云山庄的园主杨翰西失节附逆，任汪伪高官，所以在 1945 年抗战胜利后，山庄改名"横云公园"。1948 年 5 月 17 日，蒋介石、宋美龄夫妇第三次游览鼋头渚时，蒋先生对随行人员说："太湖风景极佳，惜花木尚少，湖滨至惠山一带，至少再培植树木五十万株。"

（上）自左至右为20世纪10年代杨紫渊祠、墓及万顷堂老照片
（下左）杨翰西的亲笔信证实在鼋头渚建园始于民国5年（1916年）
（下右）中华人民共和国成立前，杨氏乘自备汽艇前往鼋头渚考察

　　新中国成立后，在20世纪50年代的"绿化祖国"热潮中，鼋头渚所在的充山和相邻的鹿顶山、宝界山、中独山、管社山、太湖三山岛，以及滨湖至锡山、惠山等广袤的低山丘陵地带，相继披上绿色的盛装。1954年，横云公园更名鼋头渚公园。1958年，又将王氏父子在新中国成立之初赠献政府的太湖别墅内七十二峰山馆、万方楼、万浪桥等7处建筑划归公园，为此后该公园拓展为风景区奠定了核心景观的基础。1959年5月底，再度来锡的大文豪郭沫若写下了瑰丽的诗句"太湖佳绝处，毕竟在鼋头"。不到鼋头渚，不知太湖美，逐渐成为海内外众多游人的共识。1982年国务院公布太湖为国家重点风景名胜区，内有景区13个，鼋头渚是梅梁湖景区的主要景点之一。以此为契机，原由无锡市郊区大浮公社管辖的鼋头渚大队划归园林，拉开了鼋头渚大发展的序幕。在此后的30多年间，1993年春"鼋头渚公园"更名为"太湖鼋头渚风景区"；2012年秋，该风景区升格为国家AAAAA级旅游景区；2014年仲秋，由央视新闻发起投票选出的中国十大"最美赏月地"榜单中，无锡鼋头渚风景区以最高得票数位列榜首。"清明赏樱、中秋赏月、四季赏山水"已成为今日鼋渚之旅的新常态。

　　那么，被评价为"太湖佳绝处"的大美鼋头渚，究竟美在哪里呢？下面从造园艺术角度作剖析。

　　中国园林是以山水、植物、建筑为"三要素"并按一定法则融洽合成的综合艺术品。其中有历史文化，又有时间和空间造就的诗情画意。鼋头渚也不例外。先说山水和植物。中国首部园林专著，是明松江人计成所写《园冶》一书，在书中他把"相地"也就是园址选择放在重要位置，他列举6种园址环境的利弊得失，认为"园地惟山林最胜，有高有凹，有曲有深，有竣而悬，有平而坦，自成天然之趣，不烦人事之功"。又认为在江湖地可以"略成小筑，足征大观"。所谓小筑，是小而精当的建筑；大观，这里指壮丽的景色，而建在真山真水间的鼋头渚风景园林，兼得了山林地和江湖地的地利，又能因地制宜、扬长避短地随形布局，依势设景，借湖山之胜，引为园景，装点此湖山，今日更好看。所以在鼋头渚所见太湖流域具有典型性的吴中平远山水，亲切宜人，无与伦比。在植物方面，应该说在造园之初，园主们已对原有乡土植物加强了保护和抚育，如杨翰西在对园址内的原生态植被"则山松野栎悉仍其旧，非特不轻芟伐，且手自修剪而培壅之，意盖存其天然之趣，且其本性所宜，蕃衍必易……不数年，

未作风景园林开发前的
鼋头渚老照片

鼋头渚今貌（李鸿远摄）

蠹之童而秃者，果皆发育高逾寻丈。"而且杨翰西又注重对配植花木的树种、品种选择和种植时的构图之美。但终因原有绿化基础太差，所以才有蒋介石先生"惜花木尚少"的感叹。新中国成立后，经过园林部门不懈努力，鼋头渚的山林景观发生了根本性变化，绿水青山就是金山银山成为现实，山水林湖景，结成了鼋头渚的生命共同体，更有樱花、兰花、花菖蒲、荷花、桂花等"五朵金花"编织起鼋头渚的花海人潮。

再说建筑，建筑关乎风景园林的诗情画意和游人的优游动静，历来为造园家所重视。鼋头渚在这方面的高明之处，在于强调了建筑与山水的和谐共生，建筑之美和自然山水之美交响成曲。在布局上则做到虚实相生，疏密有致，因地制宜，以少胜多。在体量的掌控上，让山崖水畔的轩阁亭榭，既着眼于游人的休憩赏景之需，又甘为标志建筑的辅佐陪衬；即使身为点睛之笔的标志建筑，不是与天然湖山争宠，而恰恰是为了突出湖山之美，为其提神生色，同时又为游人提供了欣赏湖山之美的最佳角度。正是这种尊重游人的"天人合一"理念，为鼋头渚勾勒出典雅丰腴的天际线。这对于乘船游览的游人而言，又不啻欣赏到了一幅妙不可言的青绿山水画卷。

大美鼋头渚，美在三分山色和七分水光的山水相映，美在三分人意和七分天然的无为和有为的辩证统一，美在自然之中，又美在游人的心目中。

自1916年冬杨翰西筹购鼋头渚一带山地准备构筑横云山庄算起，至2016年太湖鼋头渚风景区举办百年园庆为止。其间，先是在20世纪二三十年代，以杨氏横云山庄、广福寺、王氏太湖别墅为代表，在太湖、西蠡湖的滨水丘陵地带，先后崛起的大小山庄墅园及别墅建筑等共有10多处。新中国成立后，经过坚持不懈的植树造林和抚育保护，该沿湖丘陵山区的绿化面貌发生了根本改观。但除以横云山庄（抗战胜利后更名横云公园）和太湖别墅主体景观建筑缀联为鼋头渚公园并包括广福寺在内之外；太湖别墅部分建筑和何辑伍别墅及郑园大部，子宽别墅和小蓬莱山馆所在的中独山，分别改建为两家休疗养院。陈家花园先后改为农场、林果场、苗圃；万顷堂、杨家祠堂所在的管社山建起了梅园水厂，实行封闭管理；茹经堂等也别作他用。以1982年国务院公布"太湖"为首批44个国家级风景名胜区之一为契机，原大浮公社鼋头渚大队隶属园林部门管辖，大大拓宽了鼋头渚公园的发展空间。在20世纪八九十年代，这一带掀起了新一轮的造园高潮，1993年鼋头渚公园拓展为太湖鼋头渚风景区。2002—2008年，无锡市下大力气对蠡湖作综合整治，极大改善了包括鼋头渚在内的整体生态环境，又促使若干近代所兴建的园林建筑或风景名胜重新回到园林怀抱。放眼今日太湖鼋头渚风景区，已成为一轴以时间为经、以空间为纬，涵盖十里芳径、充山隐秀、鹿顶迎晖、樱谷慕贤、江南兰苑、鼋渚春涛、万浪卷雪、太湖仙岛、中犊晨雾、管社山庄等十大片区、共计 108 个景点的水抱山环、山长水阔的洵美画卷。下面以游览线为导向，将这些美景一一向大家道来。

一、十里芳径

该片区位于风景区的东北缘，始自宝界双虹桥与山水东路的接点，由此北行，穿过风景区门楼、充山大门，在犊山大门（风景区边门）附近折向西南，止于"鼋头渚·山辉川媚"牌楼。其前身是 20 世纪 30 年代所筑的环湖路（局部），后更名为锡鼋路、鼋渚路，因其线路较长且沿途景点众多，景色优美，而命名为"十里芳径"，实为连接风景区内其他片区的游览主干道。这些联结节点有：自"翠芸轩"左拐，经湖山路可达充山隐秀和万浪卷雪两片区；在"景行亭"经上山蹬道或在"曹湾"经上山车道可达鹿顶迎晖片区。出"犊山大门"经犊山大坝可达管社山庄片区，在鹿顶山余脉"小山头"西北麓，经"二泉桥"可达中犊晨雾片区；在"鼋头渚·山辉川媚"牌楼的东南方为樱谷慕贤和江南兰苑两片区（从该两片区经"挹秀桥"洞可达充山隐秀）；而进入"鼋头渚·山辉川媚"牌楼，经齐眉路可达万浪卷雪片区；在"横云饭店"附近的游船码头，可乘轮渡或快艇去太湖仙岛（三山岛）片区；如进"太湖佳绝处"门楼，为鼋渚春涛片区即原横云山庄及广福寺（广福寺下方有一小门与万浪卷雪片区相通）。"曲径通幽处，鼋渚花木深"，有兴趣的游人也可寻觅十里芳径及其他片区间的条条支路信步漫行，去自己想去的地方。其景点有：

1. 风景区门楼

位于鼋渚路咽喉处的风景区门楼，建于 1998 年。以典雅的建筑造型，伫立在湖光山色之间。开门涉趣，引人入胜。不到鼋头渚，不知太湖美，由此开启。

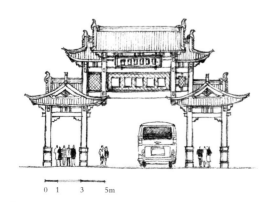

0 1   3   5m

李正先生手绘风景区
门楼设计稿

2. 湖山草堂遗址

宝界山东麓、面向蠡湖处的风景开发，始于 12 世纪 30 年代，屡有兴衰。至明嘉靖年间，书画家王问（号仲山）与哲嗣王鉴（字汝明）均以进士告归，筑湖山草堂（又名宝界山居）于此，以书画自娱，归有光为其作《记》。现建筑虽非原构，但湖山浸润，风韵犹存，驻足凭吊，发人遐想。

3. 茹经堂

宝界山，一名琴山。山东北麓的茹经堂，系上海南洋大学（今上海交大前身）和无锡国学专修馆（新中国成立后并入苏州大学）两校校友献给老校长唐文治（晚号茹经）的七秩寿礼。始建于 1934 年，落成于 1936 年元旦，重修于 1985 年。先贤遗泽，令人仰望。重修后的茹经堂，内设"唐文治先生纪念馆"，另设唐文治儿媳、人民教育家"俞庆棠先生纪念室"，均内涵丰富，值得参观。

持历史原状未变　从老照片看出茹经堂保

4. 待鸥亭

建于 1983 年的待鸥亭，位于宝界山与蠡湖的山崖水际，原以形状名荷亭，因此地多鸥鹭水鸟，改今名，以静寓动，点明环境特点。传此地一带原为纪念汉忠臣虞俊"朱衣宝界"的所在地。风骨节操，寄于山水之间。

5. 充山大门（南大门）

鼋头渚自 1916 年建园以来，已五建其门，见证了景区范围的渐次拓展和园容景观的踵事增华。充山大门则是迄今最新和落墨最重的门：最新言其建于 2005 年，最重谓其为方便游人添建了不少设施。"门者，路之由也。"路引人随，妙在移步换景，驻足处，诗情画意扑面而来。

6. 国家重点风景名胜区标志

装饰在 1986 年鼋头渚第四次所建园门上。该园门现为机动车出入口。1982 年，

国务院公布全国首批国家级重点风景名胜区，太湖榜上有名，辖苏州、无锡两市的 13 个景区和 2 个独立景点，鼋头渚是梅梁湖景区的主景点。"太湖佳绝处，毕竟在鼋头。"鼋头渚独占鳌头，令人神往。

7. 翠芸轩和抱青亭

位于原陈家花园（若圃）、今充山隐秀出入口位置，建于 20 世纪 60 年代初，系当时拟把鼋头渚风景区扩展至陈园而留下的"年轮"。翠芸轩上建有古代谯楼状的"抱青楼"，是寓意看守大门的形神兼备之作。

8. 水景苑

原是蠡湖的一个浅水湾，现为以渔堤围合的水生植物园区，尤以荷花见胜。苑之东南有帆影桥，其前身为无锡城北门外建于清同治年间的泗堡桥，1983 年迁建于此。而苑东北端的景行亭，则是攀登鹿顶山的起点。桥与亭的美感源于湖山，又点缀了湖山，虽是轻点之笔，但同样做到落笔生辉。

9. 曹湾和波声月色水榭

曹湾是元代《无锡志》已有记载的古村落，湾内多良田，因曹姓聚居而得名。至 20 世纪 80 年代，湾内尚有尼庵，青灯古佛，常传出木鱼声。后改为风景区的草花生产基地。21 世纪 10 年代，湾内增建馆舍、水榭、水亭等园林建筑，并有搬迁自无锡城中的保誉堂（秦敦世故宅），还有将原村舍翻建的若干平房，自成院落，环境清幽。此湾春日樱花烂漫，秋季则以秋叶、秋花、秋果取胜。

在"曹湾"濒临蠡湖处，今"十里芳堤"旁，有建于 1983 年的波声月色水榭。该榭妙在选址和宜人尺度，又通过漏窗剪裁了水乡山居画面。虽是小筑，亦足证设计师李正的良苦用心。

10."鼋头渚·山辉川媚"牌楼

实为 1973 年鼋头渚第三次所建的公园大门,门额"山辉川媚" 则移自鼋头渚第二次所建园门(该门今额"太湖佳绝处")。门之内,园路通达前往太湖仙岛(三山岛)的游船码头、鼋渚春涛景区和万浪卷雪景区。

二、充山隐秀

该片区系鹿顶山主峰南麓与充山东北麓之间的一个地势较为平坦的大山坡,东为水景苑及西蠡湖。其原址为人馀袜厂和人馀百货号老板、无锡扬名乡富商陈仲贤(一作陈仲言)于 1924 年开辟的植果场"若圃",又名"陈家花园"。当年"满植中西果树数十种",占地 70 余亩,风景亦佳,后改为农场、育苗场、园艺场、充山苗圃等,面积扩充至 200 亩。1985 年 6 月,充山苗圃与鼋头渚公园合并建制,于圃址建"充山隐秀"向游人开放。内按观赏植物园格局建成的景点有:位于南部的春花区、北部的夏荫区、西部冬景区的标志建筑"三友斋"等。1994—1996 年,又在此建设东瀛风格的花菖蒲园。与此同时,原陈园内的历史建筑如聂耳居住过的小楼(聂耳亭)、雪影书屋等均得到良好保护。其景点有:

1. 翠湖及桃花水母

翠湖位于充山隐秀的中部,在春花区范围内,原是一个汇聚山水、终年不涸的山池,在景区建设过程中作疏浚拓展。2002 年 7 月间,翠湖内发现白色不明生物,河南师范大学研究水母长达 40 多年的和振武、许人和两位教授获知该消息后,经实地踏看,初步判断可能是国家濒危野生动物桃花水母。这在一定程度上有助于解开"梅梁湖"命名之谜。太湖在无锡的水域又称"梅梁湖"。清代翁澎《具区志》称:"(湖)在夫椒山东,吴时进梅梁至此,舟沉失梁,后每至春首,则水面生花"。这花是什么呢?可能就是形态似桃若梅的桃花水母。

2. 醉芳楼

翠湖之中有小岛,以"跨绿"石梁和"俯青"曲桥生小桥流水诗意。小岛之上,醉芳楼掩映在婆娑柳影中。登楼小憩,窗外水光摇曳,新绿染翠,用"醉"字描绘出春景之美。楼之西,有"蓼风"小亭。绕亭过桥,土丘隆然,以竹写形的"个亭",卓然而立。稍远处,杏花楼正在向游人招手。

3. 杏花楼

位于充山隐秀西南部,楼址所在地是充山第四、第五峰之间的一个小山坞。楼名取自于游人尽知的唐代杜牧"借问酒家何处有？牧童遥指杏花村"诗句意，借以点明此楼的实用功能。杏花楼是一幢飞檐翘角、黛瓦粉墙、两层五楹、三明两暗的歇山顶仿古建筑，旁有厢房。楼之前，湖山路渡花穿林而来，又消融在林翳深处，触发游人"醉翁之意不在酒，在乎山水之间也"的联翩浮想。

4. 荇春桥

荇春桥在翠湖西端，桥洞之上建歇山顶长方亭。细细的甚至是若有似无的涧流在湿润了花菖蒲园后，从桥洞下缓缓流入翠湖，满溢时尾水再注入水景园。故荇春桥亭实是充山隐秀水系之上的一座标志性桥梁建筑，有"鱼拨荇花游"的意境。桥前有曲径通往夏荫区。

5. 花菖蒲园

位于荇春桥之上，充山隐秀的"春花区"和"夏荫区"之间。这里的自然地形是鹿顶山等山峦的泄洪地带，地势低缓、坑洼不齐，或沼泽，或水塘。1994—1996 年 6 月初，在此建成一个日式风格的花菖蒲专类园。花菖蒲是鸢尾科、鸢尾属多年生草本植物，园艺品种十分丰富，夏日开花，花色有紫红、紫、蓝紫、蓝、白、黄等，微风吹拂，如彩蝶纷飞，十分美丽。充山隐秀的花菖蒲园占地约 1.5 万平方米，建园时巧用原来地形、地貌，并作精心规划改造。

6. 三友斋

作为大型风景区，各景区、景点之间，宜乎阴阳和谐、动静结合。故热点处人头攒动，幽僻处正可用来浅吟低唱、闲庭信步。充山隐秀的若干景点，适用的就是一个"冷"字，其标志性建筑"三友斋"亦不例外。该斋位于充山隐秀的西端，周围疏林叠石，主体为虎皮墙贴面的曲尺形平屋，转角处升出敞亭，并与湖山路相接。中国古人以松、竹、梅为"岁寒三友"，而"斋"给人以质朴和幽静的联想，三友斋传神地体现了这种人文精神。

7. 聂耳亭

原系陈园内的一幢小阁楼，今与"夏荫区"为邻。其屋角绿树掩映，屋后清水一泓，四周花木葱茏。1934 年，上海联华影片公司到环湖路工地拍摄由于伶编剧的《大路》外景，聂耳承担作曲和录音任务，晚上就住在这小阁楼上，据说该影片的插曲《大路歌》和《开路先锋》就是在这里诞生的。"亭者，停也"，聂耳亭含有聂耳曾在此停留之意。2003 年 6 月 2 日，无锡市政府公布"聂耳亭"为无锡市文物保护单位。

（右）聂耳亭现状速写
（左）老苦槠的老照片

8. 老苦槠

充山隐秀的夏荫区，强调树木的绿荫生凉，而陈园原即以杂植中西果木而著称，留存至今的尤以原生态的老苦槠和百年白茶梅为佼佼者。苦槠，山毛榉科常绿阔叶乔木，它的果实可制苦槠豆腐（凉粉）。夏荫区的两棵老苦槠，树龄均达好几百年，一棵在原地震台大门旁，一棵在"雪影书房"附近，枝繁叶茂，粗壮硕大，都可独立成景，令人仰望。

9. 雪影山房和百年白茶梅

位于充山隐秀北缘，倚鹿顶山南坡而筑的雪影山房，原名雪影书屋，是一幢与陈园同步建造的民国建筑，其得名与屋旁的白花茶梅有关。茶梅是山茶科山茶属常绿花木，与山茶花一样具有重要观赏价值。茶梅的花期早于山茶花，颇具"腊前风物已知春"的诗趣。这棵白茶梅树龄已逾百岁，碧叶沁翠，繁花如雪，虽植根夏荫区，却是别具风韵的冬日一景。雪影山房西南不远处，曲径通挹秀桥。

10. 挹秀桥

系位于充山隐秀片区西北端的东西向立交廊桥。桥身之上，构筑中为连廊的歇山顶双亭，飞檐翘角，金碧琉璃，亭内分别悬挂"幽篁鹿过"及"绿树云深"匾额。端庄典雅、气势不凡的挹秀桥，是沟通景区与点缀环境相结合的成功一例：由南向北的游览干道自充山隐秀而来，穿挹秀桥洞，通往樱谷慕贤和江南兰苑景区；桥之东头，上山蹬道起自西子轩和浮翠亭，直达鹿顶山主峰之巅的鹿顶迎晖景区。

三、鹿顶迎晖

鹿顶山位于鼋头渚中东部，海拔 95 米左右。山顶原有六个小山包（石室土墩），因无锡方言"六"与"鹿"谐音，所以也有写成"六顶山"的。在鹿顶山周围的山峰和湖中岛屿有十多个，都比鹿顶山主峰矮小，因此登上主峰之巅的"鹿顶迎晖"鸟瞰，美景尽收眼底。诚如沙陆墟著《鹿顶迎晖建设记》云："若夫登阁凭栏，临风远瞩，锡邑三大特点，靡不历历在目。遥望东天，雄州雾列，大厦栉比，高楼林立，华夏十五经济中心在焉。郊县鱼池棋布，波光粼粼，良田星罗，沃野阡陌，鱼米之乡，岂虚传哉？而具区胜状，雄秀相济，湖光山色，风景如画，此则旅游之胜地也。"该景建成于 1985 年，1986 年正式开放，由徐东跃主持规划设计。景点布局按自然地形在原六个小山包处，分别兴建呦呦亭、群鹿雕塑、准望亭、舒天阁、碑刻影壁和金汇亭等。另在舒天阁旁建服务设施"环蠡楼"；山腰迁建"范蠡堂"，点缀踏花亭和衔花亭；山麓石池畔，有隐寓西施踪迹的轩亭小品建筑，与范蠡堂相呼应。目前，鹿顶山下共有 4 条上山蹬道通往鹿顶山巅，其起点分别是：始于十里芳径的景行亭，充山隐秀的挹秀桥和聂耳亭，樱谷慕贤的友谊亭。另有分别始于十里芳径（曹湾）和樱谷慕贤（友谊亭附近）的环山公路通往鹿顶山东北坡 70 米处的"踏花亭"前停车坪，再由蹬道到达山巅。鹿顶迎晖的景点有：

1. 踏花亭和"心"字摩崖石刻

自鹿顶山东北坡 70 米处停车坪拾级而上，为六角攒尖、飞檐起翘的踏花亭，亭柱悬挂美国艺术院终身院士、国际水彩画大师、原籍无锡的美籍华人程及（1912—2005 年）在辛巳年（2001 年）撰书的楹联："四季花开得意趣；人生相合有心缘"。亭子上方附近，有程先生 1990 年前后所书的"心"字摩崖石刻；庚辰年（2000 年）又作跋云："天心人心地心，心心相合，缘缘相结，天长地久，人人合欢。"借以表达他对故乡山水的赞美之情。

2. 呦呦鹿鸣

该景点位于景区的西北部，包括呦呦亭和群鹿雕塑。呦呦亭为一座简洁大方的黄琉璃、歇山顶之长方亭，透过亭壁的漏窗，可见栩栩如生的群鹿塑像，悠然游憩于岩石芳草间，令人想起《诗经·小雅》中的佳句："呦呦鹿鸣，食野之苹。鼓我琴瑟，以待嘉宾"。在群鹿雕塑下面石潭之畔，巨石壁立，正面刻有元末无锡隐士、大孝子华幼武（1307—1375 年）所著《登鹿顶山》诗：

雨洗春泥软，山高兴转孤。

振衣临绝顶，拊掌望平湖。

尘雾遥迷楚，烟光直过吴。

乾坤万里阔，不泣阮生途。

3. 准望亭

位于鹿顶山主峰的最高处，原系城市水准测点所在位置，为国家法律所保护。故在建设鹿顶迎晖过程中，以该测点为中心，构筑六角形、攒尖顶的花岗石石亭作保护，其亭顶与水准测点垂直重合，并将此亭命名为"准望亭"。既含辨认地理方位之意，又可登高望远，不失为点景、引景、观景之巧妙一笔。

4. 环碧楼

在准望亭东南面，是一幢粉墙朱柱、蓝琉璃瓦、悬山顶的综合服务楼，游人于此可小憩品茗。楼名匾由无锡籍书画家黄养辉（1911—2001 年）题写。山墙内侧壁间，镶嵌程及书题的"缘"字碑并跋："天缘地缘人缘，缘缘相结，乐同乐，美同美，天下太平。"廊间悬挂中国作家协会会员沙陆墟（1914—1993 年）手书"静观"匾，跋云："此间水抱山簇，但见帆影鸥逐，天光浮碧，惜乎图画难足，然静观皆能得之"。

5. 舒天阁

在准望亭之南、环碧楼之西，是鹿顶迎晖景区的标志性塔形建筑，阁名取自毛泽东主席诗词名句"极目楚天舒"（战国时无锡属楚地）。该阁巍然屹立在 600 平方米的石质平台上，高 21 米，接近山高的 1/4，阁体八角三层四重檐，白石雕花栏板，黄琉璃顶，以醒目的色彩、适度的体量和挺拔的气势为鹿顶山提神，取得了与周边环境和自然山势比例合度、匹配有情的效果。阁内匾联：亦多景情相生之作，且均有笔墨韵致可赏。其中：底层由王个簃书"湖山胜概"匾，华人德乙丑岁（1985 年）七月既望（农历七月半）重书前人所撰旧联："洗尽旧胸襟，一水平铺千顷白；拓开新眼界，万山合抱数峰青。"又有南通范扬岁次乙亥（1995 年）撰书的楹联"鹿峰我振衣，万里天光回四渎；鼋渚谁挥笔，千秋云影映三山。"二层由朱屺瞻书"画图难尽"匾，慧珺在乙丑仲秋书"三万顷奔来眼底；七十峰默数胸中"联。三层由庄瑞安于乙丑冬书"天光云影"匾，抱冲斋主范曾在丙寅年（1986 年）撰书的楹联："渺渺笙吹太湖已载佳人去；呦呦鹿鸣万国犹招烈魄来。"范曾是范扬的叔父，叔侄同为舒天阁书联，传为佳话。

艺术大师刘海粟：鹿顶迎晖：手迹

徐东跃先生绘《六（鹿）顶迎晖》规划图稿

6. 鹿顶迎晖碑刻影壁

在舒天阁之前，有绿琉璃顶的石质影壁。其正面镌刻刘海粟手书的"鹿顶迎晖"擘窠大字，笔力雄健，酣畅淋漓。碑阴为沙陆墟撰稿的《鹿顶迎晖建设记》，如行云流水般的生动文字，包含了作者对家乡山水的赞美之情。

7. 金沤亭

亭在鹿顶迎晖的南端，亭名取意于郭沫若《咏鼋头渚》之"万顷泛金沤"诗句。该亭为黄琉璃攒尖四方亭，伫立在平整舒展的石级平台之上，是俯视蠡湖的好去处。

8. 范蠡堂

金沤亭与碑刻壁影之间，有石径通往五楹歇山、飞檐翘角的范蠡堂。该堂的建筑本身，系1982年搬迁至此的原城中公花园"白水荡"附近的"春申大王庙"的一座殿堂。在建设鹿顶迎晖过程中，园林部门延聘无锡惠山泥人研究所对范蠡堂作文化布置：室内须弥座上，泥塑彩绘的陶朱公范蠡，神态自若，栩栩如生；四帧线条古拙的青铜色浮雕《泛舟》《养鱼》《制陶》《经商》，述说着范蠡在助越灭吴、功成身退后的传奇故事。2014 年，又新制荣德生在 1926 年为鼋头渚"陶朱阁"所撰楹联："教国以生聚，教家以温饱，古贤合今时，知命乐天堪景仰；有山作画屏，有水作明镜，高阁邻胜地，乘风玩月足优游。"

9. 西子轩和浮翠亭

系鹿顶山西南麓"挹秀桥"东头的一处以西施命名的景点，以与上述范蠡堂相互呼应。该景点以"照影池"为核心，又在池畔建西子轩和淡抹亭（后更名为浮翠亭），使之与周围清幽野逸的古树、垂蔓、石壁等，组成一幅绝妙的山行清趣图，仿佛有范蠡、西施的身影隐约其中……

10. 衔花亭和《双鹿》雕塑

《双鹿》雕塑位于鹿顶山主峰西北麓之环山公路（下行）急转弯处，其上林樾中的衔花亭则在上山蹬道路边，两者给人以归去来兮的回味和念想。而且，衔花亭和前述踏花亭的命名，又蕴含了人们对鹿的赞美和喜爱。在古人眼里，鹿是祥兽、角仙，它们或衔花阆苑，或踏花灵台，象征长寿和官禄（"鹿"与"禄"谐音），故双鹿与双亭有着文化层面上的内在联系。《双鹿》雕塑之下，樱谷慕贤景区已近在咫尺。

四、樱谷慕贤

鼋头渚风景区的整体格局，是按自然地形作因地制宜布置的，故能以真山真水入画，且呈山重水复，柳暗花明之特征。据此布局的樱谷慕贤片区，即坐落在充山东北麓与鹿顶山西麓之间一个大山坞中。该景滥觞于 1988 年启动的中日樱花友谊林建设；2002 年于樱花林内构筑标志建筑"赏樱楼台"。2006—2007 年间，于山坞中开辟内有"无锡人杰馆"的无锡人杰苑，形成文化高地，彰显了无锡人才辈出、人文荟萃的地域特色。2008 年，原在该山坞中的元代古村落"独山村"整体迁出，夷为平地，后辟为"樱花谷"，于 2013 年 3 月 26 日建成开放。其景点有：

1. 樱花谷——江南第一赏樱胜地

鼋头渚栽植樱花始于 20 世纪 30 年代，当时园主杨翰西在充山西麓的沿湖芦湾拦水筑桥堤，堤上种植日本名种樱花和柳树，若干年后便形成了"长春花漪"的独特景观。1988 年日本友人和无锡市对外友协共同筹建的中日樱花友谊林启动建设，在鼋头渚的鹿顶山麓植樱 1500 株，造花岗石"友谊亭"一座，亭中立青石碑记其事。此后又在友谊亭至原太湖别墅门楼建成800余米赏樱步道，于1993年立"中日樱花友谊林"巨形石碑。2002年在樱花林内建标志建筑赏樱楼台。2008年底，独山村搬迁后，樱花林得到扩建，景观益胜。至2010年3月26日，"樱花谷"建成开园，这里成为国内最大的樱花观赏区之一。仲春季节，花如海，人如潮，好似一幅绚丽的活动图画。

2. 无锡人杰苑

位于樱花谷中部，西与江南兰苑为邻。人杰苑于2006年7月20日奠基，2007年9月30日建成开放。该苑占地8000平方米左右，主馆（人杰馆）建筑面积约1800平方米，均由李正设计。苑内名人铜雕32尊则全部出自著名雕塑家吴为山之手。人杰苑馆的建成，不仅为鼋头渚风景区增添了一处环境优美、建筑精雅的人文亮点，更重要的是树立起一座精神的丰碑。

3. 无锡人杰馆

位于人杰苑核心地段的"无锡人杰馆"是苑之主体建筑。又隔曲水、花丛与接待厅遥相抱合，气机贯通，主辅分明；且隔水池遥对赏樱楼，双方互为借景。馆内有民族先贤、工商巨子、艺林巨擘、科苑精英·学界泰斗四个展厅，展示了无锡（含江阴、宜兴）65位历史名人的生平事迹和对中华民族的杰出贡献，传递着满满的正能量。

4. 赏樱楼台

园林中的高雅建筑，能起"画龙点睛"的作用。于2002年在樱花林中构筑的赏樱台，就具备这种资格。该建筑位于樱花谷的南部，与其西北面的"无锡人杰馆"隔水池互为对景。赏樱楼建于汉白玉栏杆围绕的赏樱台上，楼的本身则为民族形式的三层四重檐建筑，在底层和二层的明间又挑出飞檐，与四面翼然起翘的戗角相呼应；其上为十

李正先生手绘樱花丛中的标志建筑——赏樱楼台

字脊、蓝琉璃瓦结顶；又于底层及三层的外围绕以廊庑，逐层收紧。使之劲气内敛，美其外，慧其中，游人登阁凭栏，樱谷美景，靡不历历在目，真正起到了作为樱花谷地标建筑的作用。

5. 顾光旭墓

坐落在充山东麓，今樱花谷西北端，邻近江南兰苑及太湖别墅门楼。顾光旭（1731—1797 年），字华阳，号晴沙，又号响泉，无锡人，系明著名谏臣顾可久八世孙。清乾隆十七年进士，历官四川按察使（副省级官员）。乾隆四十一年以病告归后，担任过无锡东林书院山长（院长），编辑了无锡地方诗歌总集《梁溪诗钞》凡 58 卷，收入东汉至清代的作者 1024 人的诗作共两万余首。顾光旭与独山村颇有渊源，该村所出清代无锡诗人、曾任福建漳州知府周镐（字怀西），即是顾光旭的学生（周镐墓原在今樱花林"友谊亭"附近）。顾光旭逝世后，民间传其成神，"若家藏其所书楹联，即可免火灾"。后引申为其墓茔上的一砖一瓦，放在家中均可压邪。2003 年 6 月 2 日，"顾光旭墓"被公布为无锡市文物保护单位。

五、江南兰苑

我国对于兰的最早记载，首见《周易·系辞》，孔子则赞扬兰的"王者香"，屈原在《离骚》中对兰、蕙的吟哦传诵至今。无锡人种兰花，古籍未载，但随着近代民族工商业的崛起，确有后来居上之势，尤以孙渊如先生享有盛名。新中国成立后，他在 1956 年将所养兰花赠献政府，其本人聘为园林处园艺顾问。朱德委员长两次来锡，都与孙先生有交集，并书题"养好兰花"相勉。至 1965 年，无锡园林有名种兰花 3000 余盆，在苏浙一带十分有名，谁知在"文化大革命"中惨遭劫难。"文革"结束后，沪宁等地园林同行建议无锡恢复兰花基地，得到无锡园林部门采纳并付诸行动，至 1985 年已有 75 种上千盆，当时都集中在广福寺花房。此时国家落实宗教政策，广福寺归还市佛协，恢复宗教活动。所以为品种及数量日益增多的名贵兰花另找新家，已迫在眉睫。经反复踏勘和比较，最终选定充山东北麓的小山坞作为兰苑的园基。此地植被丰茂，林木荫翳，既有漫射的阳光又能适度庇荫，更有山池溪涧滋润着林间空气，这种环境与自然界幽兰的原产地十分吻合。正如郭沫若在《百花齐放·春兰》中所咏"脉脉的清泉／浸出自幽谷的岩隙中／空气是十分清冷……"而且该园还能把鹿顶山和充山的景观借入园中。园子建成后，成为弘扬中国传统造园法则"相地合宜""构园得体""巧于因借"（因地制宜，借景）的新范例。该园占地约 2.5 公顷，造园工程启动于1987年，至1988年底完成一期，于1989年3月20日试开放，1992年全面落成。同时，"中国兰花学会无锡兰花保护研究中心"正式揭牌。至此，江南兰苑不仅仅在赏兰、艺兰上独步江南，又在科学研究上处于领先地位。而兰苑造园工程自园址选择、规划设计至建设工程，均由吴惠良一人独立主持。江南兰苑主要景点有：

1. 前庭碑廊

兰苑的大门朝东，取高墙深院的石库门传统形式，门额由匡亚明手书，门旁置一对石狮，大树挺秀，竹影婆娑。门前广场的对面，就是樱花谷。步入门内，附墙的游廊和半亭内，镶嵌着镌刻名家兰花字画的青石碑。其右前，山石壁立，曲水环绕；景门内，闪出修篁竹影。该前庭以自然真趣，点醒了鼋渚兰馨的幽雅境界，为兰文化创造了先声夺人的艺术效果。

2. 国香馆（含牺尊铜雕、水庭）

从优雅的前庭右拐，穿过竹丛，前行数十步，为国香馆。东方民族的审美心理，讲究含蓄蕴藉，故兰花那种淡然而清新绵长的幽香，被尊为"国香"和"王者香"，这便是"国香馆"命名的由来。馆前，花岗石须弥座上的牛形青铜器，是根据两千多年前楚国的温酒器"牺尊"放大复制的，由中国工艺美术大师王木东创作。它象征着兰苑背倚的南犊山，以崇尚牛的奉献、敬业精神；又仿佛使人嗅到牺尊中溢出的醇香酒味，恍惚中浮现出东晋书圣王羲之与贤士们修禊于会稽山阴之兰亭。国香馆是宜于品兰、品茗的接待厅室，由前厅、水庭、主厅三部分组成。前厅居中，粉壁悬挂"扬州八怪"之一郑板桥款《梅》《兰》《竹》《菊》竹节框刻漆"四君子"四条屏。前厅通附墙水榭，前为清池，此即水庭，由仿竹小桥通向竹影婆娑、莲荷清芬的小小绿洲，诚如李铁映为该处撰书的楹联所云"静观鱼读月，动听鸟聊天。"律动着一种活脱脱的生命境界。主厅是前厅的复室套间，透过该厅的落地大玻璃窗，名为"波光浮香"的曲池清溪层次丰富，池畔有仿竹"出尘"亭；更有透过水面"借"来的鹿顶山舒天阁，令人浮想联翩。

3. 绿芸轩

在国香馆之南，东临水池。轩前有广坪，可借景舒天阁。绿芸轩的妙处，在于将室内和室外景色相互呼应。该轩三面临水，这三面便做成透明玻璃"墙"，另一面砖墙则用吸水石做贴壁假山，"山"下是绕墙的曲涧，跨涧有竹桥、木桥各一。而透过玻璃墙面，放眼室外的水池，池上的板桥，桥头的竹亭，亭旁的修竹，竹外的远山，恰如一幅层次丰富的国画长卷，让人回味无穷。

4. 兰居

位于兰苑中部，坐北朝南，其东以悬匾"众香袭人"的曲廊连接一组轩榭，均建于 1988 年。顾名思义，兰居是兰花的居所，与人而言则是赏兰、品兰的厅堂。兰花最具君子风范，故兰居注重内涵，不事豪华。兰居的主体，为五间半平房，青瓦粉墙，强调江南民居的素雅风格。兰居的室内，以天然石材的质朴，来突出兰花的清气；又在木屏风上，通体雕刻咏兰诗词，使赏兰之处独擅书卷气。出兰居，循曲廊而行，先入琴操轩，过两间游廊，又入花榭。榭内的装修，丘壑天然，苔藓滑翠，艺术再现了兰花故乡的风采。

5. 内庭

内庭在兰居西南，建于 1988 年。此处为观赏兰花自然生态的地栽兰区，故尊重原生环境，在构园时因地制宜利用中部土冈和西部山阜的高差，开辟了一条曲折幽邃的山涧。在涧的中部，利用地形高下堆叠湖石假山。假山之后，松干茅顶的留香亭和翠蔓披拂的花架廊，给人以丰富的联想。而汲水于假山主峰之巅的"香帘"瀑布，跌宕汇注小石潭后，又泻入"流芳涧"。又在树罅石畔，点缀山茶、玉兰、杜鹃、樱花、青枫、丹桂等应时花木，它们万紫千红的景色，可与兰居中无色有香的兰花互补。

6. 观叶温室

兰花是花、叶俱佳的观赏植物，也就是说，富有线条之美的兰草，同样有独特的观赏价值。故兰苑 1998 年在苑之东北侧偏南处，辟占地 600 平方米的观叶温室，作为兰草的辅佐。该温室以栽培热带植物为主，所以其冬季室温保持在 18 摄氏度左右，渲染着冬天里的春天甚或是夏天的气息，让游人在赏心悦目之余，增加一些奇草异木的知识。

7. 艺圃

位于兰苑地形较平坦的东南部，建于 1988 年，系培育兰花的苑圃。它与前述的兰花展出场所，以群卉争艳的小院作过渡。在艺圃之中，玻璃花房与荫棚内，荟萃了江浙一带春兰、蕙兰的佳种 800 多个、数千余盆。春兰中，不乏无锡当地选育的西神、鼋蝶、荷瓣等传统精品以及朱德总司令赠送的"双燕齐飞"兰。而蕙兰品种之富，可独步江南，报岁兰、建兰亦有相当数量，还引进了若干绚丽多彩的热带兰等。为国内外艺兰界提供了一个进行科学研究、文化交流以及游览休憩的理想场所。

8. 小兰亭

在兰苑之西，建于 1988 年，原是从"齐眉路"步入江南兰苑的序幕，过此，入西便门，有石径通向兰居。而"小兰亭"本身，则是一座三角形攒尖小亭。亭子周围，鸟声啁啾，小溪萦绕。使江南兰苑的这个入口，获得了山深林静、环境幽邃的艺术效果。

六、鼋渚春涛

风景意义上的鼋头渚，至少有广义、狭义两种理解：广义的泛指鼋头渚风景区；狭义的大体为 1959 年 6 月 1 日《无锡日报》所发表的郭沫若《咏鼋头渚》诗所咏范围（十天后诗题改为《游鼋头渚》并对原咏作修改），其前身即为杨氏于 1916—1936 年所建横云山庄（1945—1953 年名横云公园，1954 年易名鼋头渚公园）。1982 年国务院公布"太湖"为首批国家重点风景名胜区后，鼋头渚作为该风景名胜区之梅梁湖景区的主景点，规划拓展其范围，建设十景（后景名按实际建成内容有所调整），其中"鼋渚春涛"即自"横云山庄"演变而来，其景名则来源于末代状元刘春霖手书的刻石。所以点赞鼋渚春涛景区，要从横云山庄说起。

横云山庄的园基，来源自购地及围湖：1916 年冬，杨翰西以"购稻赢利二千元置鼋头渚山地"60 亩（1917 年农历正月付款）；1925 年又以更贵的地价购得"峭岩"10亩，捐作庙产，由量如和尚募建广福寺；此后，张轶欧捐出一平方丈地基给广福寺，建"云阶"亭，供奉弥勒，接引香客。与此同时，杨氏分别于 1923 年和 20 世纪 30

年代初，在伸入湖中的鼋头渚石崖之北及充山西麓的湖滩芦荡，筑堤拦水，围出两片水面作为荷塘、菱池。其中：石崖之北的荷塘，名为"藕花深处"；充山西麓的那片水面，在围堤上种植樱花和垂柳，又建长春桥，今名"长春花漪"。其造园过程则大致分为三个阶段：20世纪10年代下叶为草创阶段，即在1917年将购入的山地辟作"敦实植果试验场"，1918年将果场作为墅园"横云山庄"的园基，于1919年建成横云小筑一间、灶间二间及落霞、涵虚两亭，并在鼋头渚崖头，立木杆悬灯，为夜航船只导航；20世纪20年代为倚山点景，延揽湖光山色阶段，先后建成花神庙、小函谷和奇秀阁（该阁拆毁于"文化大革命"初），改建横云小筑为三间体涧阿小筑，落霞亭易名在山亭，又建净香水榭（旁为牡丹坞）、鼋渚灯塔、飞云阁（底层名长生未央馆）、松下清斋（抗战胜利前夕毁于白蚁蛀蚀）、陶朱阁、小南海，并浚湛碧泉；1931—1936年为重点完善水景，优化内涵，形成总体格局阶段，先后建成澄澜堂、光禄祠（现名诵芬堂）、藕花深处方亭及曲桥、阆风亭（曾名凤凰亭）、霞绮亭、游船码头及"具区胜境"牌坊、悬额"山辉川媚"的北式门楼（现改额"太湖佳绝处"）、涵万轩、翠微驿（现改筑为渔庐）、戊辰亭、长春桥、仁寿白塔（该塔拆毁于"文化大革命"初）。新中国成立后，于1954年在充山之巅建成光明亭。故今日"鼋渚春涛"景区的范围，东西向自光明亭至鼋渚灯塔，北南向自今太湖佳绝处门楼至广福寺、小南海、陶朱阁一带。

该景区水抱山环，风景层次丰富。其擘画构筑又将人的审美感知和领悟意匠渗透入自然山水之中，所谓"以天然风景为主，人工点缀为辅"。继承发扬中国古典园林的艺术手法，在相地、立意、借景、建筑风格及空间处理上，因地制宜运用传统手法并有所创新。即以人工美来提炼天然美，于苍茫中出典雅；使用生动的建筑语汇，勾勒出无锡太湖北圈最佳一角秀美而又丰富的轮廓线。在植物配植上，又紧扣地貌及生态条件，尊重、保护、改善、美化了原有环境。此外，建筑的命名及匾额、楹联、景题刻石之属，皆能融情入景，景情相生，用词精当，意蕴隽永，给人以丰富的联想。——太湖佳绝处，毕竟在鼋头。是诗意，又是现实，是天时、地利、人和的和谐融洽，又是最为精准的评价。鼋渚春涛主要景点有：

1. 渔庐和郭沫若《咏鼋头渚》诗碑

位于今悬额"太湖佳绝处"门楼的西北侧，紧靠山崖，崖底有"湛碧泉"涧流，始建于1935年，原名翠微驿。屋旁，有杨令茀书题的摩崖石刻"翠微嶂"。20世纪90年代，翠微驿改筑为船形建筑"渔庐"，许德珩题额，内墙镶嵌郭沫若手书《咏鼋头渚》诗碑，点明风景主题。

2. "太湖佳绝处"门楼

系建于 1935 年的筒瓦歇山顶北式门楼，原是园主继"奇秀阁"之后所建的第二个鼋头渚大门，原额"横云山庄"；1945 年 11 月改额"横云公园"；1981 年再次改额"太湖佳绝处"，系集郭沫若手迹制作的木匾，道出内涵之妙。门额之下，为拱券形大门洞。门楼右侧有翼墙，又开"利涉·问津"小拱门，意谓可于此泊舟，寻访犹如桃花源的胜境。步入门楼，迎面为一堆塑《凤穿牡丹》图案的障景照壁，照壁之南贴壁建涵万轩。在此左行可抵小函谷，右拐为樱花堤、长春桥。

3. 涵万轩

位于《凤穿牡丹》照壁之南，建于 1935 年，系黛瓦歇山顶之红柱粉墙半轩，又向西接出一间游廊，与绛雪轩互为对景。该半轩以一临水小筑而意涵万顷碧波，用的是以小喻大，以期引起游人共鸣的笔法。轩内悬"湖山罨画"匾，原为乾隆御笔之北京静明园故物，1934 年为园主于北京地安门外烟袋街购得，钩摹重制新匾，悬挂于此。而驻足鼋头渚观景，恰似欣赏一幅覆盖湖山的全景式彩绘山水长卷。此匾此景，仿佛量身定制，十分难得。

4. 云逗楼

在充山西麓大草坪畔，有一幢建于 1931 年的歇山顶、方形两层小楼，名"云逗楼"，由蔡培题额。该楼底层朱门虎皮墙，楼层竖窗黄墙，颇具特色。系纪念无锡鸿山杨氏迁城四世祖、《云逗楼文集》作者杨度汪而构，他是园主杨翰西祖父的高祖，清乾隆年间以博学鸿词入翰林院。附近原有建于 1926 年的宾馆"松下清斋"，后又浚得"湛碧泉"。松下清斋在抗战胜利前夕遭白蚁蛀蚀坍塌；湛碧泉尚存，又名"在山泉"，溢为涧流。

5. 在山亭（含小函谷）

"横云山庄"构园早期，于 1923 年在充山西麓的小山坞中，开辟状如谷道关隘的"小函谷"，上建城楼样式的"奇秀阁"，此为横云山庄的第一个门头，奇秀阁拆毁于"文化大革命"初期。其旁，小亭翼然。该亭是横云山庄早期建筑之一，1919年始建时名"落霞亭"，1923 年更名"在山亭"，沿用至今。亭内悬"云影波光"木匾，在山观湖，饶有万千气象。

6. 涧阿小筑

横云山庄造园活动始于 1918 年，至 1919 年建成横云小筑、灶间、落霞亭、涵虚亭四幢建筑。1923年又将位于落霞亭（在山亭）之南的单间"横云小筑"改为三间体"涧阿小筑"，清水墙、玻璃窗，俗呼为"木洋房"，为延宾、休憩之所，中华人民共和国成立后曾作为鼋头渚公园的办公用房。

7. 花神庙（含藏玄洞遗址）

在中华传统民俗中，农历二月十二日为花朝节，又称百花生日。百花仙子即花神，又名女夷。花神崇拜体现了中华民俗崇尚自然，热爱生活，把美丽的植物特别是鲜花作为情感倾诉对象的公序良俗。1923年3月，位于横云山庄之涧阿小筑东南面的"花神庙"落成，庙内供奉白矾石雕塑的花神像。2016年，在花神像两旁，镶嵌《十二花神》高浮雕，作为花神的胁侍。庙后，原有人工搭建的"藏玄洞"，在洞内"置有造像"。该洞因年久失修，在1984年1月中旬被大雪压坍，现尚存残迹。

8. 长春桥樱堤（含绛雪轩及"具区胜境·横云山庄"牌坊）

20世纪30年代的早些时候，园主在横云山庄北部，充山西麓的湖滩芦荡，围堤拦水，堤上种植垂柳和先叶开花的大山樱名种"染井吉野"。1936年秋，园主杨翰西花甲寿庆，无锡纺织业同仁在樱花堤上合筑"长春桥"为贺礼，此桥仿北京颐和园昆明湖的玉带桥，却又契合鼋渚山水，可见建桥之前作过精心的策划。每年樱花盛开的时节，"长春花漪"，恍若仙境。而人行桥上，"满园深浅色，照在绿波中"。20世纪80年代初，这里在"旨有居"菜馆旧址兴建赏景建筑"绛雪轩"。驻足其间，可欣赏樱花堤的繁花如云和长春桥的曲拱如月。而这组水景总的收头，却是上溯至1933年所建的横云山庄码头和具区胜境牌坊。坊前，湖石耸立，石名"古云"，系从惠山"潜庐"移来，传为宋花石纲遗物。右侧堤边，有王荫之书题"到此忘机"刻石，寓"凡念顿消，超然尘外"之意，就山庄别墅而言，该题刻还是比较切题的。

9. 太湖七桅罟船

在具区胜境牌坊之西，长春桥樱花堤和藕花深处围堤之间的水湾里，锚泊着一艘古代大型渔舟——太湖七桅罟船。该渔舟系1999年年底，鼋头渚风景区管理处从吴县太湖镇湖中村渔民蒋乾元那里购得。据原船主讲，该船的造船时间约在清道光年间。船上竖着7根挂帆用的樯桅，是当年捕捞银鱼的主力渔船。这种渔舟自清乾隆年间至20世纪80年代，在太湖中一直保持在100艘左右。随着生态环境和生产工具的变化，到了20世纪80年代末便急剧减少，直至蒋乾元的这条船硕果仅存。因此该船是太湖迄今保存下来最古、最大、船帆最多的渔舟，一艘船就是一座浮动的"博物馆"，2003年6月2日，"太湖七桅罟船"被公布为无锡市文物保护单位。如今，鼋头渚风景区已"克隆"了三艘七桅帆船用于游览，满足了游人"乘帆船、游太湖、尝湖鲜"的需求，广受好评。

10. 鼋头渚·日月潭合作标志石

位于充山西麓大草坪中间位置。2006 年 7 月 7 日，鼋头渚景区与台湾日月潭景区共建合作景区仪式在太湖鼋头渚举行，从而开创了海峡两岸旅游景区友好交流和合作的先河。鼋头渚和日月潭都是海峡两岸著名的风景区，双方将利用中秋、端午、春节等中华民族的传统节日，共同举办旅游节庆和推介活动。在仪式上，双方代表用日月潭的泥土共同栽下一棵挺拔的枫树，树畔立纪念标志石，其上镌刻刘铁平书"渊源流水长，两岸同胞心"。

11. 徐霞客铜像

在合作标志石东南，两者相邻。2007 年，系伟大的地理学家徐霞客（1586—1641 年）首游太湖四百周年。为此，于该年 4 月 29 日在太湖佳绝处的鼋头渚树立徐霞客铜像，以志纪念。铜像作者为吴为山。该铜像高 3.6 米、宽 2.9 米、重 4 吨，象征徐霞客即将首游太湖，踏上壮行中华的征程。

12. 诵芬堂

1923 年，园主在充山伸入太湖的鼋头渚山崖北侧，筑堤拦水，围出荷池，池中有小岛"清芬屿"。1931 年又在清芬屿上筹建其父杨宗濂的祠堂，于 1933 年重阳节举行艺芳公暨德配孙、龚、沈三位夫人的神主入祠仪式。因杨宗濂逝世后被清廷诰授一品封典光禄大夫，故杨祠又名"光禄祠"。中华人民共和国成立后，杨祠易名"诵芬堂"，为藕花深处的主厅。其堂匾由李苦禅书于 1979 年，两旁为安徽赖少其所书"湖阔鱼龙跃；山阴草木香"楹联。堂之前卷棚，悬张正宇书"湖山春深"匾，两旁为武中奇所书孙保圻联句"鸥侣无猜，四面云水谁作主；鸥夷安在，五湖烟雨独忘机"。堂前水中央立一湖石，亭亭玉立，姿态凝仁。

堂后"诵芬"半亭的墙壁上，镶嵌张之洞撰文、翁同龢篆盖书丹的《皇清诰授朝议大夫 晋赠光禄大夫山东补用同知肥城县知县觉先杨君暨配 诰封恭人 晋封一品夫人侯太夫人墓志铭》(简称《杨菊仙夫妇墓志铭》)青石碑。杨菊仙（1809—1859 年），名延俊，字吁尊，号菊仙（觉先），无锡人。在近现代，无锡杨氏作为名门望族，有不少名人为杨觉仙后裔，如：长子杨宗濂、三子杨宗瀚，四子杨宗济的长子杨味云、幼女杨令茀，杨宗濂的三子杨翰西（即横云山庄园主），杨味云之子杨通谊等。而由清末两位重臣分别撰书的该墓志铭碑，计 10 通，原在惠山杨氏"四褒祠"内。后该祠不少建筑损毁，为保护此具有重大文物价值的石碑，于 2009 年移于此。此碑保护工作前后历 20 多年，均由著者经办。

13. 藕花深处

以诵芬堂为核心的荷花池，围湖成池于 1923 年，后取宋代女词人李清照"兴尽晚归舟，误入藕花深处"佳句意，名曰"藕花深处"，实为一组设计手法高妙的江南水景庭园。该水庭的建筑不多，但颇有分量和质感，除诵芬堂外，还有重檐方亭和净香水榭等。其中悬匾"藕花深处"的重檐方亭和渡水曲桥，建于 1933 年。这样游人自"具区胜境"牌坊循曲桥行，荷塘、小岛、堂榭、亭桥，组成了一幅清丽秀雅的立体图画。再登上神鼋之首的鼋头渚巉岩，三万六千顷浩渺烟波奔趋而来，令人胸襟为之开阔而遐想无限。

14. 牡丹坞和净香水榭

在藕花深处之南、鼋头渚山崖北麓，有一片小山坞，1923 年园主于坞内临水筑"净香水榭"，榭内悬匾"山光照槛水绕廊"。榭畔种植牡丹花，名"牡丹坞"。1999 年 4 月，净香水榭翻修工程竣工，并重作文化布置。其中水榭壁间的诗画布置，围绕《义勇军进行曲》（今《国歌》）曲作者聂耳、词作者田汉分别到过鼋头渚的史实作安排，使净香水榭的精神境界得到整体提升。

15. "无锡充满温情和水"刻石

刻石位于藕花深处通往鼋渚灯塔的山道湖边，1990 年 4 月 15 日立。当时，作为中国十大旅游城市之一的无锡，为使国内外旅游者更好地了解无锡，喜爱无锡，根据无锡与众不同的自然生态和社会生态特点，评选出"无锡充满温情和水"旅游口号。又为扩大影响，将此口号镌刻于石，立于最能代表太湖的鼋头渚上。该刻石之后，又镌刻日本友人创作的《无锡旅情》歌词，这块刻石上的旅游口号和歌词分别由陆修伯、王季鹤书写。

16. 灯塔

位于鼋头渚端部的灯塔，是整个风景区上镜率最高的景点之一。早在横云山庄建园伊始，园主杨翰西即在鼋头之上，立杆悬灯，为夜航船只导航。1924 年夏，每天一班往返于无锡和湖州之间的大型多层客轮锡湖号开航（至抗战时停航），该轮船公司股东和董事之一的杨翰西，发起集资建灯塔作为开航纪念，鼋渚灯塔得以拔地而起。该灯塔于 1982 年翻修改建，同年 9 月 10 日竣工，塔身上加重檐琉璃顶、金山石贴面，高度从原来的 12.6 米增至 13.1 米，更显挺拔典雅。站在鼋渚灯塔处眺望太湖，风景

鼋渚灯塔老照片和现状对照

层次丰富多样，空间构图千姿百态，又随着季节、气象、视角等不断流逝的时间变化，而呈现出变幻无穷、绚丽多彩的诗情画意。这里，天、水、云、雾、烟、霭是画幅的空白，山体、林木、峭壁、岛屿、风帆、鸥鹭是画幅的实体，真所谓"虚实相生，空白处皆成妙境"。

17."鼋头渚·鼋渚春涛"刻石

在灯塔东南，鼋头渚石崖的山脊线中间部位，矗立着一块高达 2 米多的巨石，其石正面镌刻"梁溪七子"之一秦敦世手书的"鼋头渚"三个擘窠大字，背面为"末代状元"刘春霖书题的"鼋渚春涛"。此石的原石立于 20 世纪 20 年代的早些时候，毁于"文化大革命"期间的 1968 年，1974 年恢复该景名刻石。它以黄石的古拙质朴来衬托书法的遒劲雅致，耐看而有韵味。

18.涵虚亭

在鼋渚刻石之东，山路之旁，建于 1918 年，是横云山庄最早建成的 4 座建筑之一，且完好保存至今。该亭六角攒尖，以龟形匹配鼋头，与周围湖光山色呼吸相通。亭名取意于唐贤"八月湖水平，涵虚混太清"诗句。一说亭名取自苏轼《涵虚亭》诗，而驻足该亭小憩，确有东坡诗中"惟有此亭无一物，坐观万景得天全"意趣。

19."震泽神鼋"铜雕

涵虚亭之东，于山脊建平台，上置"震泽神鼋"。该铸铜雕塑通高 1.3 米、长 1.7 米、重 700 公斤，龙头鳌身，虎爪鱼尾，造型精美，纹饰古雅。系上海交通大学青铜文化复兴公司于 1985 年献给首届"太湖之春艺术节"的礼物，由徐宝庆创作，朱复戡书篆。古人言："龙所吐沫"能够"化为玄鼋"。也就是说，鼋是龙涎所化，蕴含万物更始，圆满或团圆之意。所以，震泽神鼋是鼋头渚的吉祥物。

20. 明高忠宪公濯足处

涵虚亭下，石崖壁立，浪涛拍岸，其上有"明高忠宪公濯足处"摩崖石刻。"忠宪"，是明崇祯帝追封给东林党领袖高攀龙（1562—1626年）的谥号。当年，高攀龙隐于蠡湖水居时，曾去鼋头渚游览，"沧浪之水浊兮，可以濯吾足"，以此表明自己的胸襟。该摩崖石刻始凿于1947年9月，在"文化大革命"中被逐字凿毁；现题系1980年由王季鹤重书。

21. 湖蚀平台

"濯足处"东南附近，面朝太湖的湖滩上，有大片裸露的岩石。其上似鱼鳞般密布着数不清的"弹子窝"，这就是地质奇观"湖蚀平台"。它是漫长的无锡地貌发育史留在这里的自然记忆，诚如秦敦世《清明前三日登鼋头渚霞绮亭赋柬横云主人》诗所言："海水啮之孔千百"。沧海桑田寻常事，却在人间留下了多少感悟和浩叹。

22. 霞绮亭

"湖蚀平台"之东，临湖岩基上，有建于1932年秋季的"霞绮亭"。此亭为清光绪丙申（1896年）、辛丑（1901年）两届无锡科举考试同学，因感"天怜幽草，人重晚晴"，捐资而筑，亭名取自谢朓"余霞散成绮"之意。该亭落成后，杨寿楣撰《霞绮亭记》，勒石嵌于壁间。霞绮亭与其南著名的"横云"石壁，已近在咫尺。

23. 澄澜堂

位于充山西麓，鼋头渚山脊道路、滨湖道路及上山道路的交会处。因处于居高临下的形胜位置，故能把此地风景信息提纲挈领地纳入堂中——湖水平静曰"澄"，波澜澎湃曰"澜"，驻足堂内，看不足的是太湖烟波变幻的万千气象。该堂1931年由江应麟设计，1933年落成，华世奎题堂匾。1937年春，因假澄澜堂举办婚礼的中外人士甚多，故于堂后添建"清燕斋"平屋3间，供结婚者休憩化装之用（古时"燕""宴"可通解，清燕斋又写作清宴斋）。后来，鼋头渚办公室曾设在清宴斋。澄澜堂主体为仿宋明宫殿的北式建筑，面阔五间，四周游廊，规制宏伟，气宇轩昂，系浓墨重彩之笔。堂内有景题横匾"天然图画"，恰如其分点出风景之妙。更有清末直隶总督陈夔龙书题于1933年的楹联"山横马迹，渚峙鼋头，尽纳湖光开绿野；雨卷珠帘，云飞画栋，此间风景胜洪都"，高度概括了眼前胜境，不啻是澄澜堂最好的观景说明书。澄澜堂边有山路，通往充山顶的光明亭。

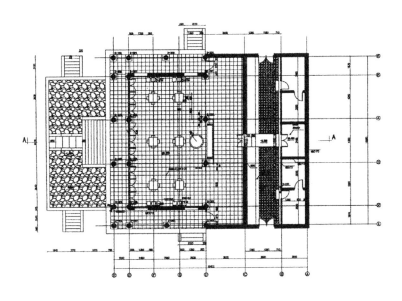

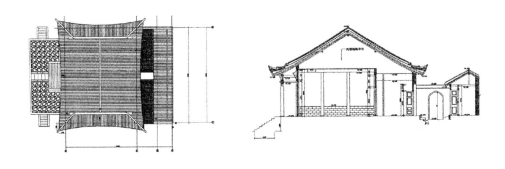

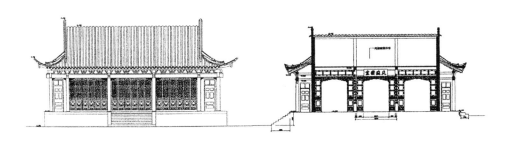

由著名建筑师江应麟设计的澄澜堂测绘图

24. 光明亭

作为鼋头渚制高点的充山（南犊山）之巅，素有"巨鼋之脊"美称。坐落其上的光明亭，是刘伯承元帅亲口题名，亲笔题额的亭子。该亭始建于 1953 年，后因经费问题停工。1954 年春，刘伯承在无锡市领导包厚昌陪同下，健步登上山顶，看到这座尚未结顶的亭子，便诙谐地称它"无上光明"，又嘱咐把亭子建好以免浪费。元帅的幽默和关心，使这座重檐攒尖、黄顶朱栏、造型典雅、藻饰精美的亭子得以早日诞生。1957 年 7 月 1 日，刘伯承又为该亭题写了"光明亭"匾额，使亭子的内涵有了新的升华。

25. "横云·包孕吴越"摩崖石刻及归云洞

充山西麓临湖处，峭壁危峙，气势尤雄，有诗赞其"千金能买太湖石，难买断崖此千尺"。清光绪十七年（1891 年）农历正月初八，75 岁的无锡知县巴江廖纶与友人乘小火轮同游鼋头渚，见此石崖陡峭雄伟，灵犀一点，即兴挥毫，摩崖书题"横云"和"包孕吴越"六个大字。"横云"言石壁的形神兼备；"包孕吴越"以超越时空的不凡笔力，把哺育江浙两省"母亲湖"的博大胸怀和绝妙风景定格在这里，把数千万太湖儿女的情思凝固在这里，也把几千年来的历史风云积淀在这里，让你发思古之幽情，留下隽永之回味……。横云石壁旁，有"归云洞"，杨翰西曾在洞内置造像，今石洞和石像仍保持原状。

26. 飞云阁和文徵明《太湖》诗碑（含阆风亭）

1926 年，园主在充山西南坡之临湖崖边建飞云阁。阁高两层，黄琉璃重檐四方攒尖顶。楼层北门南窗，以小桥与园路沟通，入门推窗见水，凭眺一湖烟波星月；底

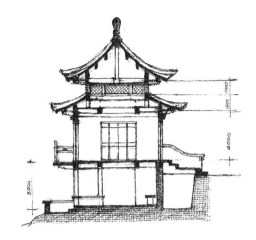

飞云阁原状和李正先生改建设计稿

层贴崖边，南向面湖，名"长生未央馆"，原是园主自用的小住休憩之处。1929年1月3日，阎锡山游鼋头渚，借古人句书赠园主飞云阁联"飞阁流丹，下临无地；云峦耸翠，上出重霄"，说出了此阁妙处。阁之下，1933年，建有风姿绰约的重檐圆亭，原名"凤凰亭"，后取"玄圃阆风，仙子遨游之地"而名"阆风亭"。1996年，飞云阁落架翻修，抬升层高，底层改为敞厅，内置明代文徵明《太湖》诗碑。此碑原石藏山西大同华严寺；1977年5月，鼋头渚派员专程赴大同墨拓，翻刻新碑，贮太湖三山新建碑亭内；后因三山建"太湖仙岛"，故将此碑移置飞云阁底层。

27. 秋叶涧

该涧西南与飞云阁为邻，系园主为纪念早逝的长女杨晋华（秋一）而命名。此涧在1980年更名为"秋叶涧"，由安徽葛家屏篆书勒石，置于涧口叠石之上。

28. 憩亭和王仲山《湖山歌》碑

位于今名"秋叶涧"畔。该亭原名"云阶"，《横云景物志·云阶》称："云阶者，至广福寺道中之一亭也，邑人俞仲还先生题二字为额。亭居峭壁，俯临湖流，地为张先生轶欧所有，捐赠广福寺，基址一丈方，由该寺跨路建筑，供弥勒。游人至此，借可稍憩，再上而山渐陡矣"。1980年，该亭改悬"憩亭"匾。翌年，将已废弃在宝界山"湖山草堂"故址草地上的《湖山歌》碑，移此嵌入亭壁。该碑系明著名书画家王问（仲山）撰于嘉靖二十七年（1548年），书于隆庆元年（1567年）。1986年7月23日，"湖山歌碑"被公布为无锡市文物保护单位。

29. 戊辰亭

自"憩亭"南行不远，路边有 1935 年重阳节举行落成典礼的"戊辰亭"。该建筑倚山临湖，气势轩昂，虽名为亭子，却是座黄琉璃、十字脊、飞檐翘角、葫芦结顶的宫殿式两层楼阁。其亭名缘起于 1928 年（农历戊辰年）在沪江苏籍政经界名流之两周一次聚餐会。至 1935 年，历时 8 年，已邀集与会者五六十人，聚餐达百余次。因而相商在鼋头渚择址建亭馆，作为固定聚会场所，以尽享山水之乐。在该"亭"落成典礼上，宋子文、宋子安等政府大员和富商巨贾 20 余人莅临祝贺，冠盖如云，盛况空前。1972 年，戊辰亭经落架翻修，易名"劲松楼"，辟为接待海外旅游者的外宾茶座。1981 年，尉天池重书原名，悬作楼额。

文徵明的《太湖》诗碑、郭沫若的《咏鼋头渚》诗碑和王问的《湖山歌》碑，并称鼋头渚三大名碑，此为《湖山歌》碑

广福寺鸟瞰图

30. 广福寺（含小南海）

　　1924 年，杨翰西捐出以重金购得的坐落在鼋头渚东南、充山西坡，原主老契名为"峭岩"的土地十亩，翌年由保安寺退居方丈量如和尚募建广福寺，寺名缘起于"广土众民同登福地洞天"之意。广福寺附近有"一勺泉"，清乾隆时隐居独山、务农为生的布衣周奇珍吟有《一勺泉》诗，他在诗序中称："泉在鼋头渚绝顶南百步外，泉边有废庵故址"。一说此废庵即"峭岩庵"，本为杨氏家庙，故广福寺实为重建的寺院。1926 年夏，实业家蔡缄三委托量如和尚在广福寺佛殿旁建平房五楹，取《易传》退藏于密之意，取名"退庐"，后退庐亦为广福寺的一部分。寺内原有三件"镇寺之宝"：抗战前由量如和尚从社会名流那里觅得的非洲鸵鸟蛋、北宋古画《百鸟图》和清初隐士杨紫渊使用过的两根铁鞭之一。

　　在广福寺前山坡上，量如的徒弟普善和尚于 1929 年建观音菩萨道场"小南海"。1933 年量如应荣德生之邀，去梅园接受捐地募建开原寺，后又主持设在该寺的无锡汉藏佛学院。其间，普善为广福寺住持，他又在"小南海"内设居士林"净业莲社"，吸引了众多善男信女。当年，量如有意愿将效上海功德林"治具素食，以饲游人香客"。此愿在"小南海"实现，而"小南海"的素面、素馔至今遐迩闻名。

　　新中国成立后，广福寺和小南海的宗教活动正常；1958 年无锡市对宗教场所作调整合并，广福寺未受影响；1962 年春，市佛协还将合并寺庙的 300 余件文物书画运至广福寺，陈列在钵缘堂，供游客观赏。但在"文化大革命"时，广福寺惨遭劫难，佛像被毁，僧人还俗，房产代管。直至 1980 年春，市佛协恢复工作，当年 10 月广福寺回归市佛协，于 1981 年元旦恢复宗教活动，同年 10 月小南海恢复供应传统素斋面。2003 年 6 月 2 日，"广福寺"列为无锡市文物保护单位。

31. 陶朱阁

无锡近代多儒商，他们事业有成又有精神追求，故 2500 多年前的文财神之一范蠡，就成为他们心中的楷模。1926 年夏，无锡县商会募银 2400 余元，于广福寺南侧，建倚山面湖的"陶朱阁"，以资纪念。时人俗谓"红财神庙"。近代儒商典范、南通张謇有赠联曰："一家吴越今谁主？万顷波涛入此楼。""文化大革命"时，阁内匾联损失甚多，今额为林散之于 1980 年书题。阁前现存盘槐（龙爪槐）、紫藤，尚是当年旧物，已列为无锡的古树名木。

32. 一勺泉（含"源头一勺"摩崖石刻及临湖敞轩）

广福寺和陶朱阁之下、戊辰亭之前，路边有古泉眼"一勺泉"。泉畔石壁，明代王问（仲山）书题"源头一勺""天开峭壁"摩崖石刻。后人将泉眼和摩崖理解为"有源之水聚而为一勺，散而为三万六千顷"。一勺泉的路对面，有 2013 年所建木结构东、西敞轩，轩内悬挂集前人诗句制作的匾额和楹联，有助游人在休憩时更好赏景。

一勺泉之南，有骑路所建的小门。"门者，路之由也。"入门前行，为万浪卷雪景区。

七、万浪卷雪

位于充山西南麓之临湖一带，其核心是书圣王羲之六十六世裔孙王心如始建于 1927 年的太湖别墅，由此向东南延伸至苍鹰渚和芦湾消夏；再绕道今市委党校，至 1986 年构建的湖山真意，内有原"郑园"少量遗迹。该片区各景点倚山面湖作散点布局，错落于山崖水际，掩映于绿树花丛，形断意续，气机贯通。景名源自太湖别墅的万浪桥和苍鹰渚的卷雪亭，又是此地风景特色的真实写照，寓情于景，情从景出，触发游人的联想和共鸣。作为该片区核心的太湖别墅，其主体或重要建筑七十二峰山馆、万方楼、方寸桃源等均随山势构筑，因地制宜得山水清气；又于沿湖湖滩芦湾，筑万浪桥堤，围合小水面，得景色不少，又建码头、风力水车，方便生活起居。太湖别墅的植物景观富有天然野趣，早期在面湖山坡种植水蜜桃，花开时红霞一片，夏季果熟，被游人买去不少。水蜜桃采取杯状形整枝修剪技术，控制树冠高度，不妨碍观景。1936 年，王心如、侯受真夫妇六十双寿，他们的子女王昆仑等筑"齐眉路"为父母祝寿，该路接通环湖路和宝界桥，方便了太湖别墅的对外交通。新中国成立后，王心如、王昆仑父子将太湖别墅赠献政府，作为部队伤病员的休养所。陈毅元帅特别嘱咐，将方寸桃源留给王老夫妇作养心之处。1985 年，七十二峰山馆明确为已故全国政协副主席、民革中央主席、红楼梦学会会长王昆仑故居。2002 年 10 月 22 日"横云山庄和七十二峰山馆"被公布为江苏省文物保护单位。万浪卷雪的主要景点有：

1. 太湖别墅门楼

位于充山第一峰东北麓，原独山村之西，邻近顾光旭墓，是原环湖路与太湖别墅齐眉路的交会节点，王昆仑等建于 1936 年。该门楼状如城楼，黄墙绿琉璃歇山顶，一大二小拱券门。高邮王荫之书门额，背面门楣之上，镶嵌白色路名石，其上镌刻"齐眉路"三字并跋。门楼整体有庄重典雅、古朴大方气象。

2. 齐眉路和方寸桃源

取意于东汉名士梁鸿与妻子孟光"举案齐眉"典故的齐眉路，是王昆仑兄妹为庆贺父母花甲双寿而修建的一条山路。该路始于"太湖别墅"门楼，由北向南，渐行渐高，随山势经方寸桃源而达七十二峰山馆。方寸桃源是倚山建筑，藤蔓披拂，环境清幽，原是笃信佛教的王心如、侯受真夫妇修性养心之处。从其命名，也反映了两老淡泊明志、返璞归真的良好心愿。

3. 七十二峰山馆——王昆仑故居（含松庐及"解梦山馆"刻石）

七十二峰山馆是太湖别墅的主体建筑，位于充山第一、第二峰之间的山脊线偏南处，系南北朝向，拥抱太湖，中西合璧式样的五开间歇山顶大厅，中间接出亭式门头，三面环廊，占地 106 平方米。屋后有山泉小池，山坡上栽植桂花和龙柏。屋前平台，面对太湖，湖中缥缈七十二峰，时隐时现；而于馆北坡又广叠假山，花石嶙峋，仔细点数，也可得太湖石七十二峰。此山馆的命名，颇饶意趣。山馆对面，是隐于松林间

20 世纪 30 年代太湖别墅老照片

的平房"松庐"，原为王昆仑青年时的书斋，设备简朴，然翰墨华章，为后世敬仰。"七十二峰山馆"由胡汉民书额；1986 年该建筑经全面修缮后，辟为"王昆仑故居"，由邓颖超题匾，故居内设王昆仑事迹陈列室。1999 年，该山馆曾落架翻修；2011 年10 月 21 日，再次翻修并充实内容的七十二峰山馆"王昆仑故居"重新开馆，立王昆仑铜像。

　　王昆仑生前对红学研究有很高造诣，著有《红楼梦人物论》及昆剧剧本《晴雯》（与女儿王金陵合著）。为此，在七十二峰山馆的东侧，立"解梦山馆"刻石，由他的挚友、无锡老乡著名学者冯其庸于 2003 年书题并跋，即把"七十二峰山馆"别题"解梦山馆"，以为纪念。

　　4. 万方楼和天霓阁

　　鼋头渚的游观建筑有三个"万"：涵万轩、万方楼、万浪桥，它们分别临水、面水、压水而构，所以能从不同角度领略到三万六千顷太湖水的不同美感。万方楼东北与七十二峰山馆相邻，南为万浪桥，楼名取自唐代"诗圣"杜甫"万方有难此登临"诗句。该楼倚山面湖而构，原系砖木结构两层楼房，楼层与其后的山路相平，底层掩于路下，所谓"下望上是楼，山半拟为平屋，更上一层，可穷千里目也"。1935 年 8 月下旬，时任国民党政府立法委员的王昆仑，以亲朋好友汇聚太湖别墅消暑名义，于万方楼秘密集合沪宁两地革命志士 20 余人，开会三天商讨抗日救亡大计。因以花匠身份卧底线人的告密，国民党军统要员沈醉率行动小组图谋暗杀，因故未果。50 年后，王昆仑和沈醉在北京同一医院休养，相遇时沈醉告知此事，王昆仑报之以一笑，"相逢一笑泯恩仇"，传为佳话。而"万方楼会议"则以促进爱国统一战线的发展、推动抗日救亡运动而载入史册。万方楼西南侧，有历史建筑"天霓阁"，阁小若亭，两层，是观赏秋水晚霞的理想之所。

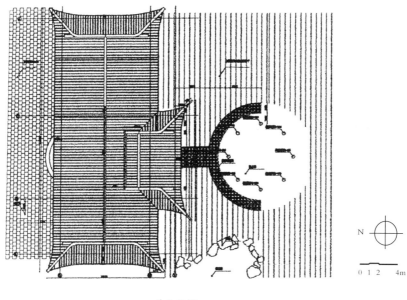

总平面图

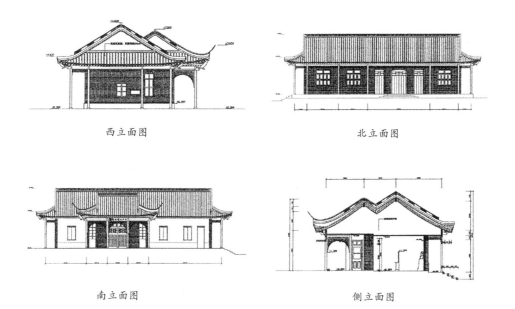

西立面图　　　　　　　　　　　　　　　　北立面图

南立面图　　　　　　　　　　　　　　　　侧立面图

七十二峰山馆测绘图

5. 万浪桥

位于充山西南麓小水湾处，以湖堤、蹬道与山路相接，是鼋头渚风景区极富特色的小桥之一。始建于 20 世纪 20 年代末，当时利用沿湖巉岩下的一曲水湾芦荡，围堤架桥，并建船码头，方便园主和游人作亲水之游。1958 年，该桥与原太湖别墅等建筑划归鼋头渚公园，其时万浪桥因年久失修，不数年便成为"断桥"，为此于 1962 年大修。鉴于此桥既是游人领略太湖水情水意的亲水景点，又迎面正对风口浪尖的实际情况，故在加宽加固堤坝的同时，将重修的万浪桥设计成民族形式的钢筋混凝土拱形桥梁，桥拱下可供渔船出入，使水湾成为避风港。万浪桥堤的建成，形成了堤内相对平缓幽静的水面，可得凌波漫步、长浪拍岸、夕阳归帆、渔舟夜泊之趣。更与堤外的浩渺烟波形成鲜明对照，尤其是东南风大作时万顷长浪直扑桥堤，拍击起高与人比、犹如雪花的水花，形成了惊心动魄的万千气象。

6. 苍鹰渚和卷雪亭

从"万浪桥"沿湖滩岸脚向东南走，上为海拔 68.07 米的充山第二峰，其余脉恰如鹰首般向南伸向太湖，两旁青山如翼，人称"苍鹰渚"。此地林木苍翠，涛声不绝于耳。渚头建卷雪亭，四角攒尖，典雅得体，是观景佳处。亭畔路边，巨石兀立，石上刻"苍鹰渚"三字，为文学家周而复所书；背面由冯其庸点题"鹰骞霜天"，道出了这里苍山如染的秋色美景。而亭石之妙，妙就妙在以点景之笔点醒了引景、观景之所，这是中国传统风景建筑手法在此地的活用。

7. 芦湾消夏

苍鹰渚之东，是一个由天然水湾形成的大芦苇荡，原规划在此建设"芦湾消夏"景区，后因故未果。却犹如一首优美乐曲的"休止符"，独擅"此时无声胜有声"的原生态之美。在风景区建设中，其实文章没有必要做得太满，宜乎留出让游人自由想象的空间。少了一分点缀，却多出几许清新野趣，让人觉得不至于离自然太远。这种以无胜有，以少胜多的做法，反而更加耐人寻味。

8. 九松亭

自苍鹰渚绕道"市委党校"上行，或从七十二峰山馆向东走，在湖山路南侧，小亭翼然，名"九松亭"。该亭形制质朴无华，其命名却与锡剧有缘。被誉为"江南一枝梅"的锡剧，是华东地区三大地方剧种之一，《珍珠塔》即是其中的传统剧目。1962 年，中国新闻社偕同香港华文影片公司来无锡拍摄《珍珠塔》彩色电影艺术片，当时掩映于松林中的这座无名小亭，被选为剧中"九松亭"的外景。电影《珍珠塔》公映后，九松亭随之从"无名"变"有名"，并沿用至今。

9."湖山真意"刻石

从九松亭沿着湖山路继续南行，在充山隐秀景区的"挹秀桥"和"三友斋"附近，有一组用黄石铺装的石级平台，石级之上为简朴的门头，平台之旁的虎皮墙上镶嵌着王能父书写的"湖山真意"四个石刻大字。门之内，树林荫翳，鸣声上下，曲径通幽，引人入胜。此为1986年所建"湖山真意"的序曲；高潮部分则是点红亭畔、隧道洞口的天远楼。这组景观与苍鹰渚、太湖别墅一起，共同组成了鼋头渚风景区西南沿湖"万浪卷雪"的洵美画卷。

10. 郑园隧道和点红亭

20世纪30年代由郑明山建造的郑园，曾是太湖边的著名园林，现唯隧道硕果仅存，多少为我们留下了点历史信息。1986年建"湖山真意"时，保留该隧道，并在东侧洞口紧贴石壁建半亭作为标志，亭内闪出若明若暗的隧道，平添了几许神秘气氛。半亭的对景，为建于林中的"点红亭"，它以鲜明的色彩，点醒了林樾的沉寂。园林建筑需立意在先，文循意出，情因景生，此为生动一例。

11. 天远楼

原郑园隧道并不长，但在"湖山真意"中却起"藏景"的妙用：过此隧道后，景色豁然开朗，高两层、歇山顶、金碧琉璃的天远楼，轩昂宏丽，飞阁流丹，点缀在画境之中，所谓"景愈藏，境界愈大"。天远楼的楼名，取意于文徵明《太湖》诗的"天远洪涛翻日月"句，而登楼凭栏，最宜欣赏太湖的自然山水：左拥右抱的"湖东十二渚"和"湖西十八湾"及马山岛，为游人敞开了宽阔的胸怀；孤悬在湖中的三山岛和拖山岛又丰富了纵深的风景层次。而自然本身，本无所谓风景的美好与否——风景在于人的感知和悟性，湖山真意，正是这种写在天宇间和人的脑海中的诗情画意。

八、太湖仙岛

太湖仙岛位于东距鼋头渚约2.6公里水程的三山岛上，而从鼋头渚看三山，其形恰如载沉载浮的神龟，又似中间高两边低的笠帽或笔架，故三山岛又名乌龟山、笠帽山或笔架山。民间俗谓鼋头渚与三山岛的关系是"王八对乌龟，乌龟对王八"。它们与犊山（充山、独山、管社山）及鹿顶山一起，合为牛、鹿、鼋、龟四大瑞兽灵介。虽然从鼋头渚看三山是三个山头，但从空中俯视实有四个山头组成：中间海拔51.88米的大山名大矶（又名三峰），其北侧现以桥梁相接的小山名小矶（又名后山），大矶之东为高仅 10 米上下的西鸭与东鸭。西鸭由自然堤及加筑的路面与大矶相连,并"隐身"大矶之中;东鸭游离水中,无登岛游览条件。整个三山岛的面积约为 180 亩。三山自古是无人岛,但因岛畔湖面盛产白鱼,故常有渔民在此捕鱼、避风或泊岸采樵。清水出芙蓉,天然有真情,三山素有秀气、灵气、仙气三气合一之说:说它秀气是因其形小,具有优美玲珑的轮廓线,荡漾在碧波中,造就了"三山映碧"的美景。说它灵气是因其形状如龟,而龟在传统文化中被视作灵物,有吉祥长寿之兆。三山的仙气得益于江南多雨,它在云雾雨丝中,似沉若浮,容易触发游人"蓬莱仙境"的联想。

中华人民共和国成立后,太湖三山的绿化和风景建设,受到各方关注。1965 年 3 月 2 日,驻锡某部 350 名战士登岛植树,拉开了三山绿植的序幕。1957 年无锡市成立接收下放干部的园艺场,在三山设分场,建宿舍、食堂等生活用房。1959 年 11—12 月间,共青团无锡市委成立青年突击队,驻扎三山一个月,种植观赏树木 5858 株、毛竹 400 棵,至此,初步形成三山良好的绿化基础。1973 年,为纪念毛泽东主席畅游长江七周年,在三山开辟天然游泳场,建更衣室、厕所、跳水平台等泳场设施,又建耸翠楼、游船码头等游观建筑。翌年 8 月,三山开放游览,鼋头渚和三山间以轮渡往返。1990 年 6 月 19 日,在三山放养恒河猕猴 65 只,此地一度以"猴岛"著称,持续了十余年,后逐渐淡化。

三山独特的自然景观和三四十年间对山林的持续养护,为其进一步开发利用奠定了良好基础。1993 年初夏,经李正、吴惠良、沙无垢、夏泉生等规划设计,太湖仙岛工程启动。该工程以道家天人合一、返璞归真理念为主线,由李正主持建筑设计,著者负责文化策划。历三度春秋,于 1996 年 5 月 30 日建成开放;1997 年初夏又开放"大觉湾"和"仙佛洞"。三山由此成为太湖中一颗自然景观和人文景观交相辉映的璀璨明珠:琼楼玉宇、天上人间,仙山神岛、令人神往。1999 年 1 月 18 日,全国政协常委、中国道教协会会长闵智亭(号玉溪道人)亲临太湖仙岛,给予高度评价。他在"山辉"号游轮上为太湖仙岛欣然命笔"天开画图",后制成金字巨匾,悬挂在仙岛标志建筑"灵霄宫"大门之上。2004 年 9 月 28 日,经批准"太湖三山道院"成立,在灵霄宫和天都仙府开展道教宗教活动。太湖仙岛主要景点有:

1. 仙岛牌坊

当游人登上仙岛主码头时,首先映入眼帘的是雄踞在仙岛趸船柱头上的 18 尊铸铁辟邪。循栈桥行,在两层丹墀中间,各有一方用红色花岗石雕琢的二龙戏珠"辇道"。仰视,即为三门五楼式,以云头承托朱红色琉璃顶的仙岛牌坊。其下以八尊麒麟拱卫,牌坊顶部的火焰珠，象征着智慧的光芒普照大地。牌坊正面题额是贴金的集文徵明行书"太湖仙岛"四字，书体鲜活潇洒；背面镌刻篆书"蓬莱幻境"，道出该文化工程内涵的源远流长。

2. 巡天影壁

在仙岛牌坊内广场之西，为仙岛的屏障。该影壁的主体是汉白玉浮雕《玉帝巡天回銮图》。相传玉皇大帝乘着九龙"云车"，巡访仙山神海归来，对太湖风光赞不绝口，你瞧他不正在惋惜迎候他的王母娘娘没有同去吗？

3. 洞天福地

太湖仙岛建设过程中，正是三山猴群十分活跃之时，故以《西游记》为背景，在小矶设置突出"猴趣"的洞天福地系列景观。该景的入口处有《母子猴》雕塑，而在小矶山腰的塑石假山中间，筑水帘洞，洞底天然石壁上有"洞天福地"石匾。水帘洞左右，为《神猴出世》塑石和镌刻"花果山"字样的石碣。洞前有演武场。这组场景把"花果山"的风土猴情形象地展示在游人面前。

1999年1月18日，仙风道骨的中国道教协会会长闵智亭在太湖仙岛牌坊前与著者合影

4. 会仙桥

在仙岛牌坊和巡天影壁之南，五孔五亭的"会仙桥"如彩虹般跨在小矶、大矶之间的长堤上。该桥的前身是颇有名声的惠山大德桥，1958 年因开挖新运河拆迁于此，1995 年又借鉴侗族风雨桥的式样，改建为会仙桥。该桥在桥身上建五亭二廊，于凝重中勾勒出飘逸的风姿。

5. 六合台

自会仙桥南行，循三层五十四级台阶拾级而上，为"天门"。该门系玉白色牌楼，金字门额，石青楹联，上书"离尘了却凡世缘，到此逍遥星汉间"。天门之后，即六合台。所谓"六合"，古人用来表示上下、左右、前后，即现代人所说的空间。道家鼻祖之一庄子有"出入六合，游乎九州"之句，意为在广阔的空间遨游。六合台中，有十二生肖五色石，其上置铸铜"太湖宝鼎"。台前的石壁上镶嵌"玄妙藏机"石匾。六合台之上，有造型奇妙的摘星亭，亭柱联云："常伴皓月清光辉天地；高揭层霄景曜丽蓬瀛"。烘托出人在云霄的感觉。

6. 月老祠和连心锁

位于大矶西北麓，面朝太湖。月老祠的建筑，原是清末无锡名医汪艺香的居所，因旧城改造拆迁至此。其主厅三明两暗，其中明间布置成民俗气息浓郁的喜堂，并有《婚书》（结婚证书）陈列。主厅两侧门洞，分别题额"贵生""慈佑"，内供"五童戏弥勒"和"净瓶观音"铜像。祠前有鸳鸯亭，亭联"翠红鸳鸯处处，朝暮湖山年年"。1999 年 10 月，又在鸳鸯亭之前的湖边，设置巨形铜雕"连心锁"，寓意天长地久、十全十美。连心锁悬挂在两根花岗岩石柱支撑的石梁上，旁有 6 根装饰性小柱，意为"六六大顺"，与 2 根圆柱相加，则为"和合发达"。柱之间以银色链条相系，可让恋人在上面锁挂小锁，象征锁住爱情，白头偕老。

7. 天都仙府

位于大矶西北坡，月老祠旁有上山蹬道通此。仙府的主楼高 3 层，五重檐，歇山顶。原来悬三道金字匾：道妙崇元、翕然太和、天地圣德。大门外有 2 尊石雕瑞兽：两角的"天禄"和独角的"麒麟"。门墙上浮雕神荼、郁垒汉代门神；门内塑秦叔宝、尉迟恭唐代门神。入门有戏台，陈列仿古编钟、编磬。

主楼底层的文昌殿，以文昌帝君（梓潼星君）为主尊，陪侍魁星踢斗和天聋、地哑两童子，悬联"宇宙大文章源从孝友，古来名将相气作星辰"。二楼左室以"关公夜读《春秋》"为主尊，陪塑捧印关平、持刀周仓，壁画浮雕"千里走单骑"和"水

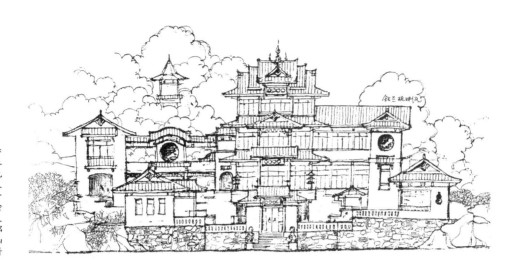

李正先生手绘天都仙府

淹七军"，悬联"赤帝三分鼎，事汉身轻生死，忠昭日月；青龙百炼刀，秉烛夜读春秋，义薄云天"。二楼右室供奉妈祖，陪塑协助妈祖救助海难的顺风耳和千里眼，悬联"寰中慈母女中神，海上福星天上神"。主殿的两侧为六十花甲元辰廊，廊壁镶嵌 60 方参照北京白云观"元辰殿"塑像摹绘的"元辰之神"线描碑刻，刻工精湛，栩栩传神。元辰廊有门通达悬匾"羑里演易"的静室，室内壁画绘商末西伯姬昌被纣王囚禁羑里而演《周易》的故事。

主楼南北原为药王殿和财神殿。2004 年天都仙府由三山道院接手后，部分殿堂的内容及匾联有所改变，如将药王殿改为供奉大慈大悲救苦救难天尊的"慈航殿"，财神殿的室内布置也重新作调整。

8. 天街

位于大矶东北坡。出仙府大门右拐经摘星亭，或从六合台左行，都可进入天街。该街虽是买卖街，但重点在文，亦即以展示传统商业文化为主。街长 96 米，有 40 多间铺面。建筑以江南民居的黛瓦粉墙为基调，局部糅合宗教建筑的典雅端丽。天街西入口的巷门，是一座堆塑吉祥图案的由金字门额及龙吻屋脊组成的牌坊，巷门右侧，为"天秤公平"刻石。街中有：悬匾"紫电青霜"的古兵器馆，题额"天工神冶"的青铜器馆，以"妙艺通灵"点题的手工艺馆，以及紫砂乾坤茶壶庄、四宝斋书画店、常春堂药铺、浑是巧土偶（泥人）店等。在以彩绘牌楼装饰的天香楼内，可品尝名酒佳馔；而登上窗明几净的羽仙茶楼品茗，更有"道在茶中"的体验。走出天街至岔路口，一路径"摩云"关隘，可至大觉湾和仙佛洞；另一路右拐，经瀑布，拾级登上"缥缈云海"和"至虚无上"两级平台，可至灵霄宫和太乙天坛。

9. 太乙天坛

位于大矶之巅，以喻至高无上的天界"三十六天"，所以用"太乙"命名。该天坛上下三层，各以丹墀相通，坛下为高位水库，暗合"天一生水"之说。又在顶层中央，镇以三足、四耳、五层、三檐、宝葫芦结顶的青铜宝鼎。其中鼎的四耳，为造型古朴的青龙、白虎、朱雀、玄武四大灵物，它们分别守护着东、西、南、北方，反映了古人对天象的朴素认识。游天坛是逍遥仙岛高潮迭起的又一个高潮，特别适宜极目远眺太湖山重水复的优美景色。

10. 灵霄宫

位于大矶南坡，为七层九重檐、朱红琉璃顶，包括宝顶在内通高 42 米的太湖仙岛标志建筑，悬挂中国道教协会会长、法号玉溪道人闵智亭亲书"天开画图"匾。该宫以道教神团中的最高尊神三清、四御为题材，其中玉帝塑像高达 18 米，游人仰望膜拜，叹为观止。在灵霄宫的艺术作品中，尤以摹描在墙壁上被誉为"东方艺术之冠"的山西芮城《永乐宫壁画》最为珍贵。原作出自元代画师之手，距今已有 600 多年历史。该壁画共分三组：主壁画为摹于二层后殿的《诸圣朝元图》，462 位尊神相貌各异，惟妙惟肖。摹于底楼偏殿的《纯阳帝君神游显化图》，以 52 幅连环画组成，虽然题材反映吕洞宾道迹，却真切地再现了元代的社会生活。而摹于底楼另一偏殿的《王重阳画传》，以 35 幅连环画描绘了"全真教"创始人王重阳不平凡的一生。

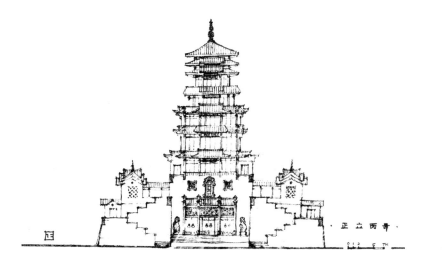

正立西青

李正先生手绘凌霄宫

11. 西华殿

以王母娘娘为主雕塑的西华殿，悬匾"瑶池金母"。该殿倚山临水，坐南朝北，为通体四层的楼阁建筑。它与坐北朝南的灵霄宫相对，两者一低一高、一仰一俯、一阴一阳，配合默契，前后呼应，各擅胜场，别饶情趣。主建筑之前，两座典雅的歇山顶方亭，拱辅左右，分别命名为"玄圃""墉城"。西华殿内按王母的神话传说加以布置。

12. 大觉湾

位于大矶东麓沿湖，基址原系岸脚内弯的天然水坞，水上苇丛，滩头疏柳，景色虽幽，但人迹罕至。1994 年仙岛工程启动后，结合开挖仙佛洞，将挖出的岩石塘屑，于此填滩地为广坪，筑圩堤成石池，又引大矶之巅高位水库之水，随山势悬为瀑布，作为该石池的"源头活水"。大觉湾的人文景观，以"东方三圣"即老子、孔子、释迦为主体，因他们都有大觉悟，"大觉湾"因此而得名；又以此来契道教"全真开化真君"王重阳（1113—1170 年）的儒、道、佛"三教同源"之说。

大觉湾的《老子铜像》，系参照福建泉州宋代老君岩石雕坐像摹塑，与此相对应的，又在其北面的"石窟"群内，布置一组《孔子问礼于老子》的人物群雕。大觉湾的石窟艺术，以释迦的内容最为丰富，即以《九龙浴太子》《大卢舍那佛》（原作在洛阳龙门西山南部奉仙寺）和《卧佛》（原作在四川大足石窟）等三组群雕，形象地概括了释迦牟尼的诞生、成道和涅槃（圆寂）。儒道佛三教的创始人于今荟萃于仙岛一角，使这里成为游人流连忘返之地。

13. 函谷关和仙佛洞

仙佛洞的主洞口在大矶东南麓，其东为《老子铜像》。为取得两者在文脉上的联系，按老子西出函谷关的典故，在洞口建城楼状的"函谷关"，又在其右上的塑石岩窟中，置《老子出关》造像。而仙佛洞开凿于 1994 年，长达百余米，在幽邃的洞体内，辟有六大岩窟、七小石室，均塑有释、道造像。洞之腹部，有"太极"竖洞，可攀登至西华殿的底层。竖洞的洞壁镶嵌《八十七神仙卷》汉白玉浮雕。该浮雕人物，神态自如，笔意飞动，有很高的观赏价值。

九、中犊晨雾

独山是太湖和五里湖（蠡湖）交汇处的一座小岛，海拔 39.87 米。它又名中独山或中犊山，用一"中"字，是说它北有北犊山（管社山），南有南犊山（充山），它们就像一头油光水滑的牛犊，静伏在太湖水边，独山就在脊梁的位置。三座山峰之间，北犊山与中犊山之间有"浦岭门（又名庙门）"，中犊山与南犊山之间有"独山门"，均为沟通太湖与五里湖的水门。独山上有娘娘庙，庙中供奉的神仙"娘娘"是谁？较普遍的说法是蚕神娘娘，旧时春天去拜蚕神娘娘的香船很多，期盼蚕茧丰收。另一种说法，这娘娘是天后，即妈祖，以保佑船行安全。蒋介石、宋美龄夫妇在1928年、1946年、1948年曾三度去鼋头渚游览，至少有两次造访娘娘庙。独山上的早期建筑，原有清末无锡新安人孙莲叔所建曲尺楼，一名红叶读书楼，著名学者俞樾（曲园）曾莅临并题联。在20世纪二三十年代及抗战胜利后，因山上有子宽别墅和小蓬莱山馆，引来不少观光游人。据1947年第17版《无锡指南》：载"小蓬莱山馆在中犊山南，民国十九年，由荣鄂生先生建造，面对三山风景绝佳。""子宽别墅在小蓬莱山馆之西，由陈子宽先生所建，亭台楼阁，颇有巧思。" 1946年，无锡名流钱基博（钱钟书之父）、钱孙卿双胞胎兄弟花甲双寿，邑绅薛明剑等商议在鼋头渚和中独山之间募建一座以二钱命名的桥梁，既祝贺二位先生寿辰，又方便游人。因古时钱、泉相通。无锡又以"天下第二泉"著称，最终得名"二泉桥"。造桥过程中，因物价飞涨，一度停工，数年后方告成。二泉桥的现桥梁为1996年重建。20世纪50年代于中独山建太湖工人疗养院，由著名建筑师无锡人江应麟设计。当年，该疗养院与北戴河疗养院齐名，各界人士接踵而至，昔日景点渐被淡忘。2002年，太湖工人疗养院与鼋头渚管理处联手统一管理山上的风景名胜和园林建筑，使该水抱山簇、楼宇错落、屋顶凝碧、掩映于绿树花丛间的中独山，更成为设施完善、环境清幽的集休闲、体检、保健于一体的度假岛，堪称华东旅游途中尤饶特色的一颗明珠。2011年12月19日，"太湖工人疗养院"被公布为江苏省文物保护单位。

1. 独山门

独山门在独山之南，虽称作"门"，却实为独山与充山之间一条沟通太湖与五里湖的水道。相传该"水门"为大禹所开，故管社山麓原建有"夏王庙"，以志纪念。一说此水门为汉代张渤化身猪婆龙（扬子鳄），在吃掉兴风作浪，其状如狗的水怪后，用力拱开，无锡南门外旧有张元庵，供奉的就是这位神祇。这两个民间故事，为独山门增添了神秘色彩。

在独山之东，对应犊山大坝，有建于1998—1999年的鼋头渚风景区"犊山大门"，占地约1万平方米，建筑包括塔楼、回廊、票房、门坊等，掩映于青山碧水、绿树繁花间，又配套停车场等，方便游人。

20 世纪 50 年代中独山与独山门老照片

2. "小蓬莱山馆"门头

位于独山西坡 25 米等高线处，系园主荣鄂生当年所建小蓬莱山馆的旧物。此地既可眺望太湖风光，又距船码头较近（建小蓬莱山馆时尚无二泉桥），作为需"开门涉趣"的山庄园门，应是不错的选择。该门头为清水砖中西合璧式样，亦符合当时的审美时尚，具时代特征。入门循路行，山道渐高，可达六角亭、醉乐堂。

3. 醉乐堂

位于独山西坡，堂基低于山巅，原是山馆主要厅堂。建筑本身亦为传统样式的三明两暗、五开间、落地长窗格局，呈现一种端庄大方的气象。当年蒋介石、宋美龄夫妇游览独山时，曾在此逗留品茗。至于醉乐堂的命名，推测取意于宋代欧阳修《醉翁亭记》之佳句："醉翁之意不在酒，在乎山水之间也。山水之乐，得之心而寓之酒也。"经全面整修的醉乐堂，现辟为茶座：当中三楹明间为大厅；两侧暗间为雅座，分别悬匾"枕流""漱石"。堂内，一式红木家具，窗明几净，陈设雅致，尚有当年余韵。

4. 烟波致爽楼

在太湖工人疗养院之主楼中，烟波致爽楼（八角楼）尤为突出：其楼基原为"观旭楼"旧址，不难见出其位置与朝向之优；其建筑则以绿琉璃瓦的"大屋顶"和线条简洁挺拔的浅灰色墙面与周围秀美风光融为一体，臻于相地合宜，建筑得体又擅地方特色的一流境界。且楼内房屋，一室一景，而推窗远眺，重湖叠巘，雄秀兼具，舟楫冲波，鸥鹭明灭，山色湖光，历历在目。"烟波致爽"，不仅仅是楼名好，更以实实在在的内涵，令人一赞三叹，博得人人叫好。

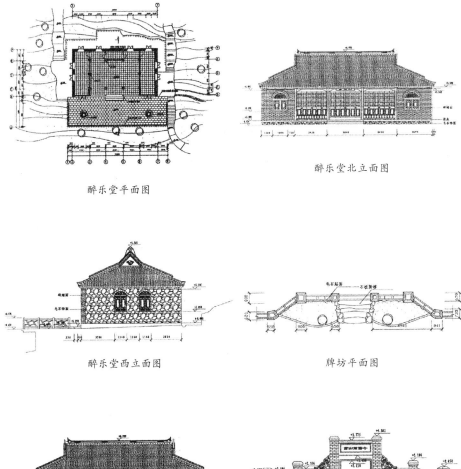

醉乐堂平面图

醉乐堂北立面图

醉乐堂西立面图

牌坊平面图

醉乐堂南立面图

牌坊立面图

小蓬莱山馆门头和醉乐堂测绘图

十、管社山庄

管社山海拔 59.77 米，略高于中独山，既是中独山的"靠山"，又是鼋头渚的北部屏障，它们共同组成了山外有山、湖中有湖的风景序列。管社山在 2014 年整体划入鼋头渚风景区版图，但其若干名胜景点的历史可追述更远。事情要从"杨园"说起。清初，隐士杨紫渊（名维宁）在管社山的东北麓，地名东管社，建隐所"管社山庄"，率妻携子居此，此即杨园。园中筑堤植柳，围湖成池，养鱼种荷，菱茭不绝，有柳堤、莲沼、石天、眠蜗等景，又构筑了翠胜阁、尚友堂、潜乐堂等起居会客建筑。杨紫渊文武兼修，练就"金钟罩铁布衫"护体神功，又有上好轻功，擅使一对铁鞭，曾两次独力击退湖匪劫掠。但他平时不与人言武事，治生之暇，读书赋诗，布袍草履，与渔樵为伍，结交同好，园中无俗客至。杨紫渊逝世后，葬杨园。乾隆时，山中土神庙有楼，名小岳阳楼，风景媲美巴陵胜状，庙在清末尚存，即湖神庙。庙旁原另有夏王庙，供奉治水的大禹，后讹传为项王庙，改祀西楚霸王项羽，相传"项羽避仇吴中"时居此，所以才有神庙易主之事发生。湖神庙后遭火灾焚毁，1906 年当地百姓集资作部分修复，重建戏楼，"绿树红墙，隐约湖上"。1915 年，杨翰西"喜太湖风景，时游东西管社。是秋，修紫渊族祖墓，重建祠堂三间。复捐资募款葺项王庙，建万顷堂，俾游者有休憩之所。庙东购地一角，有石崖，名之曰：虞美人崖。上有松，名之曰：车盖。并拟日后建一亭，预题曰：驻美"。1935 年，杨翰西将杨园遗址及万顷堂一带移交堂兄、前北洋政府财政部次长杨味云经营，杨味云聘请著名建筑师江应麟之弟江一麟设计，建杨家祠堂，祠后辟作家族墓地。当时在管社山南端设渡船码头，摆渡与中独山、鼋头渚相通。抗战胜利后，当局拟在万顷堂前造桥，桥未建成，虞美人崖和车盖松却被炸去，十分可惜。新中国成立后，1953 年于此始建梅园水厂，翌年 4 月 23 日无锡解放纪念日竣工出水，几经技术改造，使用至 2007 年，于 2008 年列为无锡市第二批工业遗产。与此同时，结合蠡湖水环境综合整治，西起管社山西缘，东靠犊山大坝，南到万顷堂，北至环湖路，占地 43.4 公顷的新"管社山庄"于 2008 年 9 月建成，向游人免费开放，内有梅园开原寺的下院"镇湖精舍"。风雨沧桑刹那间，最终呈献给游人的是此地堪称完美的长轴风景画卷。新管社山庄的主要景点有：

1. 万顷堂和驻美亭

位于管社山西南麓，堂基原为湖神庙的左庑（湖神庙坐北朝南，左庑即东庑）。湖神庙在清末毁于火，光绪丙午年（1906 年）邑人集资修复，继由里人修葺剧楼（戏台）而新之，但"左庑废基，夷于榛砾"。1915 年冬，杨翰西等集资于该废基建三楹万顷堂，

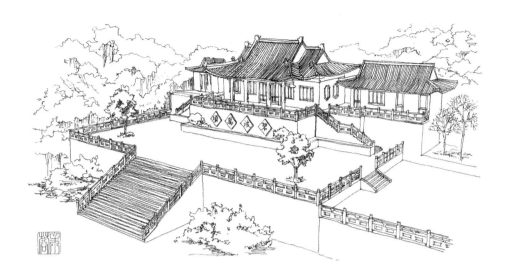

1916 年 3 月竣工，形成了万顷堂、湖神庙戏台、项王庙由东向西、面湖而开的颇为壮观的建筑立面。又将附近的一方天然石崖命名为"虞美人崖"，一棵状如古战车顶盖的松树命名为"车盖松"，后又建"驻美亭"，以丰富项王庙的内涵。这年重阳节，袁世凯次子袁克文（字抱存，别号寒云，1890—1931 年）自沪抵锡，雨游万顷堂，撰有一联："几席三山，万顷波涛疑海上；湖天一角，重阳风雨是江南。"在当时万顷堂悬挂的诸多楹联中，此联评价最高。

几经沧桑的万顷堂在修复后于 2008 年重新开放，2014 年回归鼋头渚。今日的万顷堂，气势更加雄伟：堂下增建一层观景台，由女书法家周慧珺书题"碧波万顷"；堂内按原格局布置，匾联依旧；并广泛收集万顷堂有关史料、名人踪迹及诗词楹联等，陈列其中。其旁，重建的驻美亭，重檐攒尖，白石围栏，益觉秀美端庄，游人驻足其间，扑面而来的湖光山色，令人看不够。

万顷堂现状速写（上）
万顷堂老照片（下）

2. 梅园水厂原址

位于管社山东南一带，万顷堂的东面。1954 年竣工出水的梅园水厂，是无锡第一家也是当时"独此一家"的自来水厂。直至 2007 年，梅园水厂在见证半个多世纪以来无锡自来水的发展历程后，"光荣退休"。翌年，其办公楼、清水混水车间、沉淀池等被列入无锡市第二批工业遗产名录。新"管社山庄"建成开放后，内辟"梅园水厂工业遗址陈列室"的水厂老泵房，泵房北侧的"半亩方塘"（原水池范围），以及惠泽亭、思源亭等成为游览景点。惠泽亭在原取水管旁，亭名寓披泽惠民之意。思源亭在伸入湖中的栈桥之端，原为取水口，亭名取饮水思源之意，建筑实为歇山顶的三楹水榭，门楣上悬高僧茗山手迹"思源"匾，室内有图文并茂的展板，向游人述说着此地的故事。

3. 杨家祠堂和杨令茀墓

位于管社山东南麓原"杨园"旧址之内，1915 年重建的三间体"杨紫渊祠"附近。系曾任北洋政府财政部次长杨味云（名寿枏，1868—1948 年）于 20 世纪 30 年代中期所兴建，祀主为味云之父杨宗济（字用舟），故名"杨用舟祠"。该祠堂由著名建筑师江一麟设计，为一组仿清代官式的砖混结构建筑群，筒瓦歇山，彩绘梁枋，规制宏阔，富丽堂皇。计有两进及一座两层楼阁：第一进为三楹门厅及两侧耳房，门楣悬"管社山庄"匾；第二进系建在两层须弥座月台上的享堂，建筑呈"凸"字形，高悬徐世昌手书"保世滋大"金字巨匾；堂后为歇山顶龙吻脊的两层楼阁。

仿清宫式建筑的「杨家祠堂」规制宏阔

祠之后，辟作家族墓园。墓园内，有秋草诗人杨味云诗冢，上刻章士钊"平生贯华阁，大隐钓璜溪"题句；在杨味云夫妇墓的墓墙上，有刘海粟"云在双松"题词刻石。1983 年，杨用舟幼女（杨味云的八妹）、旅美画家杨令茀归葬于此。杨令茀（1887—1978 年）病故前，嘱将她生前收藏的珍贵文物 7 件、珍贵字画 15 帧和自己创作的书画、诗文等捐赠北京故宫博物院和无锡市博物馆，并捐遗产为"杨令茀基金委员会"的基金。因此艺术大师刘海粟为杨令茀墓的题词是"旅美半生，爱国女传。博搜文物，尽献神州。寿享期颐，诗风清流。天风万里，遗万千秋"。"杨令茀墓""杨家墓园及祠堂"分别于 1986 年 7 月 23 日、2005 年 6 月 2 日被公布为无锡市文物保护单位。

鉴于杨家祠堂地处山野，年久失修，2008 年 9 月，市蠡湖办征得市文管会及杨氏后裔同意，对杨祠落架翻修，修缮中严格程序、尊重历史、修旧如旧、确保质量；又在享堂内增设"杨氏人文展厅"，并对祠堂周围环境作整治，使这里重新成为人文胜景。

4. 镇湖精舍（开原寺下院）

位于管社山东北麓，于戊子年（2008 年）十一月吉日奠基，系江南名刹"开原寺"的下院。镇湖精舍的建筑计三进：第一进山门；入内为大天井，第二进的重檐佛殿居中，两侧建左右对称的厢楼；第三进为藏经楼；二、三进之间有回廊相接，廊子外侧是小巧的耳房。无锡素有无佛不成园的传统，镇湖精舍即为新增佳例。

5. 渔人码头（太河湾）

系管社山之东，犊山大坝之西，北接环湖路，南面伸向蠡湖的三面环水的楔形半岛，占地近 18 万平方米，与新"管社山庄"既分又合。渔人码头之名，风雅古朴，其内涵却实为太湖、蠡湖与梁溪交集处的水上旅游集散中心，并配套高尔夫球练习场等体育健身设施，以及酒店、宾馆、停车场、码头、娱乐中心等旅游休闲设施。拟建成为太湖胜景里的休闲商业集群，浓缩锡城山水文化与都市潮流的时尚之城。

第九章 蠡园及西施庄

蠡园在蠡湖边。

蠡湖原称五里湖，古称漆湖或小五湖。五湖是太湖的古称之一，从这点讲蠡湖就是小太湖。事实上，蠡湖的确是无锡太湖即"梅梁湖"的内湖。两湖以中独山南北两侧的"独山门"和"浦岭门"相通；另外蠡湖又通过长广溪在"吴塘门"与太湖相通。而这里所涉及的三个"门"，是水门，指水流在交界处的通道。而这"蠡"字，又指把葫芦从中间剖开后的瓢。蠡湖的形状又恰恰像个宝葫芦，两头宽，中间在宝界山麓收狭，这个收狭处原来是摆渡口，后来建横跨其上的宝界桥，桥东的湖面称东五里湖即东蠡湖，桥西的湖面称西五里湖即西蠡湖。西蠡湖通过梁溪与京杭大运河及无锡城区河道相通，东蠡湖通过马蠡港与大运河相通。

这马蠡港的"马"字有两种写法：在元代的《无锡志》中写作"马"，牛马的马；后来常写作"骂"，骂人的骂，骂谁呢？骂范蠡呀。2500多年前的春秋末期，越国大夫范蠡助越灭吴后，功成身退，相传带着吴王夫差的宠妃、天下第一美人西施，隐居在无锡梁溪河畔的"仙蠡墩"。而无锡原来是吴国的建都之地，所以吴地的百姓要骂范蠡让他们当了亡国奴。后来范蠡摇身一变，变成"渔父"，字面意思就是能干的渔民，研究人工养殖鲤鱼的方法，写了部专著《养鱼经》，传授给吴地百姓，俗话说"种竹养鱼千倍利"，吴地百姓因人工养鱼而脱贫致富。因此不骂范蠡了，反过来要纪念范蠡这尊财神菩萨了，于是就把范蠡西施泛舟游湖的小五湖又叫作蠡湖。这里需要强调一下，蠡湖的叫法，始自明代，这时离开范蠡那个时代已有2000年左右，为什么"冷灰里会爆出热火星"呢？我想与"爱情是永恒的主题"有关。明代无锡人华淑写了篇散文《五里湖赋》，说道"字湖以蠡，湖有情兮，字蠡以施，蠡无憾兮"，真是说到了点子上。华淑在这篇赋中，还把蠡湖与杭州西湖作比较，用形象性的语言，描绘了两者风景的共性与个性，说得还是颇有道理的。当然，无锡人赞美蠡湖，不仅仅赞美其风景的秀丽；还赞美其生态功能有益于民生：因为蠡湖是无锡城区与太湖之间的一个天然水利枢纽，干旱能引水灌溉，汛期能蓄洪排涝。所以蠡湖不仅仅是地理、生态意义上的湖泊，又因其丰厚的人文积淀，是无锡人心目中的"母亲湖"。

当年，曾经做过杭州太守的苏东坡把杭州西湖比喻为西施的化身，而无锡人把相传范蠡西施游玩过的蠡湖比作杭州西湖。这又是为什么呢？从地理方位看，西湖、蠡湖分别在杭州、无锡的西面；从大小看，两个湖泊的面积差不多。早年的蠡湖，面积9.5平方公里，还稍大于西湖；水深约2米，稍深于太湖。但在"文化大革命"期间的20世纪60年代末70年代初，无锡市郊区贯彻北方地区农业学大寨会议精神，提出"大寨治山我治水"，大搞围湖造田，蠡湖水面一度锐减至5.6平方公里。后来虽然在1972—1976年分两批退耕还渔，蠡湖水面增加到6.4平方公里，但终因养殖业及沿湖乡镇企业对水体造成的污染，致使蠡湖生态迟迟未能得到有效恢复。2002年无锡市启动蠡湖综合整治工程，经过整整6年坚持不懈的努力，蠡湖生态开始步入良性循环，整治工程圆满收官：经过退渔还湖，蠡湖水面恢复至9.1平方公里，水体能见度从20厘米升至80厘米，环湖沿岸建成植被良好的生态公园和防护林带38公里（宽80～250米），其中由东向西有序布列的金城湾公园、水居苑和高攀龙纪念馆、蠡湖大桥公园、长广溪国家城市湿地公园、宝界双桥和双虹园、蠡湖中央公园、蠡湖之光和风泉帆影高喷、渔父岛和西堤、蠡堤，渤公岛和鸥鹭岛，以及建成后划归鼋头渚管辖的宝界公园和管社山庄等，都是文化"含金量"不低的敞开式园林景点，其总面积相当于37个蠡园，堪称无锡市民和旅游者免费的休闲度假天堂。而蠡园就是蠡湖风景区园林群落中，被众多星星捧出的一轮明月。

老蠡园旧貌一角

一、蠡园沿革

中国权威工具书《辞海》有蠡园词条："江苏省无锡市的著名园林。在市区西南五里湖畔。1952年新建长廊连接原蠡园及渔庄，总称蠡园。布置优美玲珑，以假山著名，为太湖游览胜地。"

那么，这座名园在什么时候兴建，又为什么叫蠡园呢？园主王禹卿《六十年来自述》称："丁卯四十九岁，筑园于蠡湖之滨。名园曰蠡，窃慕范大夫之为人。是园对山临水，风景天然。益以花木土石人工之点缀，则尤增胜。于是春秋佳日游客纷至，而蠡园之名，遂播传于遐迩。"文中的丁卯年即民国16年（1927年），范大夫即范蠡，王禹卿因仰慕范蠡的为人，所以把园子命名为蠡园。这其中的缘起要从16年之前开始说：当时还是荣氏面粉厂在上海负责营销的销粉主任王禹卿和负责原料采购的办麦主任浦文汀看着面粉生意十分红火，相商另立门户，合伙独立办厂。但是世上没有不透风的墙，事情传到老东家荣老板兄弟俩的耳朵里。一来荣老板量大福大，二来王、浦确实手头紧巴巴，于是荣老板主动提出合作共赢方案，大家一拍即合。于是"三姓六兄弟"即荣宗敬、荣德生兄弟，王尧臣、王禹卿兄弟，浦文渭、浦文汀兄弟，共同出资4万元，在上海办起了福新面粉厂，并很快从1家厂发展到8家厂，生意做得风生水起，一时传为美谈。原来仅是个十几岁时从无锡青祁村单身去上海滩打工学生意的王禹卿，一下子钱袋子大大地鼓了起来，所以才有先后花费约20万元相当于现在四五千万巨资的魄力，打造出这座优美玲珑，以"假山真水"著称的蠡园。在建园过程中，身居上海的王禹卿在1929年夏五月二十七日早晨，乘自备汽车出门时，遭匪徒绑架，关押6天，本人苦不堪言，全家惊恐不已，据说因海上闻人杜月笙出面，方才脱险。后来王禹卿在事业上两次遭遇大麻烦，都是请出杜月笙当龙头老大，闲话一句，一一摆平。从摆水果摊出身到闯荡江湖成为上海滩"一只鼎"的杜月笙，自信人生只要吃好三碗面——即情面、场面、体面，就没有摆不平的事体。情面、场面好理解，体面怎讲？指办事光鲜漂亮，上海话叫作"刀切豆腐两面光"。但是到了抗战胜利后，浩叹本来蛮热络的蒋介石先生把他当"夜壶"，用不着时就扔到墙角里，当然这是后话，按下不表。

蠡园在1930年建成开放。据1937年《无锡旅游指南·蠡园记》载：园内挖池种莲花，叠石堆假山，有梅阜、绿树、中西花木参差其间。园内建筑有长廊、曲桥、湖上草堂、景宣楼、诵芬轩（后改筑为"潜庐"）、寒香阁等。协助王禹卿建造蠡园的有：此前在蠡湖边成功打造"青祁八景"的无锡县第四区区长虞循真和留日工程师郑庭真。而建议王禹卿建造蠡园的是王的老东家荣德生荣老板。原来王禹卿当年在家乡捐建的培本小学在 1927 年要举办十年校庆运动会，于是在蠡湖边买了一块滩地建操场。应邀参加校庆的荣德生认为，运动会开过后，不能让操场荒废，不妨就此造园，可把湖光山色收入园中，王禹卿一听正中下怀，于是就有了蠡园的诞生。但想不到的是开放之初的蠡园却因为购票入园问题招来了社会舆论的不满。1930 年 8 月 2 日《锡报·副刊》登载"一游客"的文章《蠡园小沧桑》说："……本邑公私各园，对游客概不取资，独蠡园则首创售票之举。游客入园，须纳资铜元十五枚，而司票者为一老学究，持筹握算，颇费周章。一票之微，历时甚久。而司阍之警士，为一粗悍之北人，对游客疾言厉色，每多失态，以是游者颇致不满。咸谓王氏既耗巨金，筑斯名园，何必斤斤于十五铜元，与游客较锱铢乎。或曰：该园之售门票，实因附近乡人赤足裸背无端闯入，殊碍观瞻，故设此限制耳。记者曰：彼赤足裸背者，园主之芳邻也，以彼辈赤贫，而以十五铜元难之，似乎与平民化之旨趣背驰太远矣。"

因蠡园购票入园问题，又引出陈梅芳在蠡园之西，紧靠蠡园建造"湖庄"即渔庄之事。1931 年 11 月 5 日《锡报》发表阿难《湖滨新语》称："蠡园之旁，有陈梅芳氏新辟湖庄，兴工经年，尚未蒇事。现已成者，为高楼五楹、湖心亭、九曲桥等，落成之期，不知何日。闻陈为蠡园主王姓之戚，欲与蠡园争奇斗胜。蠡园对于游客，强令购券，实为邑人诟病。他日湖庄将力蠲此弊云。"下面对这段文字稍作解读：园主陈梅芳（1880—1968 年），比王禹卿小 1 岁，蠡湖边小陈巷人，是王禹卿结发妻子陈氏的弟弟，亦即王禹卿与陈氏所生唯一儿子王亢元的嫡亲娘舅。苦出身，同样十几岁时到上海做学徒，后来发迹，人称"呢绒大王"。有钱后回报乡梓，是今天市六中前身"私立扬名中学"的校董事会主席。渔庄造园之初名"湖庄"，始建于 1930 年，翌年建成园门（今蠡园大门以此门改建）、百花山房（系五楹平房，原报道称"高楼"有误）、湖心亭（为八角攒尖凉亭，现名涵虚亭）、曲桥等。陈梅芳发誓要把园子造得胜过蠡园，所以渔庄俗称"赛蠡园"，他同样请虞循真帮忙，同样请浙江东阳帮假山匠在园内大堆湖石假山，直到 1937 年抗战爆发，造了一半的渔庄只得停工，是个"半园"。渔庄的事暂时说到这儿，下面再说蠡园后来的事。

王禹卿的儿子、陈梅芳的外甥王亢元，是小开，又是有文化的性情中人。按常规，他应该是王禹卿事业的接班人，但是王小开不按规矩出牌，曾说："我一进工厂大门，听见那机器轰鸣，耳朵里吵吵嚷嚷的头也大死了。"但王亢元对园艺情有独钟，曾追随沪上名家黄岳渊先生学习园艺。1936 年，王亢元出面拓展蠡园，使蠡园面积从 30

多亩达 49 亩。其拓建部分主要用来做旅游生意，这也是蠡园的绝大部分后来成为湖滨饭店的直接原因。1985 年版《无锡市志·第八卷旅游》湖滨饭店词条称：拓展部分"位于五里湖畔，蠡园东北侧。原是蠡园一部分，系园主王禹卿之子王亢元于民国 25 年新建的湖山别墅，园内主要建筑有景宣楼、颐安别业、西班牙楼、凝春亭、游泳池、露天舞池等。曾专营旅游业务，招徕政府要人和上海游人……"结合该记载及其他相关资料，需作三点补充说明：第一，记载中的"湖山别墅"明确指出是蠡园拓展部分的总名，但王家后人认为它应该是专名，至今王家后人手里还保存着两张手据：一张是 1947 年 11 月 28 日颐安别业经手人萧全、强梵林收到王禹卿颐安别业股款国币壹亿元的收据，另一张是湖山别墅经手人萧全、强梵林收到王禹卿湖山别墅股款 5000 万元的收据，可见两幢别墅当时都作价折合股金作合资经营。其实这种总名和专名重合的情况在园林中并不鲜见，如著名苏州园林"沧浪亭"就既是园名又是园中亭名。第二，记载中的"景宣楼"，是蠡园的早期建筑，前述《蠡园记》中已有记载，可能是王亢元拓展蠡园时将该建筑列入了经营范围。第三，王亢元这次拓展蠡园时建了一座重要的点景、观景建筑"晴红烟绿"水榭（又名湖心亭），但记载中未列入，推测是因新中国成立后原蠡园绝大部分划入宾馆范围，但该水榭划入公园范围所致。

　　蠡园在抗日战争无锡沦陷期间落入敌手，遭到破坏。抗战胜利后，逐渐恢复元气，1948 年 5 月中旬更迎来"烈火烹油、鲜花著锦"之时，那就是蒋介石、宋美龄夫妇先去宜兴拜祖陵，再顺道来无锡游太湖时，于 5 月 16 日、17 日下榻蠡园湖山别墅。《蒋介石日记·1948 年 5 月 16 日》载："……登岸经宜兴转至无锡，驻节湖山别墅即蠡

原「渔庄」湖心亭今貌

西班牙楼老照片，该楼迄今保持原状未改变

园也。下午忧心渐消，不若在京时之挹闷忧愁矣。晚课后即晚餐毕，在月下游览湖滨
一匝，十时即睡，能安眠如常，以未熟睡都一月余矣。"已失眠一个多月的蒋介石在
蠡园"一夜困至大天亮"，体现了"安顿"二字，但那几天报纸记者却都是"忙煞"
二字。在连篇累牍的报道中，我们挑两条说一说。第一条，当时一般人只知道蒋介石
在1928年、1946年包括这一次共三次来锡游太湖，但记者偏说他"前曾来三次，……
这是第四次"。那还有一次在什么时候呢？1922年10月4日，尚未成名的蒋介石来
锡游览，他在《日记》中写道："顺道访梅园，结构天成，涉游泉山，揽云起楼之风
景，辄为旷怡。"云起楼在惠山"天下第二泉"之旁，可见那天蒋介石游览了梅园和
惠山。第二条，《锡报》载文称："主席卧室在二楼七号房间，布置简单整洁，内除
床铺二张外，仅有小圆台一只，沙发凳四只，衣架一只。""主席夫妇用之被褥系粉
色绸，面上绣龙凤，平铺床上，绣花枕亦叠在一端。"据口碑资料，蒋先生在看到这
则报道后，对强调被褥上"绣龙凤"甚是心中不快，说：我是民选总统，不是封建帝
王，盖什么龙凤被！下令换去。

　　对于蠡园种种情况，曹可凡、宋路霞著《蠡园惊梦》（上海交通大学出版社出版，
2015年2月第一版）述之甚详，推荐给大家读一读，定能开卷有益，且兴趣盎然。

　　对于老蠡园的造园艺术，当时及后来都有一些不同看法，这里摘录三位名人的看
法，供参考。地理学家朱偰1935年4月《具区访胜记·五里湖》载："……湖北岸
为蠡园，系近人所筑，盖假托遗迹，以名园林；实则过于雕琢，对大块文章，适弄巧
成拙，不特无裨于名山，抑且有伤于大雅也。"大文豪郭沫若1959年5月《蠡园唱答》
云："蠡园在无锡太湖岸上，园中多假山。初游时，颇嫌过于矫揉造作，作五律一首

致贬。继思劳动创造世界，实别有天地，乃复作一律以自斥。因成唱答：何用垒山丘，蠡园太矫揉。亭台亡雅趣，彩色逐时流。无尽藏抛却，人间世所求。太湖佳绝处，毕竟在鼋头。

汝言殊不然，人力可裁天。宙合壶中大，花添锦上妍。琴声随径转，歌唱入云圆。欲识蠡园趣，崖头问少年。"园林古建筑学家陈从周 1978 年春《说园》谓："郊园多野趣，宅园贵清新。野趣接近自然，清新不落常套。无锡蠡园为庸俗无野趣之例，网师园属清新典范。前者虽大，好评无多，后者虽小，赞辞不已。至此可证园不在大而在精，方称艺术上品。"

新中国成立后，1951 年，上海市总工会将蠡园移交给无锡市人民政府管理。1952 年，蠡园原"百尺廊"向西接续并建廊桥以缀联尚未完善的渔庄，廊名相应更改为"千步长廊"，合并后的两园仍名"蠡园"。1954 年，市政府交际处将老蠡园东北侧辟为"蠡园招待所"，主要用于接待内宾；与划入公园的老蠡园荷花池、晴红烟绿水榭用园门和铁栅栏分开。1985 年版《无锡市志·第八卷旅游》湖滨饭店词条载：老蠡园划作招待所的那部分，在"1960 年，重建和改建景宣楼等 3 幢楼房。1979 年10 月，新建一幢 10 层大楼，建筑面积 9456 平方米，有客房 187 间，床位 374 张，定名为湖滨饭店。连同原湖山别墅的 3 幢楼房，建筑总面积为 21632 平方米，客房208 间，床位 414 张……"按湖滨饭店现状分析，1960 年"重建和改建的景宣楼等 3幢楼房"应该就是 1979 年保留在"10 层大楼"南面的"原湖山别墅的 3 幢楼房"，即沿用原名的景宣楼，重建后为总统套房的原"颐安别业"（现名景怡楼），荷花池畔保持原状的西班牙楼（又名湖山别墅）。这西班牙楼还有一个流传较广的传闻，是说彭大将军彭德怀在"庐山会议"上被罢官后曾居于此。其实是没有的事，比较接近真相的是，当时确有一位长相与彭元帅有点相似的国际友人住在这里，他是印度共产党的一位领袖人物，而彭德怀在庐山会议后没有到过无锡。

花开两枝，各表一头。下面讲作为公园的"蠡园"那些事。在 20 世纪 50 年代，于并入蠡园的原"渔庄"内建"四季亭"等，并完善原为青祁八景之一后划入公园范围的"南堤春晓"。又因为占老蠡园绝大部分范围划入湖滨饭店，造成蠡园公园游线不畅，为妥善解决此问题，于是在 1978 ～ 1982 年间，由李正主持规划设计，在园子东北面另行征地拓建，建成后名"层波叠影"，博得社会各界好评。20 世纪 90 年代中期，又改造老渔庄"百花山房"一区。其时蠡园占地 123 亩，其中水面约占 2/5。2002 年，"蠡园及渔庄"被公布为江苏省文物保护单位。2005 年 12 月，蠡园列为国家 AAAA 级旅游景区。

二、蠡园游线及看点

现在的蠡园，如按合理游览线路排序，分为入园景观、假山耸翠、南堤春晓、长廊览胜、层波叠影等五个片区，各片区景点多多，如果你想"不走回头路"地游毕全程，可以这样走：

（入门景观）自门厅经暗廊出月洞门，左拐，进入两边假山石有如悬崖峭壁的石弄堂，前行十几步→（假山耸翠）经半边石栏的小石桥至四方亭，再经曲桥至水中亭，返回循路经莲舫（船形建筑）、归云峰、洗耳泉、十二生肖石、"潜鱼"水池，沿池边道路向前走→（南堤春晓）循路经桂花林、月老亭、百花山房、濯锦楼、《养鱼经》碑、四季亭、渔庄刻石和涵虚亭、悬匾"月波平眺"的龙凤亭、桃柳夹种的湖滨弧形长堤，从长堤东头的高桥拾级而下→（长廊览胜）穿过"云窝"山洞，循千步长廊前行，经栈桥至借景凝春塔的"晴红烟绿"水榭赏景，返回进"锦涵"门洞，步入以荷花池为核心的水庭院，缘池而行，出西围墙所开月洞门→（层波叠影）自半亭、数鱼槛即千步长廊的复廊，经绿漪亭至春秋阁，该阁以水旱廊接通千步长廊，又以转角廊接通红蓼榭，出转角廊经水淼亭、柳荫亭、映月桥、邀鱼轩等，从边门出蠡园。这条游线上的主要看点有蠡园门厅、石桥和四方亭、莲舫、归云峰假山群、百花山房、范蠡《养鱼经》碑刻、四季亭、湖滨长堤、云窝山洞及铺地、千步长廊、晴红烟绿水榭、锦涵水庭院、春秋阁、红蓼榭、柳荫亭、邀鱼轩等。移步换景，不要错过。

1. 蠡园门厅

入园景观是园林给游人的第一印象，历来为造园家所重视。今蠡园门厅原为渔庄大门，改筑为现式样：双坡小青瓦屋顶，方砖贴面，金山石墙裙，和合石库门，面阔三间，进深九界，颇有气派。门厅内，以郭沫若《蠡园唱答》诗屏、刻漆《蠡园导游图》、入口处上方的江苏省政协主席孙颔题"蠡湖烟绿"匾及著者撰句、陆修伯手书的128字"门"字长联，点明蠡园的人文内涵、旖旎风光和审美情趣，简洁雅致，甚有书卷气。

2. 石桥和四方亭

进门厅经石弄堂前行，有跨水石桥，桥上半边石栏，仿农村小桥做法。旧时农民挑担换肩或牵牛过桥，半边桥栏比两边栏杆实用，所以这座小桥看似简单却体现了生活情趣。桥头有四方亭建在假山之麓，令人似有《红楼梦》大观园入门处"只见一带翠嶂挡在面前"的感觉，这种中国古典园林"欲露先藏"手法的妙处，真如宝玉之父贾政所说："非此一山，一进来园中所有之景悉入目中，更有何趣？"所以蠡园这里的一桥一亭一山，同样看似简单却从中可以看出造园家的不简单。

3. 莲舫

原是老渔庄内建于 1930 年的船形水厅，前舱装有落地长窗，中舱有矮墙花窗，后舱有粉墙栏杆和小门。莲舫三面临水，一面在岸上，具有"锦缆常系衿香薄，舡窗暂启雨声稀"诗意，夏天小雨将停未停时于此赏荷最佳。

4. 归云峰假山

蠡园以"假山真水"著称，但老蠡园的假山在 1954 年已划入宾馆范围，这里所见原是老渔庄旧物。归云峰假山的山峦和洞窟以"云"字点题，如云脚、穿云、朵云、盘云、留云等。犹如人在山中行走，满身缭绕轻雾薄云一般。当然这是联想意会所得。所以讲游园不仅用眼还要用心，方能今日得小佳趣，成为赏心乐事。这时再看山脚边小路旁的一块石碑，上面刻着东晋大书法家王羲之《兰亭集序》中的佳句："此地有崇山峻岭，茂林修竹，又有清流急湍，映带左右……"境界又高一层。在假山群南面的石路间，有"洗耳泉"，泉名取自古诗"酒醒谁敲松风操，炷罢炉熏洗耳听"佳句。该泉为老渔庄园主陈梅芳所浚，泉眼直径约 1 米，如耳洞，周围叠石如耳廓，说是要洗耳恭听游客意见，把渔庄造得胜过蠡园，成为名副其实的"赛蠡园"。

5. 百花山房

自桂花林经紫竹林，或自蠡园门厅出月洞右拐过山洞，均可到达百花山房。这幢建筑原为建于 20 世纪 30 年代初期的五间大厅，因有"细数落花因坐久"情趣而名百花山房。1994 年翻建时，改为坐西朝东，面阔三间，落地门窗，前接抱厦的现式样。抱厦柱子上挂有楹联："剪月裁云好花四季，穿林叠石流水一湾"，说出了这里的景色之美。山房之西，有建于 1984 年的濯锦楼，其上有沙陆墟先生集前人诗句手书的楹联："路横斜，花雾红迷岸；山远近，烟岚绿到舟。"登楼凭栏，湖光山色，远近美景，无不历历在目。

6. 范蠡《养鱼经》碑刻

《养鱼经》碑在百花山房和濯锦楼之南，立于 2002 年秋季。该鱼经相传是范蠡隐居在无锡太湖边时化名"渔父"所著（渔父意为能干的渔民）。从碑文看，范蠡发明的人工养鱼，是指人工养殖鲤鱼的方法。范蠡也因此掘得了功成身退后的第一桶金。有趣的是，据范蠡观察，人工养殖的鲤鱼满 360 条，蛟龙会带着这些鲤鱼飞去跳龙门，所以要在养鱼池中养王八（鳖）把鲤鱼们看管起来。而且这养鱼池要按"九洲八谷"挖出或浅或深的坑，让鲤鱼就像生活在大自然中一样。之所以选择鲤鱼喂养，是因为"鲤不相食，易长又贵也"。

7. 四季亭

是蠡园中最养眼的景色之一，建于 1954 年。其特点是在一个四方水池的四边，各建一个一模一样的歇山顶四方亭，不怕雷同，反而跳出雷同，令人产生"你中有我，我中有你"的联想。就是人站在一个亭子中，好像又看到了其他三个亭子，这是园林"借景"手法中"互借"的妙用。当然，既然命名为"四季亭"，就应该有四季的变化：于是在春亭种梅花，挂"溢红"匾；在夏亭种夹竹桃，挂"滴翠"匾；在秋亭种桂花，挂"醉黄"匾；冬亭种蜡梅，挂"吟白"匾。这种情景交融的诗意，给四季亭平添了不少情趣。四季亭旁，另有建在小岛上的八角攒尖涵虚亭。亭畔有"渔庄"砖刻，前清常州进士谢霈书于 1936 年，原镶嵌在渔庄园门之上，1952 年蠡园和渔庄合并时拆下移于此，所以这小岛也可称作渔庄岛。亭和岛有古柳环绕，八面来风，景致不俗。

8. 湖滨长堤

原是虞循真早年所辟青祁八景之"南堤春晓"，仿杭州苏堤，一株杨柳夹株桃，其中的重瓣桃花有十几个品种，花色紫红、绛红、绯红、粉红以及白色、洒金的都有。桃红柳绿之时，独具春天江南水乡之美。1995 年发行的《太湖·蠡园烟绿》邮票中的那一抹柳烟就是这里的生动写照。堤边有龙凤亭、悬挂"月波平眺"匾。亭名源自在亭子藻井的结构兼装饰件上，雕刻有 60 只凤凰和 12 条飞龙。正中为"双龙戏珠"木雕，十分精致。而匾额是说这里尤宜月色，水波轻缓，人月对话，多美。

9. 云窝山洞

这里是长堤、长廊、大假山的交接点，亦可叫作节点：从长堤东头的高桥拾级而下，穿过云窝山洞，就是千步长廊的开头，从"云窝"两字，又可以知道这里是归云峰大假山的收尾，三景一点，十分重要。古人有"洞天福地"之说，而这山洞与长廊连接处的花街铺地，其所用图案就应顺了人们祈求吉祥的心理。图案正中为"寿"字，周围有五只蝙蝠，蝙蝠的"蝠"与福气的"福"谐音，所以这图案就叫"五福捧寿"。图案旁有棵木香藤，开花时，满树银花，被比喻为"摇钱树"，有福有寿有钱，真是神仙过的日子，难怪那么多游客都要到这里来穿山洞。

10. 千步长廊

这条廊前后建了三次：它原是建于 1927 ~ 1930 年之间的老蠡园"百尺廊"；1952 年为接通老蠡园和渔庄，长廊延伸为"千步廊"；20 世纪 80 年代初为沟通"层波叠影"新区，又接出连接春秋阁的水旱廊和观赏游鱼的复廊"数鱼槛"，使长廊局部加宽。目前，长廊总长 300 多米，且廊身高低起伏、曲折有致，真有移步换景之妙。

游长廊除赏景之外，还有 3 个值得注意的地方：一是廊身墙壁上，用瓦片堆砌的漏窗，个个图案不同样，漏窗也叫作花窗，原有 89 个，现存 80 个，是能工巧匠的精心杰作，现在提倡"工匠精神"，这里就是活教材。二是花窗下面的青石碑刻，共 64 方，既可欣赏书法艺术，又传递正能量。三是廊身上面的"饮渌·来青""雪浪·澄波""耕烟·织雨""晴岚·夕照""伫月·阅帆"五组砖雕题额，说出了又说不尽这里的诗情画意，真让人赏心悦目、流连忘返。

11. 晴红烟绿水榭

长廊东部将尽处，与长廊垂直相交，长达 50 米的栈桥伸入湖心。桥头环水建面阔三间、进深七界的歇山顶、棕色琉璃瓦水榭，悬匾"晴红烟绿"，为近代民族工商业家华绎之题书。这里是欣赏蠡湖的最佳角度，又有紫砂壁画描绘范蠡西施故事，得情景交融、景情互生之趣。水榭东侧，在临水石矶上，1935 年建五层八角凝春塔，点醒一湖春水，游人都喜欢以塔为背景，在此拍照留念。由于此塔在湖滨饭店范围，游人可望不可即，又生出不少遐想。据知情人讲，此塔原计划建成"七级浮屠"，后受时局影响，造了五层便宝塔结顶。如从专业角度看，这里建五层塔，小巧玲珑，与蠡园整体氛围还是比较协调得体的。

12. 锦涵水庭院

栈桥正对面，有八角门洞，上面镶嵌着"镜涵"砖额，入内为水庭院，原是老蠡园的荷花池。其布局特点是：一池似镜，二桥渡波，三岛似蓬莱，四亭赏美景。荷花池北岸，有建于 1935 年的西班牙式小洋楼，一名湖山别墅，曾有名人入住，留有传奇故事。中国人建造荷花池以供欣赏的历史，可追溯至 2500 年前吴王夫差为宠妃西施建造的浣花池。所以在此有西施遗韵的地方建荷花池，格外发人遐想。该水庭院现在又是新老片区的结合部。沿着池边的湖石曲径前行，出西边围墙的月洞门，"层波叠影"正在向游人招手。

晴红烟绿水榭和凝春塔（老照片）

层波叠影

李正先生手绘的《层波叠影图》

13. 春秋阁

位于"层波叠影"片区中部，前后临水，是整个蠡园的标志建筑。它以重檐、三层、歇山顶的挺拔身姿，为蠡园创造了"飞阁流丹、下临无地"的仰视景观，借以抵销湖滨饭店大楼对蠡园造成的压抑之感，同时又吸引游人登阁凭栏，俯视蠡园清新俏丽的景色。其阁名匾由艺术大师刘海粟手书，两侧悬挂楹联："鸥侣无猜，四面云山谁作主；鸱夷安在，五湖烟波独忘机。"这一匾一联和阁内文化布置，都紧扣吴越春秋时相传范蠡西施泛舟蠡湖这一主题并作恰当演绎。春秋阁的底层，向南以"闻跫"水旱廊接通千步长廊，向北东以转角廊与红蓼榭相接，高低错落，首尾相顾，富有韵律之美。

14. 红蓼榭

实为黛瓦红栏、雕花长窗的厅堂建筑，与春秋阁取均衡之感。室内的匾额、楹联、壁画、挂屏也颇有书卷气。特别是按无锡市博物馆藏本制作的清大学士、无锡人嵇璜撰书的楹联"万象静观为善乐，四时清赏得诗多"，就像为此地量身打造的景观说明书，博得人人称好。水榭之东，接出半亭和"问鱼渊"，既丰富了建筑的立面，又能观赏游鱼之乐。楹联"水声触耳观鱼跃，月影当窗呼酒烹"，说出了这里的诗情画意。

15. 柳荫亭

从春秋阁和红蓼榭之间的转角廊拾级向上，左拐，经架在河道上的水淼桥亭，前为游览主干道，道左有曲径伸向绿荫深处，路口拂面的柳条之下，伫立着柳荫亭。这亭子造得不俗，圆形攒尖的亭顶，用陶片覆盖，用陶缸结顶，据说这些陶片没有花钱，是从宜兴的陶瓷厂白检的，亭柱也很简单朴实，洗尽铅华反觉其美。过亭经"映月桥"，石径进入假山深处。

16. 邀鱼轩

在假山和水池形成的山崖水际，建有邀鱼轩。青瓦歇山顶，红柱白粉墙，显得小巧雅致，轩名匾由著名书画家朱屺瞻手书。轩前有接水平台，邀来游鱼嬉戏，轩由此得名。邀鱼轩的后墙，开月洞门，过此就是归云峰大假山，邀鱼轩实际已靠近前面说到的四方亭。所以，邀鱼轩是点缀在"层波叠影"和"假山耸翠"两大片区结合部的景观建筑，大小合度，形状得体。同时，在原归云峰假山北侧，又在 20 世纪 80 年代初，由扬州匠师接出一座湖石假山，恰如原假山的余脉，逶迤起伏，情趣盎然。假山连着汀步、渔矶，上有李建金创作的《西施》雕像，此时的"她"已还原成浣纱女形象，清纯天真地似在故乡的山水间，任它花开花落，云舒云卷……

三、由蠡园衍生的新"西施庄"

古代的无锡，在东乡有西施庄，废址就在今全国重点文物保护单位"鸿山墓群"一带，那里有条九里河，此河与西施庄有关。只是后来西施庄仅剩水中的一个土墩，称西施墩；再后来在 20 世纪八九十年代因兴修水利被毁。有关这个西施庄最早的文字记载，见元代王仁辅编修的《无锡志·古迹》："西施庄，在水东四十里。《吴地记》：范蠡献西施于吴，故有是庄。"而范蠡献西施的出处，见东汉时《吴越春秋》所载：越王勾践十二年，越国美女西施、郑旦在"习于土城"三年后，"学服而献于吴"，"乃使相国范蠡进"。同样在东汉时编写的《越绝书》也有类似的记载，只是护送这两位美女进献给吴王夫差的使者，改成越国大夫文种。清初，供职翰林院的著名学者、无锡人严绳孙有《西施庄》诗："苎萝无复浣春纱，肠断湖帆十幅斜。蔓草尚沾亡国泪，远山长对美人家。白猿剑去空消息，乌鹊歌残几岁华？不见沼吴人别后，年年开落野棠花。"至了清早期，学者型副部级高官、无锡人秦瀛在《梁溪杂咏》中，也有诗句咏西施庄"五湖何处吊夷光？白纻歌成怨夕阳。犹有靡芜学裙带，东风吹绿美人庄。"

无锡东乡的老西施庄已不见踪影，今天的新"西施庄"是东蠡湖中的一座面积为 3 公顷的人工岛屿，是在蠡湖整治过程中，用清淤时的淤泥堆积而成的。由于在功能定位时有意识靠近蠡园，故命名为"西施庄"。新西施庄围绕范蠡西施隐居蠡湖后，为百姓教习歌舞、养鱼、制陶、酿酒、纺纱等技艺的传说而设置实景。即有目标地设计游客能接近和参与的春秋戏台、陶朱公馆、船舫、绣楼、夷光茶室等，并在主岛旁的小岛设置范蠡、西施在湖边隐居的远景，以此提高景点的层次感和情趣。新西施庄于 2006 年 9 月 29 日建成开放。游人可在蠡园坐船前往，每逢情人节，这里生意特别好，年轻情侣们在此度过热烈、浪漫的一天。

城邑园林

　　本篇所涉城邑园林，本指坐落在无锡古县城范围内的公私园林。由于无锡古县城被环城运河所环绕，而环城运河的西半环原是由古梁溪演变而来的护城河，东半环原为外城河，北端则从运河"天关"黄埠墩为起点；且从 21 世纪 10 年代开始，环城两岸及中流持续不断地进行公共绿地建设，已基本形成树木葱茏，建筑得体，游线亲水，灯光宜人的生态与人文交相辉映的环城河绿带。所以从空间看，这里所说城邑园林的范围又略大于原无锡古县城的城址范围。

　　如从时间看，无锡运河的历史要早于建城史，并由此造就了运河于古县城"擦城、穿城、环城而过"的独特文化现象。这种特质在千里大运河沿线城市中是十分罕见的，尤其弥足珍贵。无锡是江南水乡城市，是运河明珠，境内运河纵横，四通八达，但哪条运河是无锡最早的运河呢？无锡人都知道：那就是太伯渎（又名伯渎港）。无锡最早的地方志书，是成书于元至正年间的《无锡志》，其第二卷山川载："太伯渎……始开于太伯，所以备民之旱涝，民德太伯，故名其渎，以示不忘，渎上至今有太伯庙。"但现在最牛的，毫无疑问是世界文化遗产"中国大运河·江南运河无锡城区段"，而环城运河是其中的一部分。这条运河的原始河道，系太伯的后裔吴王夫差所疏浚开凿，其历史比汉初始建的无锡县城要早数百年。当然在城里建园林，这是后来的事。

　　这里还要说明的是，无锡古县城在 19 世纪 60 年代初期，曾因太平军与清军的反复争夺战，遭受很大破坏，所以目前历史稍长一点的无锡城邑园林，基本属近代园林。又因为当时处于社会转型期，这些园林有的传统因素多一点，有的仿西式建筑的因素多一点，呈现出形式的多样性。又限于无锡古城面积较小，这些园林占地都不大，即使是"公花园"，也仅 50 亩上下。而目前无锡城邑园林中最令人瞩目的，首推环城运河公共绿化带。所以本篇也就从这里开始，向大家一一道来。

1948 年《无锡城区测绘图》反映了古运河与古县城相生相伴的典型关系，
即环城运河龟背线

第十章 运河的故事

2014 年 6 月 22 日在多哈举行的世界遗产大会上，"中国大运河"被列为世界文化遗产，该项遗产由多处典型河道段及遗产点共同组成。"江南运河无锡城区段（包含黄埠墩、西水墩二处）"是其 27 段典型河道之一，"清名桥历史文化街区"是其 58 处遗产点之一。该世遗河道段全长 14 公里，北起黄埠墩，在江尖分流为北东、南西两支并环绕无锡古城一周后，在跨塘桥合流，一路向南，穿越清名桥历史文化街区，分出伯渎港，止于下甸桥，也就是无锡人通常所说的"古运河"。有古必有新，新中国成立后，随着无锡经济社会的迅速发展，为及早改善大运河在市区的航运条件和解决城区河道阻水问题，1958—1983 年间，开挖了始自黄埠墩，绕行锡山东麓，穿越梁溪河，止于下甸桥的并在两端与大运河原航道相接的全长 11 公里的"新运河"。这样，原来由古运河承担的大运河无锡城区主航道任务，就改由新运河承担。航运任务渐渐淡化的古运河及两岸，在历经 21 世纪初期的综合整治，包括清名桥历史街区的科学保护、有机更新之后，已成为无锡城区文化含量最高的吴文化、运河文化、工商文化交相辉映的历史人文廊道，环境优美的点、线、面结合的绿色生态廊道，宜居、宜游、宜憩的全天候、敞开式的旅游休闲黄金水道。下面我们尝试着有重点地把这张重新擦亮的无锡城市名片和最大的城市会客厅介绍给大家。

一、往事越千年

在运河之前冠以"古"字，是要讲它的悠久历史。这段历史要从 2500 年和 2200 年以前说起，这是本章所讲第一个问题的第一点。

1. 吴王夫差疏浚"古吴水"和春申君黄歇对古"无锡湖"的治理

泰伯开创的吴国，经过 600 多年的发展，传位到夫差手里时，国力已十分强大。他在吴越夫椒大战中，战胜了越王勾践。但他没有"宜将剩勇追穷寇"，而是放勾践一马，同意勾践臣服自己。勾践将经过三年调教的越国选美冠军西施献给夫差，成为夫差的宠妃。说到这里，原来不知道夫差是谁的人恍然大悟，原来他就是西施的夫君，又有人会问：西施不是和范蠡一起隐居在五湖也就是太湖的吗？如果这个传说是真实的故事，那夫差应该是西施的第一任丈夫。公元前 486 年，踌躇满志的夫差，打着尊奉周天子的旗号，为了北上与齐、晋等国争夺霸主地位，下令在长江以北开掘"邗沟"，作为运送兵员和粮草的河道。而在此之前，在长江以南他开凿疏浚了流经今苏锡常地区并北入长江的"吴古故水道"，简称"古吴水"。这条水道在无锡地界，利用的是当时无锡北部的天然湖泊作为航道的。据 1930 年《无锡年鉴》所说，这湖泊中有一个小岛"相传为吴王夫差浚芙蓉湖时鼓吹游燕之所"。古代燕子的"燕"和宴会的"宴"通解。也就是说这小岛是夫差举行音乐宴会的地方。

公元前 473 年，卧薪尝胆的越王勾践在范蠡、文种的辅佐下，灭掉了吴国，夫差自杀身亡。又到了公元前 334 年，楚国灭掉了越国，无锡划入楚国的版图。公元前 248 年，楚令尹（宰相）春申君黄歇获准将其领地从淮北徙封江东，以"故吴墟"为都邑，为此"立无锡塘"、治"无锡湖"，而无锡湖就是芙蓉湖的古称。所谓"立无锡塘"，就是修堤筑岸，规范湖中航道，这也是无锡古地名北门塘、南上塘、南下塘的由来。为了纪念黄歇治水的功绩，夫差举行宴会的那个小岛被命名为"黄埠墩"。1690 年刻印的清康熙《无锡县志》所谓黄埠墩"其始得名亦当以春申君故"，说的就是这个故事。

无锡民间有"先有无锡湖，后有无锡名；先有黄埠墩，后有无锡城"的说法流传，看来还是有一定依据的。

2. 隋炀帝敕开江南河，古吴水是江南运河的前身

小时候听历史老师讲，穷奢极侈的隋炀帝杨广为了满足个人私欲，竟不惜动用数百万民力开挖大运河，为的是去扬州看琼花。当时不仅知道杨广是个坏人，还对琼花充满好奇。长大后一直在园林工作，后来出差去扬州顺便看到了琼花，方知道琼花是扬州的市花，是一种忍冬科荚蒾属的半常绿灌木，又名木绣球、聚八仙花。再后来又知道，在我们无锡寄畅园的鹤步滩头，就有一棵从扬州买回来的琼花，每年四月开满树白花，宛若飞来一群白蝴蝶在翩翩起舞，十分美丽，还有一股清香。而隋炀帝在大业六年（610 年）敕开江南河，"自京口（今镇江）至余杭郡（今杭州）八百余里，水面阔十余丈"。江南河即江南运河，在苏锡常地区的航道段就是以原来的"古吴水"为基础，进行疏浚加阔而成。客观地讲，江南运河对于促进江南一带的经济社会发展，还是有贡献的。

3. 元代大运河全程贯通，江南运河成为大运河的组成部分，又为无锡带来新的发展机遇

元至元二十六年（1289 年），元世祖忽必烈命凿山东会通河，北起北京（当时称元大都）南至杭州的京杭大运河从此贯通，江南运河成为大运河不可或缺的组成部分，大运河畔的无锡获得了新的发展机遇：先是在 1295 年，无锡的行政级别从县级升格为中州，套用一句现在的话，无锡从县级建制升为省辖市。又在无锡城内的运河东岸（今中山路、县前街十字路口的东北角）建"亿丰仓"，集中无锡、宜兴、溧阳每年所交皇粮 47.085 万石（每石折合 75 公斤），以便漕运。漕粮的集散，无疑为此后无锡米市乃至整个流通领域的兴盛，举行了奠基礼。这里还要对漕运的重要性多说几句：所谓"漕运"，本指水路运输，后来专指把官府征收的粮食运往京城或其他指定地点。你想，京城里仅一个紫禁城，上自皇帝、皇后，下到太监、宫女，要多少人？大小衙门、文武百官和他们的家眷、佣人要多少人？京畿驻军及家属又是一个十分庞大的数字；而京师本身不生产粮食，但京城里不论豪商巨贾还是贩夫走卒、平头百姓，

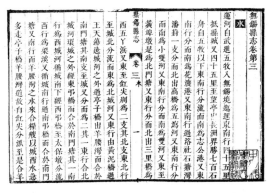

清康熙二十九年（1690 年）《无锡县志·卷三·水》有关大运河环无锡城而过的记载其走向至今未变

开门七件事，谁都不能少。所以漕运问题不仅仅是个粮食运输问题，更是牵动国本的政治问题。明清时，朝廷要选省部级高官担任漕运总督，按惯例还要加副都御史头衔，以便监督漕船所经沿线大小官员，不得玩忽职守。所以，亿丰仓的建设，在当时是不容小觑的一件大事。

4. 大运河在无锡城内外之擦城、穿越、环城而过经历及意义

西汉高祖五年（公元前202年），始筑"城周二里十九步"的无锡县城，城址在"运河西，梁溪东"。它的范围，大体东起今天的中山路，西至解放西路，北始自连元街，南到东、西大街。这里需要说明一下：中山路的路基原来有一部分是运河航道，直到1958年方才填没；而解放西路外侧的古运河，原是梁溪的一部分，后来演变成护城河，再后来成为运河航道，这事下面还要谈到。所以汉代时，运河在无锡城外"擦城而过"。

唐以后，无锡经济发展，人口滋繁。"安史之乱"后，唐王朝经济重心向东南转移，无锡地位益显重要。唐大历十二年（777年），无锡升格为"望县"，当时县分七等，望县的级别仅次于京都所治的"赤县"和京城旁边的"畿县"，在地方层面上，望县的级别是很高的。至此，汉初所建县城，嬗变为县衙所在的子城（内城），原来的城郭则扩大为县城的城址。并且由于弯弯河道的"规范"，城址的平面也渐成龟背形格局，至两宋时基本定型。因为江南运河的河床位置基本未变，所以对于扩大了的无锡县城而言，运河"穿越而过"。

处于无锡县城中间位置的运河，原以城中直河为主航道。后因两岸街市和民居的不断蚕食，河道逐渐变窄变浅。明嘉靖三十三年（1544年），新上任的无锡知县王其勤，为防倭寇犯境，率军民重筑无锡县城的砖石城墙和南、北水关，制约了城中直河的通航能力，大船、重船尤其是漕船难以通过。于是官府下令，运河主航道改从城东的外城河和城西由梁溪演变而来的护城河通过，由此，大运河主航道从无锡城"环城而过"。清康熙《无锡县志》对此航道走向有明确记载，并与今天我们所见现状相吻合。而大运河的环城而过，成倍地拓展了无锡经济社会在城区的发展空间，恰逢此时为中国资本主义的萌芽期，天时、地利、人和无不为无锡米、布、丝、钱四大码头的兴盛和近代民族工商业的崛起，提供了十分有利的条件。

运河在无锡城的擦城、穿城、环城而过，体现了无锡城遇水而兴，因河而盛的特色个性。诚如2013年联合国教科文组织世遗专家组在无锡作现场考察时给予的高度评价：环城运河反映了运河与城市相生相伴的典型关系，即"环城运河龟背城"。

二、生生不息的经济纽带

无锡人像对待梁溪一样,把运河视作母亲河之一。这是因为她不仅仅滋生了具有独一份故事的运河文化,又是无锡生生不息的经济纽带,除了对农业所作的水利贡献外,从传统的物流和金融领域的米、布、丝、钱四大码头,到为无锡创造了巨量GDP 的近代民族工商业,都离不开运河的哺育和滋养。

无锡传统商业物流,以米市最为著名。它滥觞于元代建在无锡城内运河边的东南最大官仓"亿丰仓",至明万历二年(1574 年)所刻《无锡县志》已有"米市在北门大桥"的最初文字记载。时起时伏的无锡米市,在经历了清末太平军与清军争战江南所带来的毁灭性打击后,在同治五年(1866 年),就沿着运河由南门向北塘全面复苏,至光绪九年(1883 年)已发展为粮行米店栉比鳞次的"八段米市"。光绪十四年,清政府命江浙一带的南方漕运集中在无锡办理,加之上海辟为商埠,无锡米市进入盛期。至 20 世纪初,无锡米市已居全国四大米市之首。20 世纪二三十年代,年交易量高达 1200 万石之巨。

米市又成就了无锡的布码头。明中叶以后,土布已成为"吾邑生产之一大宗"。弘治年间(1488—1505 年)土布商贩聚集在莲蓉桥以南运河沿岸,收购农村生产的土布,"捆载而贸于淮扬高宝(高邮、宝应)等处,一岁所交易不下数百万"。而生产土布的棉花,在东汉时由印度传入中国,至 13 世纪中叶已推广至我国大部分地区。与无锡接壤的江阴是棉花产区,从江阴来无锡做棉花、布匹生意的商户,聚居而形成江阴巷,其附近的"布行弄"等亦与布码头有关。

无锡农村素有栽桑养蚕的传统。蚕农们用缫木车自行生产的生丝,俗称"土丝",所谓"丝市"即土丝交易市场。清光绪六年(1880 年),无锡产土丝 3200 担,折价

昔日大运河中的运输船

昔日大运河中的画舫灯船

48 万海关两，四成销往海外。当时，无锡经营土丝收购和外销的丝行有 20 多家，主要集中在运河沿岸的莲蓉桥至江阴巷以及南门一带，无锡又成为"甲于东南"的丝蚕市场。直到民国后，随着新式缫丝厂的崛起，白厂丝开始销往国外，以土丝交易为特征的丝市和经营土布生意的布码头，才逐渐淡出市场。

而位于莲蓉桥沿河至通汇桥的竹场巷，原以汇聚竹器店和竹行而得名。但在近代却因附近米、布、丝三业的交易而兴旺。为方便商家存、贷款和汇划等金融业务，此地陆续出现多家钱庄和银行。竹场巷被称为无锡"钱码头"的"小华尔街"。

以 1895 年杨宗濂、杨宗瀚兄弟在兴隆桥创办业勤纱厂，1900 年荣宗敬、荣德生兄弟在太保墩创办保兴面粉厂（茂新厂前身）为标志，无锡百年工商城开始在运河沿线迅速崛起。至 20 世纪 30 年代上叶，无锡已被誉为"小上海"，其工业产值和产业工人数量等，都位居全国前茅，甚至进入前三甲。民间则有"站在亭子桥可以看到 108 个烟囱"的说法流传，用来形容当时无锡近代民族工商业的盛况。

默默流淌了 2500 多年而又生生不息屡创奇迹的无锡古运河，在进入 21 世纪之后，又谱写了一段新的佳话……

三、绿色的文化洗礼

21 世纪初，总长度为 10 公里的环城运河综合整治工程列入无锡市"十一五"期间重大项目。整治范围占地 153 万平方米，项目建设占地 36 万平方米，其中新增滨河公共绿地 24.2 万平方米。整治的指导思想坚持"以水为本，以文为魂，以城为根"的原则，贯彻"彰显古代、突出近代、融合现代"的思路，通过全方位、立体式的综

坐落在大运河畔的无锡首家民族工商企业"业勤纱厂"1905 年老照片

同样坐落在大运河畔的无锡近代民族工商业的第一家面粉厂"茂新"1905 年老照片

合整治，使环城运河成了"历史人文线，生态景观轴，建设风貌带，亲水宜居地，旅游休闲区"。作为这次整治工程的重点，保护和基本修复了沿岸多处历史文化遗迹、遗存；并根据历史文脉，在新增公共绿地中，突出了文化展示功能，还配置了沿线优雅养眼的夜间照明。在 2009 年新中国成立 60 周年前夕，以夜游为特色的游船，开始在灯影桨声中，游弋在囊括环城运河全程的蓉湖溯源、北塘米市、莲蓉烟雨、站前灯火、熙春朝晖、望湖熏风、梁溪晓月、旧城怀古等八段景区中。在 2013—2014 年间，又以"十里花海"为题，对运河沿线的"两墩、五园、生态十景"作景观优化提升。其中两墩为黄埠墩、西水墩，五园为运河公园、江尖公园、海棠苑、业勤苑、抚熏苑，生态十景为清莲芳阵、牡丹亭影、玉兰琼华、绿萝踏雪、槐古醉今、妙光飞霞、芙蓉秋韵、绿浪泛波、落英洗雨、后海闹春。2014 年秋，又根据"千年古运河、百年工商城、环城廿四桥、桥多故事多"的特点，结合桥梁本身的桥史内涵和邻近景点沿革，对其中的江尖大桥、莲蓉桥、通汇桥、工运桥、高墩桥、亭子桥、槐古大桥、妙光桥、淘沙桥、西水关桥、显义桥、显应桥、西门桥等 13 座桥梁进行接地气的文化包装，使它们都有自己"独一份"的故事可讲。所有这些，都让游人从中领悟到环城河与龟背形无锡古城在漫长的历史岁月中，所形成的那种乳水交融般的相生相伴关系，以及此地被列入世界文化遗产，堪称名副其实，实至名归。下面，先对五园和其他重要人文景点，以及串联这些景点的"绿线"，作重点介绍。

1. 运河公园

位于蓉湖大桥东北塊，因濒临京杭大运河的无锡古运河及新运河结合部而得名。园址的老地名包括蓉湖庄、丁港里及和新里等，其北部旧有多处米市堆栈及粮食加工企业，南有和新布厂等。所以在建园时有意识保存了 17 处工业遗产，以及当时为方便运输所开挖的锡丰浜、生河浜、李家浜等 3 处运河支流。公园建设以 2007 年 4 月 30 日奠基的"何振梁与奥林匹克陈列馆"为起点，在新中国成立 60 周年大庆前夕 2009 年 9 月 26 日建成开放。公园占地 16.05 公顷，其中绿地约 70%，尤擅远山近水，浅岗高林之美，是无锡城区面积最大的"集运河文化、米市文化、体育文化、书画文化、音乐文化、生态文化、旅游文化于一体"的公益性开放式江南水景园林。公园本身及园内的博物馆、陈列馆等均免费开放。公园以水分区，生河浜以北为 A 区（内有锡丰浜），生河浜与李家浜之间为 B 区，李家浜以南为 C 区，三区各有园门，又以公园中部的主干道及跨浜所建的玉莲桥、青莲桥相连接，另在东侧以滨河长廊、五孔石拱桥及锡丰廊桥贯通南北。园中景点多多，主要看点有 6 处，它们是：

（1）**何振梁与奥林匹克陈列馆**。步入 A 区园门，迎面即为李瑞环题写馆名的何振梁与奥林匹克陈列馆。何振梁是众所周知的奥运功臣，1929 年出生于无锡吴桥田堵里，出生地与何振梁与奥林匹克陈列馆相距很近，馆的建成说明了何先生浓郁的乡梓之情。该馆馆址原为塑料仓库，于 2007 年 4 月 30 日举行改建工程的奠基礼，2008 年 5 月 20 日完成布置，正式开放。何振梁与奥林匹克陈列馆的展示面积达 3800 平方米，由主馆和副馆组成。馆内琳琅满目的展品主要由何振梁捐赠，而透过何振梁的体育生涯，从一个角度生动地反映了国际奥运和我国体育事业的发展历程。何振梁与奥林匹克陈列馆的副馆建于 2007 年，里面展出《奥运之光》（又称百年奥运）彩色玉雕和无锡籍其他体育名人如潘多（她的丈夫是无锡人，后定居无锡）、蔡振华等事迹，十分耐看。2009 年 9 月 8 日，为成功举办北京奥运会作出杰出贡献的萨马兰奇与何振梁先生携手何振梁与奥林匹克陈列馆，热烈拥抱，萨马兰奇对何振梁与奥林匹克陈列馆给予高度评价。2010 年，何振梁夫妇又陪同罗格夫妇参观何振梁与奥林匹克陈列馆，传为国际体坛佳话。

（2）**音乐喷泉广场**。位于 A 区北端。其主景是引进德国先进技术的音乐水体同步喷泉。该喷泉的水柱，随着音乐节奏，时起时伏，时高时低，尤其是中间的主喷，能弹射出高达 8 米的水柱，十分壮观。到了晚上，流光溢彩，更加引人。广场前有春申亭，是借景黄埠墩的观景佳处，飞檐翘角，十分得体。

（3）**圆筒粮仓**。何振梁与奥林匹克陈列馆之西，在占地 600 平方米的广坪之上，耸立着 14 个白色大圆筒，它们原是粮食二库的粮仓。这些圆筒粮仓建于 1980 年 1 月至翌年 12 月。系用黏土砖直接砌成，每个高 20 米，内径 6 米（外径 6.74 米），可贮存稻谷 25 万公斤或小麦 31.25 万公斤。当年运稻船停泊在锡丰浜，通过运输机械

何振梁与奥林匹克陈列馆

圆筒粮仓留下了无锡米市的历史记忆

将稻谷从粮仓顶部输入筒仓。再根据需要，通过配备有计量、提升、吸尘和皮带输送等设备的发放塔，将稻谷传送至锡丰浜对岸相距 200 米的第一米厂加工。2007 年这些圆筒粮仓以"无锡市第二粮食仓库旧址"名称被公布为无锡市首批工业遗产。

（4）周怀民藏画馆。位于圆筒粮仓东侧。馆址原是面粉厂的制粉车间，建于 20 世纪 40 年代，系 8 开间 5 层大楼，青砖外墙，砖混结构，具欧式风格。1947 年 6 月，薛明剑租下该处厂房设允福面粉厂，1953 年允福厂并入九丰面粉厂，组建无锡面粉厂。该厂约在 1956～1957 年停产，后又并入茂新面粉厂，但原允福厂的机器设备拆运至苏北盐城，厂房后改为市粮食二库。运河公园建设过程中，该厂房在 2009 年秋至 2016 年春，曾辟为无锡市书画博物馆馆址。2016 年夏秋间，改为无锡市博物馆的周怀民藏画馆。

（5）中国民族音乐博物馆。位于李家浜南岸，青莲桥东南塊，馆址前身为无锡市粮食七库用房。该馆于 2009 年开馆，它和何振梁与奥林匹克陈列馆、藏画馆一样，都是工业遗产保护与文化展示相结合的成功案例。音博馆的馆门用复制的中国古代编钟作装饰，既别致又点明主题。我国民族音乐历史悠久，早在八九千年前就有原始乐器出现，而且 56 个民族都有自己特色鲜明的音乐和乐器。无锡是音乐家的摇篮，自古至今特别是近现代，涌现了多位天才的音乐家，正如该馆序言所说："长江和运河如两根琴弦，弹奏着古老而美丽的歌谣，孕育出绚丽多姿的民族音乐文化。"

（6）储业公所。位于运河公园西南角，老地名为丁港里。储业，是指旧时米市的仓储环节，无锡人称之为堆栈；公所是行业组织（公会）的办公议事场所。无锡储业在清光绪十三年（1887 年）议定栈规，6 年后在现址购地 3.3 亩作为该储业行会的公所，至 1898 年建五开间平房两进，其中前为大厅，第二进祀后稷和关公，旁增建

昔日面粉厂，今日藏画馆

储业公所遗址现状

纪念室。后又续建门厅及东庑、西厢，并在大厅之西建三间议事室，室后为同仁休憩之所，建有荷花池和小亭。该建筑几经沧桑，尚存议事厅及门间，于2008年被列为无锡市第二批工业遗产。

（7）芙蓉岗。系运河公园西南部的绿色屏障，与前面大体按照原芙蓉湖形状开挖的芙蓉池合成人工山水，强调"虽由人作，宛自天开"。芙蓉岗一方面西与惠山山色、东与运河水光相呼应，创造出大环境中的宜人尺度；另一方面屏挡了春申路、江尖大桥人来车往对公园环境的干扰，造就了运河公园"闹中取静"的城市山林效果。在芙蓉岗的山麓，点缀太湖石奇峰"朵云峰"，绿树掩映，尤觉妙趣。

（8）滨河长廊。位于运河公园B区、C区的东北侧，濒临古运河。江南园林的游廊，宜长宜曲，长则通达，曲则生姿，运河公园的滨河长廊就具有这种典型性。它以单廊、复廊、回廊及其所串联的翠声阁、"半分明月"轩、读影亭、闻楫亭、随形就势，窈窕曲折，错落有致地萦绕在运河水滨，收于浥浥榭，又余韵不绝地把廊子延续到游船码头，兼起防汛墙、风雨廊、景观廊、候船廊作用。又以《无锡运河图纪》汉白玉浮雕及《无锡竹枝词》碑刻使该廊成为名副其实的文化艺术长廊。

《无锡运河图纪》汉白玉浮雕长卷，安装在长廊面对古运河一边。其所描绘的无锡历史人文，反映了运河与无锡相生相伴的紧密关系。该浮雕长卷高1.5米，长228米，由沙无垢、夏刚草、任睿策划，龚东明、金家翔、唐鼎华、鲁金林、顾青蛟、许惠南、陈德华、沈秋芳、梁元、钱剑华等10名画家创作（按画稿前后顺序列名），图之所记，始自公元前12世纪"泰伯奔吴"，收于2008年无锡市整治古运河，上下3000年，分成68个历史片段，合则为通景长卷。构图气势宏阔，形象生动；雕镂线条娴熟、栩栩如生。在每个历史故事的下面，还配有沙无垢、汤可可撰稿的文字说明，以图文

滨河长廊实为艺术长廊

并茂形式，方便读者阅读。

在《图记》的背面，利用汉白玉墙体，雕刻5位无锡明清诗人邵宝、杨莲趺、秦瀛、秦琦（琳）、刘继增所著吟咏家乡风土人情的竹枝词186首。《图纪》浮雕和竹枝词碑刻，两者珠联璧合，堪称可传至后世的文化精品工程。

2. 江尖公园

江尖公园坐落在江尖渚上，江尖渚是一个面积约为4公顷的三角形小岛。因岛上过去有不少贩卖宜兴陶瓷的店家，他们把大批陶缸堆叠在店外的场地上，格外引人注目，而无锡方言中，江缸同音，所以"江尖"也写成"缸尖"，并见诸官修的地方志。在明之前，江尖是芙蓉湖中的一座沙渚，所以又称芙蓉尖、蓉湖尖，简称湖尖。明宣德年间（1426—1435年），巡抚江南的工部侍郎周枕在芙蓉湖围湖造田11.7万亩，芙蓉湖缩减为大运河航道，江尖的"尖"便是环城古运河的分水口。与尖相对的三角形小岛的底边，则是两头与环城河相通的横浜。民间传说，横浜是明朝开国军师刘伯温用尚方宝剑划出来的。旧时往返江尖渚全靠摆渡船，相传某日有孝子寻找生母至此，因一时找不到渡船，急得环渚呼叫母亲，后来便有"江尖渚上团团转"的谚语广为流传。

山不在高，有仙则名；水不在深，有龙则灵。江尖渚面积虽小，过去却是无锡某些重要民俗活动的源头之一。例如：过去无锡被称为"蓉湖竞渡"的端午节赛龙舟，就是在江尖至黄埠墩一带宽阔的大运河水面上进行的。而且无锡与众不同的是，比赛之船为三层楼船，上面旗幡飘扬，船尾用关王爷的大刀作舵，所赛既竞速又竞技，还有水手在水中争抢活鸭及满髻黄酒表演，届时人山人海，十分热闹。又在每年的农历七月三十日晚上，江尖陶器店的老板们会在陶缸堆叠的"缸塔"上，以油脚点燃棉纱或大把灯草，形成座座极为壮观的宝塔灯，以纪念元末起义军领袖吴王张士诚，名为"江尖渚上点塔灯"。在江尖公园的"尖"上，现有以陶缸堆叠的"塔灯"雕塑，唤醒了历史记忆。此外，江尖周边的河道里，原盛产一种"金眼鳑鲏"鱼；岛上则生产原无锡著名土特产"惠泉酒"。这种酒在北宋大书法家米芾1088年所著诗作中已有记载；在中国四大名著之一《红楼梦》中有两回都说到惠泉酒。清光绪《无锡金匮县志》载："惠泉酒名曰三白，以腊月酿成色白味清而冽者为上……蓉湖尖酿者尤上。"

多种文化交集的江尖渚，可说是旧时无锡米市的水上市井，但由于地势低洼，汛期常遭水淹。21世纪初，无锡市决定结合低洼地改造，搬迁渚上全部居民421户及企业，建设江尖公园。公园占地3.92公顷，其中绿地超过3公顷。除保留历史建筑"纸业公所旧址"外，拆除建筑32822平方米，填入土方约5万立方米，使地面标高比原来高出 2 米多。造园工程始于 2002 年 12 月 25 日。翌年 10 月 30 日竣工开放。主要看点有：

（1）纸业公所旧址。位于原江尖上 96 号，今江尖公园东侧中部，前临横浜。在其清水门头的上方，残留"壬戌二月"字样的砖细门额，推测该建筑建于 1922 年早春。无锡最早经营纸张的店铺，是清道光年间的永春纸铺，100 年后无锡便有了纸业的行业公会，说明此时的无锡已有较为发达的文教事业、报业和印刷业。该建筑为中西合璧式样，砖木结构，清水砖贴面，三间三进，均为两层楼房，其中第二三进为四合院式转盘楼，整体保存完好。于 2003 年列为无锡市文物保护单位。现内设吴稚晖生平事迹展。

吴稚晖（1866—1953 年），前清举人、民国元老、著名书法家。原名脁，后改名敬恒，字稚晖，以字行世。他 6 岁丧母，为此与妹妹寄养在江尖渚外婆家。因外公邹绍曾早逝，兄妹俩由外婆邹陈氏抚养成人，直到吴稚晖 29 岁时追随孙中山，投身推翻清朝的民主革命。所以虽是武进人的吴稚晖常称自己是无锡人。吴稚晖早年居住过的邹家大院，建于 1864 年，原门牌号为江尖上 2 号，中华人民共和国成立后为江尖上 59 号。原建筑三开间，五进，高墙深院，典型的江南民居风格。悬有清书家王文治款的楹联"几百年人家无非积善；第一等好事只是读书"。道出了书香门第的醇厚门风。该大院在建设公园时被拆除，十分可惜。

（2）翠岗风帆。江尖公园以中部的缓坡与周边的运河组合成景，缓坡上的大片仿自然生态绿地，通过四季花木与疏林草地的相互搭配，造就了"森林氧吧"与"百花园"的相互交集，故名"翠岗"。现代公园应以绿化为主，倡导植物造景、生态造园，翠岗不失为成功案例。翠岗西侧滨河一带，建有灯塔风帆，是该公园较为集中的景观建筑。既是对往昔舟楫云集的追忆，又是对美好未来的展望，体现了构景创意与现代表现手法的结合。

（3）江尖渚上（河坊）。位于江尖公园东南部，以文物建筑和民居建筑组合成景，沿横浜布列，平面突出里坊格局，有如"河坊"，今称"江尖渚上"。该建筑群从功能空间上体现了无锡传统文化、江尖特色和江南水乡风情。业态则以文化、教育产业为主，与黛瓦粉墙的外形互为表里，共同创造出淡泊宁静的文化氛围。

（4）五桥往返江尖渚。按《辞海》的解释，渚是"水中的小块绿地"。又引《尔雅·释水》："水中可居者曰洲，小洲曰渚。"作为有人居住并是商贸旺地的江尖渚，长期以来靠摆渡往返，不凑巧时就会有"江尖渚上团团转"的尴尬，故 1954 年曾建一小桥以方便居民。江尖渚上建江尖公园后，现有五座桥梁可通公园。包括以引桥接通公园的江尖大桥，架在公园两侧古运河上的环秀桥和永宁桥，以及架在横浜上的普建桥和环翠桥。其中环秀、永宁两桥是与江尖公园同时建成的仿古石拱桥，又是形制、大小基本相同的姐妹桥梁。环秀桥与北塘大街相通，因旧时江尖渚上有清乾隆年间智海和尚所修"环秀庵"而得名，也包含了对今日周围绿化的赞美之情；永宁桥南接金马国际花园社区，按附近的永定桥、永安桥排名，寓意安宁和谐，又与乾隆时德山和尚重建的"永宁庵"巧合。

　　（5）江尖公园的外围景观后海闹春。中国大运河成功申遗后，无锡即启动了古运河景区在"后申遗时代"的新一轮保护规划工作。为此将江尖公园的东南面，由古运河、横浜、酱园浜（原系无锡城西外城河）、茅径浜相互交集而形成的"四水八岸"宽广水域命名为"后海"。说它"后"，是因为这里位于无锡古县城的北部，而古人以南为前，以北为后，例如无锡老地名前、后竹场巷就是这样命名的，说它"海"，是用来形容水面之大。该处一带，河港交叉，曲水生情，植被丰茂，花团锦簇，又有亲水平台及滨河叠石点缀其间，既为我们留下了当年"四水交汇，八岸辐辏，街市滨水，人家枕河"的历史记忆，又独擅北宋文学家宋祁《玉楼春》词之"绿杨烟外晓寒轻，红杏枝头春意闹"的境界。而且，在这里不仅仅能欣赏到"后海闹春"的诗情画意，还可观赏到无锡主城区天际轮廓线的"高大上"，体现了运河湾的古朴古韵与现代化都市风貌的融洽和谐、交相辉映。

可以讲很多故事的江尖公园现状

3. 竹场巷景观带

明代时，莲蓉桥就与亭子桥、清名桥并列大运河无锡城区段的三大高桥。清康熙、乾隆南巡时，庞大的皇家船队在桥下浩浩荡荡而过，就格外引人注目。莲蓉桥头的竹场巷，也是在无锡知名度很高的古街巷。虽然它们现在的面貌包括周围环境已发生很大变化，但历史印记犹存，正诉说着悠长的故事。

竹场巷景观带东西延绵长达里许，其西头有建于 20 世纪 90 年代中期的大型街头绿地"莲蓉苑"，2000 年 12 月，由小天鹅集团公司投资 36 万元于绿地中建《莲蓉天鹅》不锈钢雕塑，为该绿地增色不少。而竹场巷本身，位于莲蓉桥沿河至通汇桥岸边，原有前、后竹场巷，清道光十年（1830 年）前后，因经营竹类商品而得名。到了近代，因莲蓉桥一带成为无锡米、布、丝三业最兴旺地段，此地依托地利，陆续出现多家钱庄和银行，以方便商家、市场。1905 年，上海招商局又在此设轮船分局，更促进了金融业的发展，竹场巷由此被称为无锡城的"小华尔街"。新中国成立后，无锡的商业、金融业经过几次大的调整，竹场巷一带由此经历了较大变化。2004 年于此建造中大颐和湾小区，后竹场巷被拆迁，前竹场巷仅剩残局。内有"锡金钱丝两业公所旧址"列为无锡市文物保护单位，"中国银行无锡分行旧址"列为无锡市文物遗迹控制保护单位。2010 年，在竹场巷西头新建的文化墙上，镶嵌沈秋芳、沈浚父子绘稿的《莲蓉烟雨图》石刻长卷，该图以写实手法刻画了 20 世纪 30 年代此地的历史片段。在竹场巷对岸，有 2013 年新建的环城河生态十景之一"牡丹亭影"。该景以象征繁荣昌盛的牡丹花为主裁，配植其他常绿、落叶观赏树木。又在原有六角小亭之旁，新建以马头山墙装饰的"绿猗廊"。此亭此廊与假山叠石、繁花乔柯组合成景，令人陶醉。竹场巷之东，为横跨古运河的通汇桥。2010 年，在通汇桥西南块原佛庵"梵音阁"废址，建涵碧亭，于桥的东北块建涵翠亭，两亭的亭名包含了对此地绿色景观的赞美之情。

4. 古税卡遗址景观带

在古运河之上的通汇桥与锡北运河之上的亮坝桥之间，河道作"丁"字相交。在相交处西岸的居中位置，原有渔民集资建造的一座坐西朝东的龙王庙，供奉金龙四大王。因为庙址的位置适当，历来官府就在这里设卡，成为收取过往船只的"厘金"即税金的地方。由于过往船只日夜繁忙，所以收税的跟着昼夜不停，以致灯火照亮了北侧的堤坝，"亮坝"因此而得名。关于亮坝的得名，民间还另有一说：在这堤坝的北面，包括今无锡火车站一带，原是名为"王天荡"的沼泽地，这"王"是三划王，元代的《无锡志》上也是这样写的。但到了明末，再次强盛的后金（清朝）政权，对中原大地造成严重威胁。为此无锡百姓把王天荡的"王"改为草头"黄",而在无锡方言中,王与黄是一个读音,王天荡就变成了"黄天荡",以附会南宋初韩世忠、梁红玉夫妇在长江边黄天荡,与前金的四太子金兀术所部相持交战 48 天的故事。在这场激战中,梁红玉亲自击鼓,激励士气,大破金兵。战火延烧,照亮附近堤坝,这就是亮坝得名的第二个版本。随着岁月的流逝,龙王庙及税卡均废。1925 年,亮坝拆除。2006 年,重建钢结构的亮坝桥。2010 年,于龙王庙废址重建"古税卡",作为对该段历史的一种追忆。其主体建筑是一幢五开间、歇山顶的仿古建筑,两侧附有耳房。其前为税吏收取过往船只厘金的情景雕塑。又在河道丁字相交的东北角,建"思古亭",以与这段历史相呼应。

2013—2014 年,又在"古税卡"的北侧,建设长 150 米、宽 18 米的"玉兰琼华"生态绿地。玉兰,又名木兰、白玉兰,为吴地具有悠久栽培历史的花木。据记载,吴王阖闾曾植木兰,"用构宫殿"。而在古典园林中,丛植玉兰、海棠、牡丹(寓意富强繁荣)、桂花,象征"玉堂富贵",吉祥如意。玉兰琼华生态绿地的特点,可用一副楹联作概括:"楼台复起,有万树春色,花香如今盈客袖;风光重新,看一帘水月,清影依然弄碧波。"

5. "黄鹄号"轮船景观带

在工运桥西堍、古运河南岸,停泊着一艘式样古老,安装着"明轮"的木质轮船。明轮上方有"黄鹄"两字。黄鹄是这条轮船的船名,直译为黄天鹅。清同治年间,奉曾国藩之命,由无锡人徐寿、徐建寅父子和数学家华蘅芳共同设计制造的黄鹄号轮船试航成功。据说该轮船是曾国藩用自己的薪俸制造的,船名是他的长子曾纪泽所题,该船是中国人自行设计制造的第一条轮船。当年上海《字林西报》的洋记者认为该船是"显示中国人具有机器天才的惊人实例"。而今天停泊在这里的黄鹄号轮船,是

重建的"古税卡(原龙王庙)"重现当年情景

中国第一条轮船"黄鹄号"出自无锡人之手

2009 年按当年实样 1：1 复制的。该船之东不远处，有 2010 年建造的"黄鹄亭"。黄鹄号轮船让人记住了无锡先贤的丰功伟绩，它是无锡人的骄傲。

在黄鹄号轮船的对岸，有鉴古亭和鉴古廊。画廊紧靠运河驳岸，廊壁镶嵌着三幅古画碑刻，这也是亭、廊得名的缘由。三幅画分别是：清乾隆皇帝赐给惠山寺的明代王绂绘《溪山渔隐图》和御题"顿还归观"；清两江总督高晋等编撰的《南巡盛典》所收《乾隆驻跸无锡运河程途》；无锡画家秦仪绘于乾隆五十三年（1788 年）的《芙蓉湖图》，该图以锡山、惠山为背景，主体系黄埠墩至西城门一带运河景色。具有重要资料价值。2009 年，这三幅古画由金石世家黄稚圭镌刻为碑，均为青石线刻，线条遒劲，黑白分明，十分抢眼。

6. 站前灯火景观带

在 2002 年拓展的无锡火车站绿化广场之前，工运桥和高墩桥之间，长 600 米的古运河两岸，于 2008 年建成以夜景取胜的"站前灯火"景观带。在这灯影桨声、花木婆娑的绿带内，以始建于 2003 年，在 2008 年作景观改造的钢结构人行天桥"飞虹桥"和"翔虹桥"创造出仰视景观，又在这姐妹廊桥的北塊，建问津、问澜双阁，流辉、浣月双亭，双桥、双阁、双亭各取天象水意交相辉映而得名。

问津阁和问澜阁之间的古运河东北岸，2008 年建有长达 70 余米的长廊，檐口悬挂"运河盛景"匾额。廊内粉壁镶嵌着高 1.2 米、长 61 米的《古运河梁溪风情图》刻石。该图被誉为"无锡的清明上河图"，图稿由当时为中年画家的金家翔创作，已故美籍华人、美国艺术院终生院士程及（1912—2005 年）题签，已故中国作家协会会员沙陆墟（1914—1993 年）作长篇诗跋。三位作者均是无锡人，各以绘画、书法、诗文表达了自己浓郁的乡愁和乡情。

运河盛景廊的对岸，分两段陈列花岗石诗碑共 79 方。其上镌刻自商末至元代106 位历史名人所著无锡风物诗 180 首。外乡骚人的旅途情怀，本土诗人的浅唱低吟，无不饱含着对于钟灵毓秀、人杰地灵的无锡风物的赞美之情。

在《名人咏无锡》诗碑旁，有 2008 年易址重建的光复门。该城门原在无锡县城东北角，今国联广场附近。是 1912 年为改善火车站至无锡城厢的交通条件而破城墙新开的城门。该年，是以"驱除鞑虏，光复中华"为口号的辛亥革命成功后的第二年，即民国元年，所以用"光复"来命名该新城门。原光复门在 1950 年随城墙一起拆除，沿城墙旧址建解放路。而这次易址重建的目的，为聊存历史信息而已，但体量已比原来为小。该"门"之南，是 2004 年建成的"站前商贸城"。"城"内有 1915 年始建、占地 1600 平方米的"无锡县商会旧址"，它是无锡近代民族工商业的重要遗产，于 2013 年被公布为全国重点文物保护单位。

出站前灯火景观带，沿岸的今北仓门 37 号，为文物建筑"北仓门蚕丝仓库"。该仓库建于 1938 年，建筑总面积近 6000 平方米，是往昔无锡养蚕业、缫丝业的历史见证，于 2006 年列为江苏省文物保护单位。此外，在高墩桥东南堍原"长春花园"附近，建有"长春亭"；在高墩桥东北堍沿河之工艺路一带，2010 年前后，于盐业公司之前建"思海亭"，于高台之上建"妙高亭"，在工艺路的路牌之旁建"工艺亭"。这些亭子既点缀了运河风光，又为行人小憩歇脚提供了方便。

7. 海棠苑

位于亭子桥东南堍，是 2013—2014 年在原有绿化基础上作优化提升的以海棠花为绿植主栽的大型桥头公共绿地。海棠是中国名花，人称"花中神仙"。海棠苑中有木瓜海棠、垂丝海棠、西府海棠等 400 多株，开花时节，红艳一片，别具风姿。其内有"春场"遗址等。

古代在"立春"前一日，例有以鞭打春牛表示勤耕的仪俗，名"打春"，举行这种仪式的地方，叫作"春场"，又称"祭春坛"，该仪俗始于隋唐时。无锡在清雍正年间分为无锡、金匮两县，据乾隆时的地方志记载"春场在东门外，两邑共之"。其方位在亭子桥东堍一带，即今海棠苑内。"打春"仪式由地方官主礼，差役一人扮演"勾芒神"鞭打土牛，众农人以五谷竞相抛打土牛，预兆丰收。惠山泥人原有《泥春牛》品种，身上绘青、黄两色，以青表示庄稼，以黄表示大地，并有谚语"摸摸春牛头，一年不用愁；摸摸春牛脚，种田种的好"。农民把这种泥春牛请回家，供起来，作为吉祥物。2013 年冬，在古春场遗址，立《春牛耕绿》雕塑，借以留住这段传统文化信息。

海棠苑西临运河，东为道路，为创造相对安静环境，在路、苑之间建黛瓦粉墙，并在墙上装饰漏窗的江南风格墙垣，简洁大方，又有地方特色。其南建"耕绿亭"；再往南为亭廊组合。亭名"畅叙亭"，可话乡情，也可话百年工商城。廊内悬挂"十里惠风"匾，以"十里"言景观带之长，以"惠风"既表示春天温暖的微风，又寓意运河整治惠泽百姓。

亭子桥西南堍，即海棠苑对岸，为"绿萝踏雪"生态绿带。这里面有一个龚勉"绿萝庵里看梅花"的独一份故事可讲：龚勉（1536—1607 年），明代无锡人，世居运河边。他早年家境贫困，为读书不得不举债度日。某年除夕夜，他以看梅花为由，去这里的绿萝庵躲债，作打油诗道："柴米油盐酱醋茶，般般都在别人家。大年三十除夕夜，绿萝庵里看梅花。"后来考中进士，做了大官。晚年归故里，将家宅改为书院，教授学生，传为美谈。景点以亭廊组合为核心，上面爬满紫藤，旁边栽植梅花，以意写景，诗韵犹存。

8. 业勤苑

位于古运河东侧，羊腰湾之兴隆桥北面的原业勤纱厂旧址内。1895 年，杨宗濂、杨宗翰兄弟在此创办业勤纱厂，此为无锡近代民族工业第一家，无锡百年工商城的起点。杨氏兄弟之父杨菊仙与清末重臣李鸿章"于同年中交谊最笃"，而杨氏两兄弟早年均入李鸿章幕，受到洋务运动的洗礼，这可能是兄弟俩创办业勤纱厂的重要社会背景。1937 年 11 月下旬，该厂被侵华日军烧毁，一直未能恢复。2010 年前后，于该旧址建业勤苑，以存历史记忆。在业勤苑前广场南侧的树林下，有巨碑斜卧在地，其上镌刻无锡近代最早创办的 18 家工厂名录。其资料采撷自 1915 年蔡文鑫（缄三）所著《无锡实业志略》，给人留下"小上海"工业发展的最初印象。业勤苑的绿植以桂花为特色，与前面所述玉兰琼华、海棠苑、牡丹亭影合成古运河环城绿带的"玉堂富贵"美丽图画。

业勤苑之前的古运河沿岸，以槐古大桥为背景，于 2010—2013 年间，开辟长172 米、宽约 30 米的"槐古醉今"公共绿地，其对岸则点缀"绿锦亭"于槐古桥头与绿塔路之间。景名、亭名是说今日"水清、岸绿、景美"的古运河令人陶醉。于此向南，在妙光桥东堍与向阳路交叉口，又有长 82 米、宽 11 米的"妙光飞霞"滨河绿带。过妙光桥可达特有市井风范的南禅寺步行商城。

9. 望湖门和抚熏苑

无锡老县城，原有东南西北四座城门，分别命名为熙春门、阳春门、梁溪门和莲蓉门。明嘉靖中，知县王其勤率民重修县城以抗击倭寇犯境，改四城门之名为靖海门、望湖门、试泉门、控江门。城门之名，引泉入湖，通江达海，又寓意河清海晏、人和年丰。其中南城门即"望湖门"取意遥望太湖水光，富有想象力。城门上的城楼取名"抚熏楼"，又令人想起唐代大诗人白居易的诗句："熏风自南至，吹我池上林。"1950年，望湖门、抚熏楼连同城墙一起拆除。现城门、城楼是 2009 年在原址附近重建的。它们与南禅寺妙光塔东西呼应，互为对景，已成为古运河风光带的点睛之笔。

以望湖门、抚熏楼为标志建筑的抚熏苑，在城楼之西。熏风是温暖的东南风，古人又以南方表示夏季，所以该苑的绿植，以主栽夏日开花的紫薇而得"风清徐弄影"诗意。抚熏苑的苑址，原是古运河西北岸的狭长滨河地带，2013—2014 年冬春之间，对此地景观作优化提升。除对原有的古银杏、古朴树作精心保护外，又新栽紫薇、蜡梅、枫树、罗汉松等花木 100 多株，并打通 200 米园路，在沿河一带建造了以游廊勾连的 4 座水榭，其高低错落、妙曼有致的建筑界面，令人有深入画境之感。

望湖门前面的运河航道，还曾是清帝康熙的驻跸处。据《康熙起居注》载：他在 1684 年首次南巡途中，"十月二十七日己未，上临虎丘，是日启行往江宁府，驻跸无锡县南门"。这"南门"当时称望湖门，而康熙本人则夜宿御舟之上。

在上述景观的对面即古运河南岸，有"首藩方岳坊和锡山驿旧址""许氏旧宅"2 处无锡市文物保护单位，以及历史街区"淘沙巷"，还有 2014 年建设的"芙蓉秋韵"生态景点交集其间。

首藩方岳坊是为了龚勉树立的牌坊。我们在前面说到"绿萝踏雪"景点时，讲了一个龚勉早年的传说。而真实的龚勉在明隆庆二年（1568 年）虚令 33 时就考中进士，官至浙江右布政使。布政使又称"藩台"，明代的布政使是一省的行政长官、封疆大吏，这便是该牌楼冠名"首藩"的缘由。首藩坊原为四柱三间五楼式武康石石坊，现仅剩两根石柱和一块夹杆石。其旁的锡山驿，资格比首藩坊老，它始建于明洪武初（1368 年或稍后），初名"无锡驿"，洪武九年改名"锡山驿"，而锡山是无锡的别名之一。直至清嘉庆十八年（1813 年），锡山驿方搬迁至西门外、今加油站附近，新址的旁边，建有"皇华亭"。驿站是古代接待过境官员和传递官方文书的地方政府所属机构。锡山驿在当时是水陆大驿，人来人往，舟楫频繁，白天晚上都非常热闹。许氏旧宅位于新民路 3 号，系面粉作坊和刀切面铺业主许氏建于清咸丰十年（1860 年），民国初，其子添建部分建筑。该旧宅朝北开门，原有三进，现存两进，中为天井，整座建筑有清末民初江南地区前店后坊的特征，而"许氏刀切面"当时是南门头上的名吃之一。以上两处文物建筑，都是在 2003 年列为市级文保单位的。

建于锡山驿旧址一带的"芙蓉秋韵"生态景点，占地约 2000 平方米，其内群植又名"拒霜花"的木芙蓉，十月芙蓉映小春，可得苏东坡"溪边野芙蓉，花水相媚好"的诗趣诗韵，这是该景点的由来。而抚今追昔，"旧驿人何在？留此芙蓉花。谁言今无主，笑颜拒霜开"。穿越时空，令人感慨。

淘沙巷位于锡山驿西侧，今新民路东段，原为房屋沿河而建、街巷曲折幽深的传统街区。约在公元 15 世纪中叶的明代中期，有世居安徽凤阳长江边的章氏迁徙该处，聚族而居。他们世代在江边以沙里淘金为业，迁居此地后，仍将经过粗淘的金沙于此完成最终的淘沙存金作业，"淘沙巷"因此而得名。章氏在淘沙采金的同时，每年春天还从长江边捞取青、草、鲢、鳙等淡水鱼的小鱼秧，随船运至淘沙巷，养在小池中，培育成鱼苗出售。淘沙聚金，连年有鱼（余），博得了好口彩，又体现了章氏家族的生活智慧。2010年代初，在对该街区的文物建筑作保护修复的同时，又进行有机更新，以丰富古运河南岸的建筑景观；至2015年秋，已全面竣工。其项目业态将和南禅寺、南长街形成互补。

古运河在望湖门折而往西而行，经淘沙桥和清扬桥，在清扬桥与体育场桥的西南岸，原是20世纪50年代所建的无锡市人民体育场。1973年又在场内建体育馆，直至20世纪90年代位于无锡西郊的新体育场投入使用，老体育场于1999年9月30日华丽转身为体育公园。该公园总面积10.67公顷，其中绿化面积为2.2万平方米。尤其是沿河长达530米的绿化带，经过2013—2014年作景观优化和提升，形成"绿波泛浪"生态景点，为充盈着力与美的体育公园，平添了高林倒映碧波的活力和魅力。

10. 茂新面粉厂和振新纱厂旧址

茂新面粉厂位于今西水关桥的西水墩畔，始建于1900年，初名保兴面粉厂，是工商巨子荣宗敬、荣德生兄弟和朱仲甫等集资创办的无锡第一家机器面粉企业，后由荣家独资经营，是荣氏企业的发祥之地。抗日战争爆发后，该厂被日军炸毁。1946年，由荣德生四子荣毅仁负责重建，1948年恢复生产，荣毅仁担任厂长。新中国成立后，茂新面粉厂于1956年公私合营，后又转为国营。因该厂是荣氏民族资本集团的代表性企业，又因其制粉车间、麦仓和办公大楼以及许多机器设备、办公用具还都是1946年重建时之物，故于2002年被列为江苏省文物保护单位。2005年该厂停止生产，其旧址作为重要工业遗产被完整地保护下来。经全面整修，于2007年被合理利用作为"无锡中国民族工商业博物馆"的馆址等。2013年，国务院公布"茂新面

国家重点文物保护单位——
茂新面粉厂旧址现状

粉厂旧址"为全国重点文物保护单位。

振新纱厂旧址在今西水关桥的东南侧，该厂创办于 1906 年，占地 81 亩。据 1915 年蔡文鑫著《无锡实业志略》载，该厂"为荣瑞馨所组织……总理者荣宗敬"。当时安装纱锭 1.2 万枚，后增至 1.8 万锭。抗战时该厂大部分被日军烧毁，抗战胜利后复建。新中国成立后，振新纱厂经公私合营，后改名无锡市国棉四厂。现该厂已整体迁出，厂址大部分建"西水东"住宅区。由于无锡首家纺织企业"业勤纱厂"一直未能恢复，所以振新厂旧址连同其已有百年历史的锅炉房烟囱，已成为无锡资格最老的纺织工业遗产，见证了无锡百年工商城的一段往事。"振新纱厂旧址"于 2006 年被列为江苏省文物保护单位。

背负着多少历史记忆的古运河，在西水墩畔继续一路向北上行，两岸是大树凝碧，花木吐葩的"落英洗雨"绿化带。过西门桥、永定桥、南尖桥（又名彩虹桥），古运河在环绕龟背形无锡古县城一圈后，回到"后海闹春"和江尖分水口原点，画上了圆满的句号。

振新纱厂旧址内的大烟囱，是无锡资格最老的近代纺织工业遗产

第十一章 黄埠墩、西水墩及古运河桥梁文化包装

世界文化遗产——中国大运河共有 27 处典型河道段，"江南运河无锡城区段"是其中之一。联合国教科文组织在对此作表述时，特意用括号加注"包含黄埠墩、西水墩 2 处"，说明了两墩在运河文化中的地位。而这种地位对于无锡人来说，早在 440 年之前就有了足够的认识。明万历二年（1574 年）刻印的《无锡县志·卷一》载："水流贵缓不贵疾，故地理家谓黄埠墩为天关，此（指又名西水墩的太保墩）为地轴。"这天关、地轴，分别是大运河与重要支流"惠山浜"，大运河与梁溪河之间的天然地理坐标，又是无锡城的枢纽。墩在水中，那水上的桥又如何呢? 环城古运河上今有 24 座桥梁，分别是：江尖大桥、环秀桥、永宁桥、莲蓉桥、通汇桥、工运桥、飞虹桥、翔虹桥、高墩桥、亭子桥、槐古大桥、妙光桥、阳春桥、宝塔桥、南长桥、淘沙桥、清扬桥、体育场桥、西水关桥、显义桥、显应桥、西门桥、永定桥、南尖桥（又名彩虹桥）。这令人想起"二十四桥明月夜，玉人何处教吹箫"的动人景色。虽然这诗句吟咏的是古代扬州，但不啻是今日无锡环城河的真实写照。2014 年秋，无锡市城发集团、市城投总公司对无锡环城河上 24 座桥梁中的 13 座做了文化包装，著者参与其事，得到社会各界的认同。下面我们就来说说这些事儿。

一、天关黄埠墩

黄埠墩对于无锡的意义，清康熙《无锡县志·第二卷》说得很清楚："黄埠墩……形家言，邑之山脉从西北来，至惠山、锡山伏而东南行，由水底起为是墩，乃走城中，再起金匮，乃结聚而成县。又水势直下而益广，须此以砥之，故谓黄埠墩为天关、太保墩为地轴。"正因如此，所以引来了古代"三帝王、两宰相、一青天"先后登临。这三帝王是春秋时的吴王夫差和清帝康熙、乾隆，两宰相是战国时楚相春申君黄歇、南宋宰相民族英雄文天祥，一青天是与北宋"包青天"包拯齐名的明朝"海青天"海瑞。夫差、黄歇和黄埠墩的故事前面已经讲过，这里不再重复，海瑞和康熙、乾隆与黄埠墩的那些事儿留在下面再讲，这里说说文天祥与黄埠墩的故事。

　　1276 年春，正处在南宋与元朝之间政权更迭的紧要关头。南宋右相兼枢密使（总理兼国防部长）文天祥在赴元营谈判时，被元军统帅伯颜扣留，再沿运河被羁押北上，经无锡时，咏诗《过无锡》以明志，后来文天祥在镇江脱险。明弘治七年（1494 年）刻印的《重修无锡县志》首录该诗：

过无锡

　　己未岁，予携弟璧赴廷对，尝从长江入里河，趋京口。回首十八年，复由此路是行，驱之入北。感今怀古，悲不自胜。

> 金山冉冉波涛雨，锡水茫茫草木春。
>
> 二十年前曾去路，三千里外作行人。
>
> 英雄未死心先碎，父老相从鼻欲辛。
>
> 夜读程婴存国事，一回惆怅一沾巾。

　　对于诗中所说的"金山"，有人认为就是又名"小金山"的黄埠墩。但如结合该诗的小序及首联语境看，应是文天祥携弟文璧在己未岁参加科举考试（廷对）后，自京口（镇江）至无锡沿途所见之回忆。所以诗中的"金山"应是镇江金山的可能性要大一些。而黄埠墩又称小金山，在元代、明代和清初四本无锡县志中均没有查到记载。而较早见于文字的，如清初儒医杜汉阶（1686—1749 年）在其所著《梁溪竹枝词一百首》有句云："小金山寺据芳洲，曲槛回廊绕碧流。兰若承恩颁翰墨，烟霞常拥御书楼。"

明·万历《无锡县志》有关黄埠墩为天关、太保墩（西水墩）为地轴的记载

原注："小金山，御题兰若匾额。"那么，无锡的"小金山"与镇江的"金山"是怎样搭上界的呢？我们不妨作如下理解：镇江的金山，俗呼为"寺包山"，寺院把整个四面环水的岛屿都包起来了；无锡的黄埠墩同样四面环水，同样建筑围合绿岛芳洲，"小金山寺"呼之欲出。而且清康熙年间，大小金山寺在圣祖南巡时，都迭蒙驻跸，且赐予墨宝。当然，著者这样理解不一定对，希望能看到更有说服力或更接近事实的说法出现。总的看来，元以前的黄埠墩，传说的成分比较浓郁；而到了明代，黄埠墩的历史记忆就比较清晰起来。

1. 古代的黄埠墩

最早记载黄埠墩的地方志书，是明弘治《重修无锡县志》，其十五卷载："黄埠墩在县北五里，有水环其四周，上有水月亭、环翠楼，九龙诸峰并列于前，过客必登览焉。"那墩上的这些建筑派什么用场呢？几十年后，因有"东亭华太师"华察（1497—1574 年）所著《秋夜送户部家叔登黄埠》而得到解答。该诗"离亭与衰柳，落日送客"及"台殿澄夕阴，明灯照禅室"等句，说出了黄埠墩是兼有游览功能的寺院，套句现在的话，就是"宗教旅游"。这话可在明末清初王永积（1600—1660 年）所著《锡山景物略》中得到印证："黄埠墩……墩，气所聚也。邑水中有墩二，西名太保，北名黄阜，形家言西为地轴，北为天关，天关地轴，天造地设，信有然者。墩在寺塘泾口，适据中流，设渡，曰黄阜渡，游山水程必取道焉。墩形圆，屋则方之，旧建文昌阁、环翠楼、水月轩，垂杨掩映，不即不离。登阁，九峰环列，风帆片片，时过几案间，今废。僧因其圆而圆之，绕以周廊，可溯回，不可眺远，失旧观矣。"比较弘治县志和《景物略》两者记载，除垂柳依然，环翠楼不变外，"水月亭"变形为"水月轩"，又添建了"文昌阁"及环廊。有人会问，文昌阁供奉的神像是文昌帝君（又名梓潼星君），那不是道教建筑吗，为什么会出现在佛寺里面呢？这可能与元代时京杭大运河全程贯通，明成祖朱棣把首都从南京迁到北京有关。试想，大批举子从南方乘船沿着大运河赴京赶考，经过黄埠墩时，听说墩上有主管科考的神仙文昌帝君，故前往顶礼膜拜，以冀神灵保佑，蟾宫折桂。况且，中国民间有多神崇拜风俗，所以佛寺中有一座道教建筑，也就不足为怪了。至于墩上寺院建筑"因其圆而圆之"的做法，延续至有清一代，直到 1925 年唐保谦捐资重建墩上的圆通寺，还是坚持这样的做法。

自清康熙二十三年至乾隆四十九年（1684—1784 年）整 100 年间，康、乾各 6次南巡，均多次驻跸黄埠墩，并留下多件宸翰墨宝。上面讲到，康熙首次南巡，"驻跸无锡县南门"，第二次就夜宿黄埠墩。据县志及随行大臣张英笔记，当时在墩外水中立木杆、结三层灯楼，夜有雨，远远望去，恍若"蜃楼蛟馆"。康熙曾为黄埠墩上的佛殿题"兰若"匾（兰若是寺观的梵文音译）。又据清乾隆时无锡贡生黄印《酌泉录·第十二卷》载：在乾隆 1751 年首次南巡到达无锡之前，黄埠墩寺院的僧人因"昔圣祖尝夜驻此"，所以事前已作充分准备，"今于墩外筑土，加广五尺余，甃以青石，为外围廊。绕以朱栏，花纹极细巧。其内围廊亦设花栏，淡碧色，朱碧参差，映水极有致。佛殿楼阁，窗棂门扇，梁柱枓节，俱极雕镂工细，饰色雅淡。舟行过此，宛若画图"。又设御码头，"黄埠墩者四"，御码头"以木为之，方如柜，长阔约八尺，无层级，旁为花栏，恰与御舟齐，可平步上下也。……御舟泊处，上皆铺红毯，下以棕荐。"乾隆六下江南，四次为黄埠墩题诗，还为墩上寺院中的观音楼，题御匾"水月澄观"。尤其是他首次南巡回到北京后，在昆明湖的南湖，仿黄埠墩建凤凰墩，墩上仿黄埠墩"环翠楼"建"凤凰楼"，与此地原有龙王庙，合为"龙凤呈祥"。凤凰楼在道光时被拆，凤凰墩至今尚存，新中国成立后，在上面建了一个亭子。这里顺便说一说，乾隆首次南巡回京后，除仿造黄埠墩外；还在玉泉山仿建天下第二泉旁边的"竹炉山房"，位置在"玉泉趵突"上面龙神寺以南；仿寄畅园在清漪园建"惠山园"，即今颐和园中的"谐趣园"，同样按寄畅园在圆明园"廓然大公"景点作仿建，后来他的儿子十五阿哥嘉庆还为此写了一首诗："结构年深仿惠山，名园寄畅境幽闲；曲溪峭茜松尤茂，小洞崎岖石不顽。"

2. 近代黄埠墩

清咸丰十年（1860 年），黄埠墩上的佛寺毁于太平军与清军交战的兵火。数年后的同治初，江苏巡抚李鸿章即重建，予以恢复。清光绪版《无锡金匮县志·第二卷》载："黄埠墩……咸丰之季毁于粤匪。同治初，巡抚李鸿章始建复焉。"这次重建的黄埠墩，至少留下 2 张老照片：一张系瑞士人阿道夫·克莱尔（1834—1900 年）摄于 1868 年或稍前，另一张在民国早期曾印成明信片。另外，该时期向清廷进呈贡品的琉球使者蔡大鼎于 1873 年船过黄埠墩，作《无锡湖上即事》诗，赞扬此地景色："昨宵画舫泛湖头，缭绕朝烟水面流。秀气飘从锡山上，酒泉直解万千愁。"返程中，蔡大鼎又作诗两首，赞墩上的水月轩。其一为《舟中望水月轩》："幽轩水月构江头，云影飞扬槛外浮。远树层层山半角，一轮斜月倚船楼。"其二为《重望水月轩》："未见锡山见此轩，江心楼阁美难言。歌榭舞台不常在，水月悠悠万古存。"清末，在黄埠墩上还曾设有驿站的急递铺、收税的厘卡、绿营的汛地等。

李鸿章重建的黄埠墩佛寺，在 1921 年又毁于火。据该年 9 月 22 日《新无锡》载

《皇甫墩被毁志闻》称："蓉湖庄皇甫墩，俗称黄埠墩，为蓉湖十景之一。……昨日上午九时许，忽然失火。……多年之古迹，以及佛像装修等悉数付之一炬。"1924 年，岁次甲子，邑之绅商唐保谦六十大寿，嘱子炳源、煜源等："邑北门外之黄埠墩，昔年不戒于火，屋宇荡然，心甚惜焉。汝辈为吾兴复之，藉资纪念，胜于为寿多矣。"（引自唐文治《重兴黄墩墩记》）再次重建的黄埠墩佛寺，形制与李鸿章所重建的基本相同，为环墩而筑的六面形二十四间转盘楼，黛瓦粉墙，朱漆门窗，虚其中为天井，供奉观世音菩萨和地藏王菩萨，正门朝向惠山浜，即惠山、锡山方向。1929 年 1 月初，时任国民革命军第三集团军总司令阎锡山来锡，下榻梅园太湖饭店（今梅园管理处办公室），为黄埠墩书"小金山寺"匾额。

1932 年 1 月 28 日夜间，在沪日军由租界突然向闸北一带发起进攻，驻守上海的十九路军奋起反抗，"一·二八"事变爆发。受此影响，黄埠墩小金山寺"僧侣散亡，薪灯中断"。直至 1935 年初，经时任国民政府主席林森等推荐，兼通佛教显宗、密宗的超一法师接受无锡士绅们的邀请，于 1 月 9 日升座小金山寺方丈。据当时报纸

清·光绪版《县志》所收乾隆四首黄埠墩诗之书影

清同治初李鸿章重建的黄埠墩老照片　　　　　　　1924 年唐保谦捐资再次重建的黄埠墩
　　　　　　　　　　　　　　　　　　　　　　　　　　　"圆通寺（小金山寺）"老照片

《新无锡》报道称："国府林主席，以寺中供奉观音、地藏两大士，法法圆通；寺院当运河中流，四面环水，圆通无碍；而上师又以显密圆通自任，如是因缘，甚为稀有，特赐题圆通寺匾额一方，敬谨祇领……"自此开始，小金山寺又名圆通寺。1947 年 9 月 6 日，创办于梅园开原寺的汉藏佛学院开学。开原寺主持量如和尚担任院长，曾入西藏在拉萨学法 8 年的黄埠墩圆通寺主持超一法师任副院长兼教务主任。新中国成立后，超一法师是无锡市佛协的首任会长。1958 年，因开挖大运河，原计划炸掉航道中的黄埠墩，未果，但圆通寺被拆除，黄埠墩被清管所占用，后沦为荒岛。

　　3. 当代黄埠墩

　　20 世纪 80 年代初，因建金匮路（太湖大道前身），需拆除南门外"张元庵"，无锡市决定将该庵部分古建筑拆迁至风景区。张元庵原来的仪门及戏台（五凤楼）因此被迁移至黄埠墩。迁建由李正设计，于黄埠墩原环翠楼位置，将原仪门及戏台合建为大门朝北的"正气楼"，悬挂仲许手书"正气长存"、王季鹤手书"千古流芳"匾额；主楼之南接出敞阁式样的原戏台，在其底层树立由尉天池重书的文天祥《过无锡》诗碑。楼阁整体为"凸"字形，其南临水处，建码头、平台和门头，楼阁和门头之间为内院，环墩为矮墙。1982 年迁建工程竣工后，黄埠墩一度成为无锡市旅游部门"古运河之旅"的游览景点，受到好评。1983 年，占地约 500 平方米的黄埠墩列为无锡市文物保护单位。2014 年又成为世遗项目"江南运河无锡城区段"的起点。

　　2010 年代，原由市园林部门管理的黄埠墩划归无锡城市发展集团管理。城发集团、市城投总公司又在挖掘、彰显黄埠墩的人文内涵方面做了大量工作。包括：在正气楼（原址为环翠楼，因康乾均有宸翰，又名御书楼）底层，北墙悬挂 6 块巨形屏风，内容与夫差、黄歇、文天祥、海瑞、康熙、乾隆先后登临黄埠墩有关；南墙中堂，悬挂仿红木底金字《黄埠墩》说明牌，两侧为清早期《无锡北塘》及《黄埠墩》图，均录自康熙命著名画家王翚（石谷）主绘的《南巡图·第七卷》，中堂上方则为"一镜悬画"匾额；又于东西壁间，悬挂乾隆南巡期间为黄埠墩所吟四首御制诗的刻漆金字挂屏，柱间所挂楹联两副，也录自乾隆诗句。在该楼楼层，悬匾 3 通、联 2 副。首为康熙御题"兰若"金龙竖匾，配乾隆诗句楹联"梁溪溯远练；惠山濯翠螺"。中为乾隆御题"水月澄观"金龙横匾。在殿内观音铜像上方，悬挂"纶音崇如"金匾，意为观音菩萨得到了皇帝圣谕的高度推崇，两旁悬联："慈悲普济大圆通，杨柳枝护小金山。"在此楼北大门（落地长窗）上，高悬明著名谏臣海瑞在隆庆年间为环翠楼书题"环山临水第一楼"匾额，两侧为清闽浙总督、无锡人孙尔准所题黄埠墩名联："灯火春星浮北廓；云霞朝景揽西神。"

在黄埠墩内院，还有 3 件石制品在诉说着历史故事。一是其上有石井栏的古井，因该井直接打在岩基之上，所以井（墩）外水浊，此井独清，说明黄埠墩确系惠山余脉，井水与惠山泉水脉相承，推测该井原是墩上寺院内和尚的饮用水源。二是石马槽，清光绪《无锡金匮县志·第七卷兵防》载："……把总一员驻黄埠墩汛地、养廉银九十两，自备坐马二匹，月支银五两。"把总是古代最基层的军官；清代凡是千总、把总率领的绿营兵的驻防巡逻地都叫作"汛地"；养廉银是清代官员在俸禄（工资）之外的正当收入，类似今天的奖金；驻守黄埠墩的把总按规定养了 2 匹战马，每月可领取 5 两银子的补贴，所以石马槽是这段记载最好的实物见证。三是凤凰石，石上刻《凤凰石记》，叙述乾隆首次南巡回京后，在昆明湖的南湖，仿黄埠墩建凤凰墩之事，借以说明黄埠墩在南北文化交流中的地位，不容小觑。

1958 圆通寺被拆除

20 世纪 80 年代重建后的黄埠墩

二、地轴西水墩

　　位于无锡古县城之西门外，其旁原有县城的水城门——西水关。该墩四面环水，是大运河与梁溪河汇合处的分水墩。该墩旧名窑墩，长约120米，宽约70米，面积7004平方米。墩上或附近的早期建筑，疑有南宋著名诗人尤袤的墅园"乐溪居"。此后，明成化十七年（1481年）进士吕卣在墩上建别业，其子太仆少卿吕元夫作扩展。嘉靖间为部级高官秦金的宅园一部分，他在嘉靖十四年（1535年）晋封太子太保，为此该墩又名太保墩。明万历《无锡县志》称："太保墩，在西水关梁溪中流，当束带河入梁溪之中，旧有太子太保秦金别业，今废为关王祠。水流贵缓不贵疾，故地理家谓，黄埠墩为天关，此为地轴。"据清早期的康熙《无锡县志》载，明末在太保墩所建的庙宇有"关帝、水仙两祠"。后来关王庙迁往三皇街西头（三皇街现名后西溪），水仙庙在太保墩"唯我独尊"。无锡古运河畔的水仙庙有两处：南门外的称"南水仙庙"，西门外太保墩上的为"西水仙庙"。由此看来，太保墩又名西水墩，应与附近有西门、西水关，墩上有西水仙庙不无关系。

　　西水墩上的核心建筑，无疑是西水仙庙。其祭祀对象原为明嘉靖年间因抗击倭寇而光荣牺牲的何五路等三十六义士，后来何五路被无锡人尊奉为财神——路头菩萨、年初五请财神被称为"请路头"。因无锡在南门外和惠山分别建有"松滋王侯庙"，以祭祀明嘉靖间领导无锡抗倭的知县、湖北松滋人王其勤，所以何五路等三十六义士又附祀至这两处王其勤祠堂。于是，西水仙庙在清顺治初改祀明天启年间无锡知县刘五纬。他是重庆万州人，任职无锡期间，为官清正，平反冤狱，治水有功，惠泽百姓，尊为"水仙"。清咸丰十年（1860年），西水仙庙毁于兵燹，同治年间重建，光绪十五年（1889年）由米商集资扩建，包括"工"字大殿、内外戏台、天后宫、前进偏殿、娘娘庙和东西辕门等，当时建筑总面积达1.13万平方米。旧时，大凡庙宇例有酬神演出，所以戏台是这类庙宇的标配。但西水仙庙的戏台内外兼具、水陆互动，则十分

西水墩上西水仙庙酬神演出（庙戏）老照片

罕见。相传农历六月十一日是水仙老爷刘五纬生日，是日举行庙会，内外戏台同时演戏，内戏台供陆上游人观看，外戏台临水，供船夫、渔民坐在船上观看，因此河面上船只云集，对岸"棚下街"张灯结彩，灯火辉煌，墩上、水上、岸上热闹异常。时值盛夏，骄阳酷暑，故民间谚称："晒煞西水仙。"

新中国成立后，西水仙庙改作他用。20世纪80年代末，西水仙庙的外戏台拆迁至蠡园东部"层波叠影"扩建区，成为蠡园千步长廊伸向该扩建区之游廊端部的"半亭"。该亭檐口雕花板上的戏文，依然突出关公忠勇形象，保留了明末西水墩上有"关帝、水仙两祠"的历史记忆。1986年"西水仙庙"列为无锡市文物保护单位。西水墩地势低洼，汛期常遭水淹。为此无锡市人民政府于2000年搬迁墩上居民80户，拆除建筑6000多平方米，保护性修复西水仙庙大殿、内外戏台、辕门、仪门、偏殿、寝殿等文物建筑。2001年在重修西水庙的同时，又对西水墩的环境作全面整治，便利市民晨练、休闲和进行各种文化活动，总名"西水墩文化公园"。西水仙庙辟作群众艺术馆，后更名无锡市文化馆。旁有新落成的三孔石拱桥，沿用"显应桥"旧名，连接西水墩和棚下街。

三、桥梁文化包装

无锡古县城的最大地貌特征，就是从16世纪中叶开始的400多年间，在城池外围，环绕着京杭大运河的主航道，即运河"环城而过"，这在中国大运河沿线的所有城市中，是独一无二的。所以联合国世遗专家把大运河与无锡古县城的关系，概括为"相生相伴"。为了进出方便，历代无锡人在航道上面，架起了多座桥梁，"千年古运河，百年工商城，环城廿四桥，桥多故事多"。这些故事为2014年对其中的13座桥梁作文化包装，提供了内涵丰富又最"接地气"的素材，丰富了运河环城公共绿地的文化景观，提升其人文境界。

1. 江尖大桥

该桥因横跨在古运河江尖分水口之上，一桥跨两河，又有引桥与江尖公园（原江尖渚）相接，故名江尖大桥。始建于1996年，全长428.24米，双向4车道，桥头接春申路，从锡北方向而来的车辆可从锡澄路、春申路经江尖大桥直抵锡城南片，是沟通市区和锡澄高速公路的快捷通道。因从大桥上既可西望锡山、惠山这无锡人的精神家园，附近的惠山浜又是历来多少风流人物造访惠山的交通要道，所以该桥的文化包装，即以无锡古代文化名人为主题，通过桥墩上的8组浮雕，来彰显无锡人文荟萃的盛况。包括：

（1）**治无锡湖**。反映战国后期楚相春申君黄歇（？—前238年）治理无锡湖（又名芙蓉湖）的业绩，而江尖大桥所在位置，原是无锡湖的一部分，今春申路亦因黄歇而命名。

（2）**妙画通灵**。据地方志书记载，江尖大桥不远处的三里桥，原为明代邑绅顾可学所建，工人施工时，掘地得碑，"上书顾港桥，云是顾长康所造"。东晋画圣顾恺之（348—409年），字长康，无锡人。某年，他的藏画被权贵之子恒玄派人盗去，有人提及，他却说："妙画通灵，变化而去，如人之登仙。"顾恺之以他的大度和诙谐避免了灾祸。

（3）**却望蓉湖**。唐悯农诗人李绅（772—846年），无锡人，早年曾在惠山寺读书，寺内原有"李相读书台"古迹。他所作《却望无锡芙蓉湖》诗五首，表达了他对故乡山水的深厚感情。

（4）**气贯长虹**。宋抗金名相李纲（1083—1140年），祖籍福建邵武，生于无锡，自号梁溪先生。1125年冬，南侵金兵直扑东京开封，李纲主战，刚接位的钦宗任命他为尚书右丞、东京留守。李纲亲冒矢石，登城督战，击退金兵，取得开封保卫战胜利。后徽、钦二帝被金兵掳去，高宗任命李纲为尚书右仆射兼中书侍郎，赶赴南京（今河南商丘）。李纲为相时间虽不长，但忠勤国是，公认为抗金领袖。李纲病逝后，谥忠定，今惠山有"李忠定公祠"，在惠山寺香花桥畔。

（5）**藏书万卷**。南宋四大家之一尤袤（1127—1202年），无锡人，历官礼部尚书，诗作饱含爱国热忱。晚年回归故里，建万卷楼，以抄书藏书为乐，编成《遂初堂书目》，在我国学术界有崇高地位。今惠山"天下第二泉"之南有尤文简公祠，文简是尤袤的谥号，该祠是全国重点文物保护单位"惠山镇祠堂"的十座核心祠堂之一。

（6）**逸笔草草**。与黄公望、吴镇、王蒙合称"元四家"的倪瓒（1301—1374年），号云林，无锡人，其画作"聊以写胸中逸气"，自成流派，且诗书俱佳。他生前多次去惠山，他的祠堂就在惠山古镇下河塘。

（7）**墨竹高手**。明初大画家、无锡人王绂（1362—1416年），字孟端，别号九龙山人，早年曾寓居惠山寺。王绂善画竹，被称"国手"，今惠山竹炉山房的雨秋堂内，有王绂《晴雨竹》碑刻，十分珍贵。

（8）**父子治黄**。清早中期，无锡出了一对父子宰相嵇曾筠（1670—1739年）、嵇璜（1711—1794年）。父亲嵇曾筠历官文华殿大学士，治理黄淮及浙江海塘有功。儿子嵇璜历官文渊阁大学士兼国史馆正总裁，同样在治理黄淮及疏浚大运河方面作出贡献。今惠山寄畅园的《寄畅园法帖》碑刻中，收有父子俩的手迹。祭祀嵇曾筠父亲的"嵇留山祠"，在寄畅园南侧。

2. 莲蓉桥

位于无锡老县城北门外，始建于唐贞观三年（629 年），因当时附近河道、水湾状如莲花而得名莲蓉桥，又名大桥、竹巷大桥。桥之周围，泛称"大桥下"，是无锡古代、近代的商贸繁华区。该桥在历史上多次重建、重修。原为石拱桥，1938 年为通行黄包车（人力车）改为钢筋混凝土桥梁，1970 年改为双曲拱桥，现桥为 1980 年重建的梁板式桥梁，1993 年重修，10 年后又作拓宽。莲蓉桥积淀着丰厚的历史人文内涵，与无锡古城的老北门（先后命名为莲蓉门、控江门、胜利门）又多历史渊源，尤其是遐迩闻名的无锡米、布、丝、钱四大码头和船具、山地货以及班船、轮船码头，都曾在莲蓉桥一带交集，故莲蓉桥的文化包装即以此为线索而展开，用 4 幅玻璃钢浮雕形式，描绘了当年米市、布码头、丝市、钱码头的盛况。

3. 通汇桥

位于竹场巷之东，由无锡近代工商业家、慈善家祝大椿独力捐资兴建于 1918 年，因古运河及原城外"转水河"交汇于此，故名。该桥在 1970 年改建为单孔双曲拱桥，现桥为 2006 年重建，是接通通汇桥路、工运路、工运桥，直达火车站的重要桥梁。桥堍原有荷叶村，村南有泗堡桥。在无锡，素有"杨、蒋、尤、邵、徐"五姓十三家世代造船为业之说，在荷叶村、泗堡桥一带，杨姓造船作坊（船厂）最为集中，留有大厂里、小厂里、东板厂里等与造船有关的老地名。原地势低洼的荷叶村，于 2002 年改造为高楼耸立的"荷花里"。而祝大椿捐资建桥的故事又引出荣氏兄弟涉及面更广的捐资建桥佳话：1929 年，荣德生联络地方人士，组织"千桥会"，建立"百桥公司"，致力于地方桥梁建设，资金多为荣氏兄弟独任或与地方各半。据高树铮《千桥会造桥记》记载，至 1936 年的六七年间，共建成桥梁 88 座。另据无锡市第一棉纺织厂 2001 年调查统计，荣氏捐资建造的桥梁达 93 座之多。通汇桥周边及本身的丰富人文内涵，成为该桥文化包装的最好题材，据此创作的四幅彩绘壁画为亮坝税卡（内容见第十讲的"古税卡遗址景观带"）、五姓造船、（祝大椿）捐资建桥和（荣氏兄弟）百桥济世。

4. 工运桥

位于火车站之前，南北向跨古运河。沪宁铁路于无锡设立火车站后，为解决火车站与城厢之间的交通问题，无锡士绅于 1913 年在老渡口募建木结构"通运桥"。由于木桥易朽，交通流量又大，所以需要经常维修。1926 年 5 月下旬，无锡丝厂女工举行同盟总罢工,游行队伍经过通运桥时,与前来阻拦的军警发生冲突,造成落水事故。1927 年 3 月,北伐军进驻无锡,民众一再要求重建该桥,当局以"无钱可支"推诿。为此该年 10 月 9 日,丝厂、纱厂工会倡议捐献工资建桥,得到工友们和其他同业工会的响应,资方及铁路、市政等方面也资助部分经费。造桥工程由上海新顺记营造厂承包,于 1928 年 11 月竣工。因该桥主要由工友捐资建成,故名"工运桥",又因为是钢筋混凝土桥梁,当时水泥被称作"洋灰",所以该桥俗称"大洋桥"。

工运桥的建成,促进了火车站地段和桥堍大运河两岸的繁荣。多家轮船公司在工运桥桥堍一带,设立客货轮和游艇、灯船码头。1928—1935 年间,锡澄、锡宜、锡沪、锡苏公路等相继通车,相关的汽车公司在火车站东西两侧,建立了长途汽车的始发(终点)站,使这里初步成为水陆交通枢纽。又吸引旅馆、餐饮、娱乐、旅游、商业等服务行业迅速发展,使火车站和工运桥一带成为无锡城乡最为繁华之地,是灯火通明的"不夜城",是无锡"小上海"最具代表性的一角。

1960 年,工运桥由 7 米拓宽至 14.5 米;1983 年再次拓宽至 20.9 米。2002 年 2 月 28 日至 9 月 25 日,结合火车站广场改建工程,拆除老桥,在原址重建工运桥。所接出道路也由"通运路"更名"工运路",路、桥同名,更具指向性。

工运桥的文化包装,即以"工运桥的建桥故事"和"工运桥的繁荣故事"为题材,以彩绘招贴画的形式,作形象化展示,画风稚拙传神,别具一格,再现当年时代特征。

5. 高墩桥

系 2002 年建成的横跨古运河的立交桥,因位于工艺路高墩上而得名。鉴于大运河是无锡的母亲河,运河之水如甘甜的乳汁,哺育了勤劳智慧的无锡儿女,人杰地灵、人才辈出。故高墩桥的文化包装以遍布无锡城乡的近现代名人名居为主题,以具有民族特色的水墨画为包装形式,使这里成为无锡人才高地的缩影,而具深刻的人文内涵。该包装分列在桥洞两侧:一侧绘政经界名人名居,包括王昆仑(1902—1985 年)故居、薛暮桥(1904—2005 年)故居、陆定一(1906—2006 年)故居、秦邦宪(1907—1946 年)旧居、孙冶方(1908—1983 年)故居、蒋南翔(1913—1988 年)故居等;另一侧绘科教界名人名居,包括钱穆(1895—1990 年)和其侄钱伟长(1913—2010 年)故居、周培源(1902—1993 年)故居、顾毓琇(1902—2002 年)故居、钱锺书(1910—1998 年)故居、姚桐斌(1922—1968 年)故居、王选(1937—2006 年)纪念馆等。

6. 亭子桥

位于东门外原熙春街(今人民东路)东端,跨古运河(原外城河)。始建于南齐,初为木桥，名熙春桥。后因桥上建亭，名亭子桥。明弘治《重修无锡县志》载："亭子桥跨外城河，上有亭，故名。国朝成化八年（1472 年）知县李恭重建石梁。"该桥曾多次重修、重建。现桥为 2002 年重建的钢筋混凝土结构，花岗石贴面的桥梁。其东引桥之下的沿河桥洞可通车走人。2014 年在桥之东头建"熙春亭"和"靖海亭"，桥下台阶的墙面分别装饰《熙春门外亭子桥》和《海晏河清靖海门》砖雕壁画，以与历史典故相称。因亭子桥的西头距东林书院不远，而东塊原有与农业有关的"春场"遗址，并有以近代"工艺铁工厂"命名的工艺路，所以亭子桥的文化包装即以这些题材展开。包括：

（1）**东林书院**。明万历三十三年（1605 年），在南宋杨龟山讲学旧址重建的东林书院，传扬宋代程颢、程颐理学，为儒学正宗，影响遍及海内。书院内由顾宪成所撰"风声雨声读书声声声入耳，家事国事天下事事事关心"楹联，表达了东林学人号召人们关心时事，为国尽力的心声。东林书院成为当时朝野的舆论中心。

（2）**高风亮节** 顾宪成（1552—1612 年）因创办东林书院而人称"东林先生"。进士出身的顾宪成在任职吏部文选司郎中时，因忤旨罢官回到无锡，为东林书院主讲，直到逝世。他不畏权势、不计个人得失的高风亮节和以天下为己任的爱国精神，令人敬仰。

（3）**志抗权奸**。东林书院另一领袖人物高攀龙（1562—1626 年），在 1595 年回锡后，与顾宪成志同道合，讲学东林。1622 年复出，历官左都御史，因反对阉党魏忠贤，再次罢官回锡。天启六年（1626 年）三月十六日，因不愿受辱于阉党，在无锡城南水曲巷家中，投水自尽。后平反昭雪，谥忠宪。从这谥号可看出朝廷对他的高度评价。

（4）**春场遗址**。该遗址在前面第十章已作介绍，从略。

（5）**栽桑养蚕** 江南传统农业经济，除"稻麦两熟"粮食生产外，还以栽桑养蚕为主要副业，这对促进无锡缫丝业发展，成为远近闻名的丝码头起到了重要促进作用。

（6）**丝茧大王**。工艺路上的工艺铁工厂，前身为 1919 年创办的工艺传习所。1922 年，永泰丝厂老板薛南溟（1862—1929 年）之子薛寿萱（1900—1972 年）在传习所基础上，开办了工艺铁工厂。1930 年末，永泰丝厂在工艺铁工厂配合下，研制成功多绪立缫车，开创变无锡制造为无锡创造的先例，影响很大。在当时，薛氏父子并称"丝蚕大王"。

7. 槐古大桥

在学前东路的东面，是连接无锡市区和 312 国道的重要桥梁，始建于 1995 年，桥长 325.25 米，宽 32.64 米，共 16 孔。槐古大桥的文化包装因该桥邻近无锡近代民族工商业的发祥地——业勤纱厂旧址（今业勤苑），故以杨氏兄弟创业为契机，以无锡百年工商城的若干个第一即某类创办最早的企业为题材，以河道两侧桥柱之间的漏窗形镜心为载体，展现当年历史风采。包括：杨宗濂、杨宗瀚兄弟于 1895 年在兴隆桥北侧创办的无锡最早的纺织企业"业勤纱厂"，荣宗敬、荣德生兄弟于 1900 年在太保墩创办的无锡最早的磨面工厂"茂新面粉厂"，周舜卿于 1904 年在老家周新镇创办的无锡最早的机器缫丝厂"裕昌丝厂"，无锡工商界于 1905 年创办的旨在通达商情、广开商智、振兴实业的"锡金商会"，孙鹤卿等于 1905 年在光复门外创办的无锡最早的电力电灯企业"耀明电灯厂"，杨翰西等于 1908 年在北门内兴隆桥堍创办的无锡最早的通讯企业"无锡电话公司"，杨翰西于 1914 年在西门外南尖创办的无锡最早的食用油企业"润丰榨油厂"，由丽新、庆丰、申新等 3 家棉纺织企业于 1934 年集资创办的无锡最早的毛纺织染企业"协新毛纺厂"等。

8. 妙光桥

位于南禅寺妙光塔的东面，连接南阳路和跨塘桥。原名跃进桥，始建于 1970 年，全长 40 余米，后拓宽改建，于 2005 年更名妙光桥，又在桥栏柱头上装饰十二生肖，寓祝福之意。因妙光桥的得名源自妙光塔，所以该桥的文化包装以妙光塔的建塔和赐名经过为题材，用两幅彩绘壁画进行展示：一为"雍熙建塔"，北宋雍熙年间（984—987 年），南朝四百八十寺之一的南禅寺，兴建了七级浮屠，此为当时无锡城内最高的地标建筑；二为"徽宗赐名"，北宋崇宁三年（1104 年），该塔由徽宗赵佶赐名"妙光"，沿用至今。

9. 淘沙桥

该桥北联解放南路，南接通扬路，建于 2010 年前后，因其靠近淘沙巷，故名。该桥文化包装的最大特点，是将桥墩上原有的 8 个墙洞，装饰成 8 个花窗，用彩塑形式，使其成为展示无锡八大非物质文化遗产的"窗口"，包括：惠山泥人、宜兴紫砂、锡绣妙艺、留青竹刻、吴歌吴风、锡剧锡韵、江南丝竹、无锡评曲。它们以"吴风吴韵"独有的文化特质而魅力无限。

10. 西水关桥

水关，是城墙上的水门，起水路进出和防卫作用，也可用来调节城区河道水位，故水关外往往造堰闸和堰桥，如无锡的西水关就曾造 将军堰、将军桥。2000 年底建成的西水关桥，因位于原西水关遗址附近而得名。该桥与体育场桥基本平行，是连接锡山区—市中心—太湖新城主干道上的重要桥梁，全长74米，双向6车道。因该桥与原振新、申新等纺织厂邻近，所以该桥的文化包装以"纺织新声"为题，提炼与纺织有关的元素，作桥身装饰。

11. 显应桥

是横跨梁溪河，连接西水墩和棚下街的著名桥梁。明清时为木桥，屡有废兴，现桥为2001年重建的钢筋混凝土结构，花岗石贴面的仿古单孔石桥，桥长32.9米，宽5米，是今日梁溪河、西水墩上的重要景观。因西水墩上的水仙庙，原祀明嘉靖年间的何五路等36位抗倭义士；在清中期，支阿凤开显应桥以救旱灾的故事历来脍炙人口。所以该桥的文化包装，以这两个最接地气的故事展开。

（1）碧水丹心。明嘉靖三十三年（1554年），倭寇犯境，无锡知县王其勤率众筑城防守。五月十八日，邑绅张守经率乡勇乘船出水西门（西水关）迎敌，激战竟日，用火药铳击毙贼酋"四大王"，倭兵始退。战斗中，义士何五路等36人殉难，后被无锡百姓尊为财神"路头菩萨"，以为永久纪念。

（2）开坝救灾。清乾隆五十年（1875年）无锡大旱，城中士绅为使太湖经梁溪的回流之水能进入束带河（今学前街），便将显应桥下的河道堵塞成为显应坝，以阻梁溪之水北流，此举使山北、钱桥一带的高田无法庥水抗旱，颗粒无收。嘉庆十二年（1807年），又遇大旱，钱桥人支浩明（小名阿凤）带领农民上城要求打开显应坝，以救灾情。遭到已退休的协办大学士（副相）邹炳泰等城中绅士的百般阻挠，并罗织罪名，把支浩明打入大牢。此冤狱持续多年，直至嘉庆二十五年（1820年）据说皇帝开了金口，方才打赢官司，支浩明平反出狱，显应坝拆除，显应桥下恢复溪水长流。

12. 显义桥

位于西门桥以南约260米处，东西横向横跨古运河，俗称棚下街桥。该桥东接解放路，西连五爱家园（该居民小区有一部分在原棚下街），三跨，形式仿显应桥，金山石装饰，2004年建成并命名。该桥的东南块和西南块，分别靠近"薛福成故居建筑群"和"茂新面粉厂旧址"这两处全国重点文物保护单位，"一桥两国保"，成为该桥最好的文化包装素材，现用彩绘形式作展示。

（1）筹洋刍议。无锡人薛福成（1838—1894年）先后入曾国藩、李鸿章幕，1877年丁母忧，回籍。两年后重返北洋戎幕，目睹列强瓜分中国，思考富国强兵之策，著《筹洋刍议》，阐述洋务理论，提出实业救国等主张。1884年任宁绍道台，期间亲临中法海战前线，击伤法军舰队司令孤拔，取得重大胜利。1888年秋，升任正三品湖南按察使。后赏戴二品顶戴，出使英、法、意、比四国，是近代中国著名外交家。

（2）**实业救国**。荣宗敬、荣德生兄弟以6000银圆起家创办茂新面粉厂，是荣氏兄弟实业救国的起点，又是荣氏企业的发祥地。该厂在抗战时被日军烧毁。抗战胜利后，由荣毅仁主持修复并任厂长。新中国成立后，毛泽东主席说过："荣家是中国民族资本家的首户。"邓小平同志指出："荣家在发展我国民族工业上是有功的，对中华民族作出了贡献。"1993年3月27日，荣毅仁在全国人大八届一次会议上，当选为国家副主席。

13. 西门桥

该桥原名梁溪桥，又名清溪桥、梁清桥，俗称西门吊桥。原址在现桥址稍北的老西门外，东西向横跨在原梁溪河之上，故名。后梁溪河演变为护城河，再变为大运河航道，今名"古运河"。该桥始建于隋大业年间（605—617年），初为木桥。南宋咸淳五年（1269年）重建，元代的至元年间改为石桥，后又屡毁屡建。明天顺七年（1463年）重建成三孔石梁桥，以便于泄洪。嘉靖中毁于倭乱，后又易为木桥。清康熙中重修，咸丰十年（1860年）毁于兵燹，光绪三年（1877年）邑人集资重建。1936年开新西门，西门桥亦南迁至今址，改建为梁式钢筋混凝土桥梁。1958年，开辟横穿无锡古城的主干道"人民路"，西门桥随之改建拓宽，名"人民桥"，使路名、桥名一致，但民间仍称为西门桥。又经1982年拓宽，2001年重建，为现桥梁。西门桥的历史变迁，可谓是无锡古城发展变迁的一个缩影，也是古运河的一道极为重要的文脉。

西门桥历来是无锡古城经"五里街"通往锡山、惠山名胜区的重要桥梁，而五里街也以一株杨柳夹株桃而雅称"五里香塍"，西门内还是古代无锡县衙门所在地，是当时无锡县的"政治中心"，且持续了两千多年。故西门桥的文化包装以历史文脉为线索，彰显其故事性最强的内容，包括两条用玻璃钢浮雕展示的《西城旧事》《二泉映月》长卷。

（1）**西城旧事**。以清乾隆《南巡盛典》所收"乾隆驻跸无锡途程"木刻图和秦仪绘《芙蓉湖图》为蓝本，彰显清康乾盛世时无锡西门一带的繁荣景象。

（2）**二泉映月**。无锡西门原称"梁溪门"，后称"试泉门"，出典是苏东坡的诗句"独携天上小团月，来试人间第二泉"。所以该长卷以惠山的四大国保"寄畅园""天下第二泉庭园及石刻""惠山镇祠堂""惠山寺经幢"为背景，突出瞎子阿炳当年身背琵琶，手拉胡琴，演奏《二泉映月》，多次经过西门桥的场景。让《二泉映月》那优美的旋律，仿佛在无锡古城的夜空久久回荡……

第十二章 公花园、宅园和书院园林

　　我们在前面讲到，中国园林是以自然或人工山水、植物和建筑按一定艺术法则组合而成的蕴含着历史文化的综合艺术品。当然这是站在园林说园林的一种说法，那么如果跳出园林说园林呢？我们可能会觉得其实园林与整个社会生态息息相关。即某个地域的某个园林，总是与该地域的某一个时间段的环境容量与质量，经济、文化的发展程度，当地人的天赋禀性和人才状况有着千丝万缕的关系。一句话，社会是因，园林是果，果子甜不甜，取决于社会的阳光、雨露和土壤。

　　我在 1961 年进无锡园林工作，直至退休，连续工龄 44 年；退休后还不时去帮点小忙，流行的说法是"发挥余热"，加起来已超过半个世纪。期间接触最多的，当然是无锡园林；因工作需要常出差去的是苏州园林、扬州园林、杭州园林，北京的皇家园林也跑过好几趟。比较之余，我总觉得各有长处，园林讲的是"有法无式"，不争老大、老二，关键是要有特色。前些时候听人说，已故著名园林和古建筑学家陈从周教授曾说过：在江苏省范围内，明代园林看苏州，清代园林看扬州，近代园林看无锡。我觉得这话真是千锤百炼，讲到了点子上，因为我有同感，还可以印证上面这段话。明代的苏州，出了那么多天才的文学艺术大家，所以当时的苏州园林与苏州"当时之文学、艺术、戏曲同一思想感情，而以不同形式出之……风格在于柔和，吴语所谓糯"。扬州瘦西湖风景区，"妙在瘦字"，"是一个私家园林群"，"其妙在各园依水而筑，独立成园，既分又合，隔院楼台，红杏出墙，历历倒影，宛若图画"，其"风格则多雅健，如宋代姜夔诗，以健笔写柔情"。但如果没有以郑板桥为首的"扬州八怪"对艺术个性的追求，以及对于扬州人的熏陶和滋润；没有扬州盐商为了争取六下江南的乾隆老佛爷去自家园子中驻跸，就不会把银子花得像海水淌的那样，去兴建那么多雅健的私家园林群。在元曲中有一句唱词：真个是上有天堂，下有苏杭。故说了苏州园林，必得说说杭州园林。"唐代白居易守杭州，浚西湖筑白沙堤，未闻其围垦造田。宋代苏轼因之，清代阮元继武前贤，千百年来，人颂其德，建苏白二祠于孤山之阳。郁达夫有'堤柳而今尚姓苏'之句美之。城市兴衰，善择其要而谋之，西湖为杭州之

钱基博撰《无锡公园创制记》拓片

命脉，西湖失即杭州衰，今日定杭州为旅游风景城市，即基于此。"（引言均见陈从周《说园》）

从以上所说，我们不难理解，为什么千百年来作为县级规模、城池面积只能"丝螺壳里做道场"的无锡古城，在城内今天再也见不到一处古典园林，仅以少得可怜的残山剩水而令人感慨。但是，无锡人又很争气，把近代园林做得独树一帜，风生水起。即使在"丝螺壳"一般大小的古县城里，崛起了中国最早之一的由国人自己建造并为国人享用的公花园（城中公园）。在此前后，无锡城内兴建了若干颇有特色的私家宅园，留存至今的如薛福成故居（又名钦使第、薛家花园）以及秦氏佚园、杨氏云薖园、王禹卿旧居（花园洋房）等，而近年来恢复的东林书院西花园、2017年兴建的乐溪苑，亦多有可观之处。现将这些城市园林逐一介绍如下：

一、公花园（城中公园）

在无锡古县城的城中略偏东北位置，今中山路与新生路之间，南北为崇安寺商业步行街所夹峙。园址内有旧时崇安寺和道观"洞虚宫"的部分遗址。因该园边界经反复拉锯伸缩，现面积已小于盛期面积，不足 50 亩。园始建于清末，因无锡在雍正时分为无锡、金匮两县，而公园为两县士绅共建，两县市民共享，所以初名"锡金公花园"，辛亥革命后两县合并仍称无锡，公园相应更名为"无锡公园"，但习惯仍称"公花园"，简称"公园"。新中国成立后，沿用 1935 年所题"城中公园"，2005 年该园百年华诞时，正式定名为"公花园"。2006 年以"锡金公园旧址"名称列为江苏省文物保护单位。

公花园的兴建，反映了无锡人的民族气节。据有关资料，19 世纪 60 年代中期，英国驻沪总领事向上海道台衙门提出申请，在黄浦江与苏州河交汇处筑岸填滩，耗银万两，于 1868 年建成占地 30.48 亩的外滩公园（今黄浦公园）。但令人气愤的是，建在中国土地上的所谓"公园"竟贴出"华人与狗不得入内"的《游园规则》。转眼间，三四十年后的 1905 年，便有了为中国人争口气的由中国人建造为中国人服务的我国最早城市公园之一"公花园"的诞生。从此该公园成为无锡古城区的"绿肺"，又是无锡人家门口的休憩娱乐中心，更是无锡近代史的忠实记录者。

　　对于谁是兴建公花园发起人的问题，历来说法不统一。2013年凤凰出版社出版的《无锡园林志》认为："清光绪三十一年，地方人士高季莲、吴锦如等发起，经俞仲还、曹衡之、丁芸轩、周寄湄等实成其事，在白水荡辟建公园。翌年，三等学堂的俞仲还、吴稚晖、陈仲衡等在原有小园的基础上，将洞虚宫道院和崇安寺僧舍合并，捐资筑土岗，植花木，立绣衣峰湖石，建'蓼莪'小亭，形成一处规模不大的园林，取名锡金公园。锡金公园建成后，面积逐步扩大，景点增加，渐成规模。"公花园创建、扩建的资金，主要来源于无锡绅商和热心人士的有钱出钱，有力出力，园内多数建筑为同道筹款捐建，后来公园自身的收入有茶资、展览门票和房租。这里面有个小插曲：辛亥革命成功后，前清"红顶商人"常州盛宣怀在锡所置以当铺为主的全部产业，被充公没收，所存当资用于建造公益性质的图书馆、公花园等。但不到两年，江苏都督又令县知事如数发还。经过协商，已用之款作为盛氏捐助，未用的悉数发还，其中公花园涉及款项为9000元，这在当时不是一个小数目。好在事情经过没有大的波折，公花园照常免费开放。据1917年钱基博（钱锺书的父亲）撰《无锡公花园创制记》载，为创建公花园出钱出力的无锡人有俞仲还等44人。1921年，参与公花园扩建工作的俞仲还、丁芸轩、曹衡之聘请日本造园专家松田作规划设计，引进樱花等日本花木，数年后经多人出资造景栽树，园址范围增扩至相当于现规模，园内辟22景。1922年调整为24景，分别是：绣衣拜石、多寿春楔、芳堤柳浪、草堂话旧、松崖挹翠、樱丛鸟语、药槛敲棋、桃林披锦、清风斗茶、方塘引鱼、涵碧仁月、琼树朝霞、白水试泉、兰筵听琴、西社观荷、藤荫诎暑、碧云挈槛、花坞看云、天绘秋容、枫径斜阳、小苑天香、东篱品菊、杉亭咏雪、石弇问梅。这些景点今天大多数都能在园子中找到。经过这次扩建后，园中新增景点建筑或文体娱乐设施，大体就在该范围内。抗日战争

公花园一角（老照片）

时期，无锡沦陷，公花园遭日军极大破坏。抗战胜利后，由荣毅仁早年启蒙老师朱梦华出任公花园主任，朱先生对公花园的恢复工作，作出很大贡献。

几经增益，几经调整，甚至几经折腾的今日公花园，大致可分为以道路勾连的中、东、西三个区，中区重在人文，东区妙在山水，西区胜在绿植，但三者相互渗透，你中有我，我中有你。

中区之景包括：原来题额"华夏第一公园"的南出入口、绣衣峰、原洞虚宫道观的玉皇殿、"中国共产党无锡第一个支部诞生地（1925.1）"纪念碑、秦起烈士铜像、多寿楼等。绣衣峰是著名的明代太湖石，原为明嘉靖间湖广提刑按察使俞宪的岸桥弄"独行园"中故物，1906年移入公花园，现置石位置是后来调整的。而洞虚宫是宋代道观，1860年毁于兵火，1873年重建三清（今无锡县图书馆旧址）、灵官、火神、雷尊（今阿炳故居）、长生和祖师六殿，玉皇殿则重建于1876年。辛亥革命时撤去玉皇殿内塑像，改名"尚武堂"，堂后草地广场，曾是革命党人操练新兵（实为商团武装）的地方。1983年玉皇殿划归公花园，1986年"洞虚宫玉皇殿及古井"列为无锡市文物保护单位。多寿楼是公花园的主要楼阁，由华海初、华子随、吴俊夫等集资2400元始建于1909年。10年后，楼之北凿小池，树"随水成池"刻石。多寿楼曾于1942年重建，1979年经落地翻修后为现式样。多寿楼位于公花园的中心位置，又是公花园的重心所在。1911年11月6日，多寿楼和楼前的草地广场，是辛亥革命无锡武装起义的首义誓师之地。1925年1月，在楼西侧空地召开了无锡第一次党员会议，建立了中共无锡第一个党支部，1991年7月中共无锡市委、市人民政府于此立碑纪念。据《无锡市志·大事记》载：1949年10月2日，"各界代表1500多人在皇后大戏院举行庆祝大会，在城中公园举行升国旗仪式"，而多寿楼前就是无锡地区第一面五星红旗升起的地方。1988年初，在多寿楼之前，又树立起大革命时期著名工人领袖秦起烈士铜像。在黑色花岗石基座上，镌刻着原中共中央副主席、中纪委第一书记陈云亲笔题词"无锡工人运动先驱者秦起烈士 一九零六—一九二七"。

东区给人的第一印象，是由龙岗假山和白水荡组合而成的山水景观。龙岗假山是公花园建园初期由俞复等捐资堆叠的，上有俞复为纪念先人而建造的蓼莪亭。山巅耸立着锡金师范同学会于1927年捐建的白塔。塔之下有一小泉潭，题额"白水试泉"。龙岗尽头为南野老人华艺三捐款堆叠的黄石崖壁，华先生书"松崖"两字镌刻其上。白水荡相传为战国末期春申君黄歇的行宫所在地，其旁旧有以黄歇为祀主的大王庙，20世纪80年代，因旧城改造，其大殿搬迁至鼋头渚风景区鹿顶山，改建为"范蠡堂"。

特别可惜的是，在公花园百年庆典之后，建设崇安寺步行街区过程中，在白水荡下面修建地下车库，天然水荡或为混凝土水池，失却原真性，有愧古人。真是"池馆已随人意改"，旧貌依稀入梦来。令我们这些干了几十年园林工作的老园丁徒呼奈何！白水荡之水向北疏浚为环形溪流，两个水口之上，分别架着 1918 年由瑞莲堂高氏捐建的"涵碧桥"和 1921 年由云荫堂孙氏捐建的"枕漪桥"。环形溪流的中间，为丙寅、丁卯、戊辰、己巳四届属相分别为虎、兔、龙、蛇同庚会捐款 7782 元建造的同庚厅（一名嘉会堂）。该大厅建筑面积 290 平方米，于 1930 年 9 月落成，是公花园的主厅，民国元老吴稚晖为此撰联："术擅雕龙，才能绣虎；力全搏兔，智握灵蛇"，巧妙地将四届同庚的属相嵌入联句，引起轰动，传为佳话。同庚厅建成后，常被无锡士绅和社会耆老作为庆寿燕饮之地。无锡有大年初一集体举行寿宴风俗，同庚厅新春吃寿面成为一道风景。而今天的同庚厅是百姓的茶馆，是公花园最热闹的去处。同庚厅之前是大广场，辟作露天茶座。广场之西，为池上草堂，堂址原为明代盛冰壑教子读书处，清初归高攀龙的长外甥秦吉生所有，1920 年归属公花园，并重建。重建后的池上草堂面阔五间，中间三间临水，其西为陪弄式走廊，原镶嵌秦岐农等 42 人每人出资 1 元摹刻的唐代怀素草书《四十二章经》，是公花园的镇园之宝。广场之东，与池上草堂相对的，原有 1922 年夏伯周兄弟秉承父亲遗愿捐建的"兰簃"三间；后老曲师吴畹卿等在兰簃之北接出两间，为"天韵社"交流音乐技艺之用。这些建筑年久失修，于 1983 年重建，恢复历史风貌。广场南临白水荡，1983 年在白水荡的东北岸建"凌波榭"和花架廊，过此出东园门，通新生路。同庚厅的后面，有一座四方形的亭式水榭，系 1921 年西师范同学会捐建，故名"西社"，老校长侯鸿鉴撰《西社落成记》述其事。西社是 1923 年 10 月无锡第一个共青团支部的诞生地。西社之西，有后乐园。园址原

由李正先生设计于 1979 年改造重建的多寿楼

公花园东部的山水景观亦有可观之处

今日公花园西部的绿色风貌

为明天顺年间副都御史盛冰壑所建之方塘书院（一名后乐园），内有"清风茶墅"，为众弟子斗茶处。1918 年该地划归公花园，曾重建清风茶墅，后荒废。1997 年重建后乐园，系公花园的"园中园"，由李正设计，甚是雅洁，深得各界好评。但在十多年后又作重建。

西区最古也最新。论其古，东晋"书圣"王羲之曾在此建宅，留有"右军涤砚池"遗迹。说它新，是因为这里调整了好几次，变化太快。例如 1934 年由杨筱荔等 9 位耆老捐款 2500 元建造的九老阁，原在寺后门（公花园通达中山路的西园门）内，门与阁存在一定的比例关系，感觉上是比较得体的。20 世纪 90 年代的晚些时候，因环境改造搬了一次家，此后不到 20 年，又因商业项目再搬一次家，九老阁越搬越新，试问还是文物建筑吗？当然，也有总体上经过有机更新，优化调整，使环境在变新变绿的同时，品质、品味得到较大提升的案例。如在该范围内，曾在 1921 年辟网球场，1931 年建无锡大戏院（中华人民共和国成立后更名人民剧场），1946 年辟篮球场；于 1951—1956 年设小动物园。这些设施撤去后，多数改为绿地。20 世纪八九十年代，这里经两次调整，绿化气氛更为浓郁。包括：园之西南部于 1914 年堆叠的"石包土"归云坞假山之巅，在 1983 年建了一座钢筋混凝土结构但外表装饰仿松树干、松树皮的四方亭，这座亭子在大树、古树的掩映之下，显得质朴古拙而有新意，后来各处竞相效法。1997 年在开挖水景广场的水池时，出土了 1945 年 8 月由时任无锡城区区长题书的"抗战胜利纪念塔"，重新树立在常青树丛之中，为公花园恢复了一处历史记忆。1998 年竣工的寺后门广场绿地、水景广场和艺术广场等，在刻石置石、广场设施、游人休憩、儿童游乐与古树名木保护、新增绿植花坛的完美结合上，均有可圈可点之处。可惜这些积极成果被后来的商业项目蚕食不少。

园林是兼有物质、非物质文化遗产的有生命的综合艺术品，尤其如公花园这样已列为高级别文保单位的文物园林，更是象征百姓福祉、生态文明、文化品位的城市客厅和名片。不可多得，弥足珍贵。坦诚地讲，在公花园的百年风雨沧桑之中，既有宝贵经验，也有深刻教训。做好了公花园的保护工作，就保留了鲜明的无锡记忆和文化基因，尊重老祖宗方能无愧下一代，在这个问题上，必须郑重对待！

二、薛福成故居（钦使第、薛家花园）

2001 年被公布为全国重点文物保护单位的"薛福成故居建筑群"，又名"钦使第"，位于无锡古县城西水关内，其东、南、西、北四至，今为健康路、解放路东侧、学前街、前西溪，占地 1.2 万平方米，原有房屋三路六进 140 余间，今存 130 多间，是江苏省现存最大的近代官僚住宅群。该钦使第的宅园，包括天井庭院、后花园、东花园、西花园等，故俗称"薛家花园"。

薛福成（1838—1894 年），清末思想家、外交家，字叔耘，号庸庵，无锡人。他家老宅原在前西溪，其父薛湘所建，1860 年毁于太平军与清军交战的兵火。为此他在清光绪十四、十五年间（1888—1889 年）花 11200 元大洋购买原属丁、秦等姓的宅基地 18 亩，准备建造新的宅第。有专家认为：从地望看，推测该地块原与南宋著名诗人尤袤的"乐溪居"和明代高官秦金的尚书第相邻或相关。而在薛福成眼里，这里是"门前若有玉带水，高官必定容易起"的宝地。这"玉带水"是指无锡学宫（古代官学、今大桥中学校址）门前由东向西流入大运河的束带河（原河道现为学前街）。由于在 1888 年秋冬间，薛福成以二品顶戴、三品京堂候补，钦使英、法、意、比四国大臣，第二年 1 月 31 日在上海登上法国"伊拉瓦第"号远洋轮船，赴任驻外使节。所以他在临行前，将亲自勾画的"钦使第"草图和 6.18 万元启动资金交给长子薛翼运（南溟），责成其具体实施，4 年后基本告竣。不幸的是，薛福成在 1894 年 5 月 25 日离任回国，因旅途劳顿，又感染时疫，于 7 月 21 日病逝于上海。他的子孙也没有成为"官二代""官三代"，而是走上"实业救国"的道路，成为著名的实业家，如薛南溟、薛寿萱父子，人称"丝茧大王"。

钦使第的平面布局，分为中、东、西三路，即一条自南向北的中轴线和左右两翼。整组建筑呈前窄后宽、前低后高的"凸"字形，又像展翅高飞的大鹏，令人想起薛福成的远大抱负和广阔胸襟。中轴线上，自南至北，依次有照壁、门厅、轿厅、正厅、后厅、内围墙及砖雕门楼、转盘楼、后花园。门厅至后厅均面阔九间，因超出当时二品官的住宅规格，故分别将每厅分为三节，即中间一主厅和左右各一旁厅，主、旁厅之间的梁、柱及柱础均为对剖，留有上下贯通之伸缩缝；至于最后一进转盘楼，则通过"断脊"的建筑艺术，在形式上分成三、五、三开间。这样做的目的，既可避免因超规格引起的政治问题，又可防止热胀冷缩对房屋结构所造成的损伤，可见薛福成的政治智慧和科学头脑。中轴线之东为左翼，其前半部分有戏台、池塘、花厅（听风轩）、附房，后半部分有仓厅、厨房、弹子房等。其中弹子房是薛南溟在1912年建造的中西合璧娱乐用房，弹子则是桌球的俗称，该房的窗户镶嵌彩色玻璃，是当时的时髦做法。同年，他还在前西溪北侧为长子薛育津创办"太湖水泥厂"构筑三幢巴洛克式花园洋房作为办公用房。但薛育津办厂未果，此房产后为其弟薛汇东与袁世凯次女袁仲桢结婚的婚房，民间笑称为"驸马府"。是由国人自行设计的西式住宅组群之一，目前保存状况良好，1995年以"薛汇东住宅"名称列为江苏省文物保护单位。至于钦使第中轴线之西的右翼，原有偏厅几幢和仿宁波天一阁形制的藏书楼（又名传经楼），

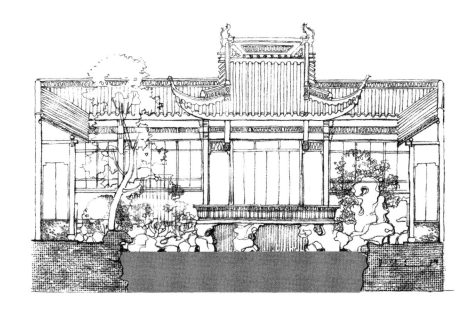

东园把戏台建在花石小池上，使池塘变成天然音箱

今存偏厅三间及藏书楼。历经沧桑的薛福成故居在 1994—2002 年间，先后搬迁占用该故居的 1 家街道工厂、2 家商店、3 所学校和 100 多户居民，花巨资修旧如旧，恢复原貌，2003 年元旦开放。

薛福成故居的建筑群落恢宏硕大，其宅园空间也丰富多彩。它们以多点散置形态成为镶嵌在建筑群落中的绿色空间，使规整的建筑在"正中求变"中变得美丽而富有生气。这应是钦使第宅园在布局上的一大特点。而且这些园子与建筑主从分明，匹配有情。例如中路主体建筑的前四进厅堂之间，都有精心设计的天井庭院。朱震峻主编的《中国无锡近代园林》一书对此有很精辟的分析，兹引录如下：

第一进门厅与第二进西韬堂之间的庭院，东西两侧由白墙围合。庭院空间以游廊及敞轩划分为西、中、东三个部分，东西两侧庭院以表观水景为主，布置有假山堆砌的池塘并点植园林花木。

第二进西韬堂与第三进正厅"务本堂"之间的庭院东西两侧则以游廊围合。东西侧围廊各布置一个半亭，半亭位置相对，与划分院落空间两道南北向游廊围合成了东西两个可供游览的侧院空间。庭院中只是简单地设置了花圃置石，对植两棵高大乔木以遮阴赏景。

自务本堂向北，有一高墙将宅第划分为前院及内宅，围墙南为开放空间，适合园主对外交往，而高墙后则为较私密的生活起居之所。入石门未进惠然堂之前，先入一组庭院，中间三开间仍以游廊相连，但又与前三进庭院内游廊不同。此游廊采用了双面廊的形式，即面向中轴线一侧以单廊围合空间，中间竖以开有漏窗的白墙，而面向东西两侧天井的则为游廊半轩。绕过白墙则可以看到东西侧院全貌，均植以芭蕉，设有置石，构成了相对独立的庭院小空间。

因钦使第宅园造于晚清，受等级森严的制度限制，故采用了特殊做法。即将面阔九间的轿厅和正厅，巧用《周易》和礼教的"以三为界""以三为礼""以三为谦"，在轿厅、正厅均采用对剖复柱的独特做法，将九间大厅分别变成相对分开的三个厅。与之对应，建筑间的庭院空间通过两列游廊或轩进行分隔，以避免将面阔九间的建筑立面完整裸露出来，而引起不必要的嫌疑。从而形成了薛福成故居内独具特色的天井庭院空间。这种化整为零处理庭院空间的另一大原因是用地限制，各进院落均为开间大、进深小的狭长空间，游廊及敞轩的处理方式，较好地对这狭长空间进行分割，规避了原本的空间缺陷。同时，虽然将庭院空间进行了分隔，但这种分隔均采用视线能够通透的长廊和敞轩，使总体天井空间产生了分而不隔的效果。此外，每进院落均采

复建的宅园，让钦使第重新成为名副其实的薛家花园
（左）为庭院一角
（右）为西花园一角

用左右均衡的园林布局和一致的造园要素，保证了园林空间的统一性。

　　宅园中路的后花园，东西两翼的东花园和西花园，与上述天井庭院一样，均因历史原因遭受较大破坏，或因改作学校操场而铺以砖石，或因乱搭乱建而环境混杂。所以这些园子在作复原设计时，均作现场发掘，证实这三个园子原来均以山池或池石景观为核心，而呈现江南园林独擅的风格、风韵和风貌。又因为操刀修复设计的均为资深高手，包括由戚德耀先生主持故居建筑修复，李正先生作修复东路及东花园设计，南京大学马晓、周学鹰先生承担后花园修复设计，东南大学张十庆教授负责西花园的规划设计。终于使该又名"薛家花园"的薛福成故居，恢复了当年"钦使第"应有的精、气、神。薛氏宅园虽然建于近代，但不同于同时代的公花园，也不同于晚些时候由荣氏、杨氏、王氏等建在太湖、蠡湖岸边的山庄墅园，以其独擅的文化特质而别树一帜。

三、秦氏佚园

　　位于无锡城中今福田巷8号，是近代社会活动家秦毓鎏按"东宅西园"传统理念，建于20世纪20年代"广不及二亩"的住宅园林。其得名源自园主对"生老病死，佛家谓之四苦。庄子则云：老我以生，佚我以老"的理解。佚通逸，荀子所谓"舍佚而为劳"。所以从佚园的命名，可看出园主对儒、道、佛的融会贯通，这恰恰是中国传统园林的思想基础。2013 年，国务院公布包括佚园在内的"小娄巷建筑群"为全国重点文物保护单位，佚园的文物价值和艺术价值，在国家层面上得到了肯定。

佚园的构筑与园主秦毓鎏的个人经历息息相关。秦毓鎏（1880—1937 年），又名念萱，字晃甫，号效鲁，无锡城内小娄巷人，北宋词人秦观三十二世裔孙，而秦观迁锡后裔在惠山建有寄畅园。秦毓鎏早年曾先后在无锡东林书院、上海南洋公学、南京水师学堂学习过，光绪二十八年（1902 年）赴日留学，入早稻田大学政治科。在日本加入兴中会，从事反清活动。回国后，参与黄兴等人组织的兴华会，任副会长。辛亥革命爆发后，发动无锡起义，光复无锡、金匮两县，任锡金军政分府总理兼司令长。民国元年（1912 年）1 月，奉召往南京任总统府秘书。同年 5 月，秦毓鎏回籍任无锡县民政长，对开辟光复门，筹建图书馆、扩大公花园、开办小菜场、修筑从火车站到崇安寺的马路等市政建设工程，都有不小贡献。1913 年参与助黄兴讨伐袁世凯的二次革命，失败后被捕入狱，获刑 9 年，1916 年经孙中山等救助出狱。在狱中他研读庄子，著《读庄穷年录》2 卷。复出后的秦毓鎏，曾担任一些无锡地方职务。1921 年秦毓鎏开始筹划建造宅园，由其外甥龚葆诚主持，这年夏天建澄观楼，10 月园成，题名"佚园"。

《锡山秦氏佚园十景图册》为再现当年佚园风韵提供了可靠依据

园中的若干景观景物名称，与他研读《庄子》有关。1927年秦毓鎏出任无锡县主要领导，参与"清党"，捕杀共产党员和革命群众，秦起烈士的牺牲与其有关。但他并没有因此而得到蒋氏新贵的器重，于次年因病去职。这便是其该年所著《佚园记》所说："行年五十，疾病侵寻，两鬓已斑，齿牙摇落，此正天之所以佚我也。"他还请族侄秦淦（字清曾）绘"佚园十景"，由秦淦的父亲、上海艺苑真赏斋老板秦文锦精印《锡山秦氏佚园十景图册》发行。1930年他短期任江苏省民政厅长，此后便赋闲在家。晚年信佛，为无锡佛教居士林"莲社"的负责人之一，至病故，终年57岁。

从建造佚园的实践看，秦毓鎏的造园思想，浸润着儒、道、佛，而尤重道教，体现了他对传统文化的一种坚守。故在建造宅园以中西合璧之"花园洋房"为时髦的当时，思想并不保守的秦毓鎏却能以中国传统风格来构筑佚园，使之成为江南望族所建近代园林的难得之作，也可说是其前辈所建寄畅园的造园思想在社会转型期的一种延续。该园的主景，是位于园子中部的"石虎岗"，以及其西南面的朱樱山；又以朱樱山山腹部的石砌"枣泉"为活水源头，"雨后水溢"，向东形成涧流，抵石洞而悬为瀑布，再曲折注于水池，瀑布与水池之间则架有观瀑桥。如果我们把佚园的山和水作比较，山重而水相对较轻，但佚园能以少胜多地以较小的水量创造出泉、涧、瀑、池之完整水景系列，更在不经意间完成了山与水之间的交融和过渡，体现了园主在掇山理水过程中因地制宜的匠心和功力。这里还要指出的是，如果我们站在大运河中的黄埠墩往西看，就会觉得佚园的石虎岗、朱樱山和水池，就像大自然中的锡山、惠山和大运河水面那样的组合有情。这恰恰说明了中国的人工山水园是以真山真水为蓝本而饶有画意的，所谓"虽有人作，宛如天开"。此外，园内的三处传统风格建筑——澄观楼、竹净梅芬之榭和双峰亭，都紧贴园子的边角进行布置，这样，在将园子中央的主要位置让给山水、花木的同时，又使这些起居或赏景、点景建筑获得理想的景向并融入画面。

以上是大而言之谈佚园的布局特点，下面结合佚园的游线具体而微地讲讲园子的景致景物和细部处理。佚园的主景在山，游线的起点也从正中的土山"石虎岗"开始。石虎岗之名，源自土岗之麓有"石虎蹲焉"。岗之上则有"最宜秋宵玩月"的隐弇台。台下有洞，为沟通园子东西的咽喉，洞口还有古碑碣。此岗得平台伫月、洞口访碑二景。石洞之南，拾级而上为朱樱山，山半樱桃，系秦毓鎏的父亲秦谦培当年手植，"花时绯英满枝，灿灿耀目"。登上山之顶，可近借环城运河"风帆往来城外"之景，西望则远借惠山"峰峦起伏，如列翠屏"之景。山腹有石砌的水潭，名"枣泉"，因泉上有枣树垂荫而得名。雨后水溢，东流为涧，至石穴下注为瀑布，注入水池，池口架观瀑桥，可聆听水流的潺湲之声。此山此水可得樱山远眺、雨后听瀑、桥上观鱼三景。过石桥向北，水池东岸有可供垂钓的矶滩，又得枫荫垂钓一景。再往北，拐入月洞门，为面阔三间的澄观楼。楼前的小庭院有"花木竹石之胜"；该楼的楼层有卧室、书斋，是园主夏天的起居所在；底层名"坐忘庐"，是园主的会客、宴饮之处。出澄观楼庭院的西侧门，通往竹净梅芬之榭。榭的北面，是面积为二亩的菜圃果园。榭的南面是园子中的水池，"一镜莹然，游鱼可数"。拾级而下，缘池而行，经石虎岗，至双峰亭。亭旁有古石鼎，"可焚香，可煮茗"，系北宋庆历年间（1041—1048 年）故物，据说是民国初年秦毓鎏在修复南禅寺时，寺僧所赠送。此亭面向来自宜兴"高皆逾丈"的畏垒峰和瑶芝峰，这也是双峰亭得名的由来。两峰之旁，散点着较小的太湖石，"若拱若揖，若后生小子趋待于前。峰后有修篁丛桂，掩映其间"。沿着小径往北，至朱樱山的西麓，"松柏成林，蔚然深秀，夏日暑气不到……"。此地已是游览佚园的最后高潮，可得夏日之石鼎烹茶，秋季之石林丛桂，冬天之双峰戴雪，松林夕照，共四景。《佚园记》的作者说："而余之园，尽于此矣。"

纵观佚园现状，这个面积原来就不大的园子，又因种种原因成为面积更小却尚存大部景观遗迹、遗址的残局。残局有残局的韵味，只要静心梳理园子的文脉，大胆落墨，小心收拾，以最大限度地恢复当年历史风貌，应该说还是大有希望的。

四、杨氏云薖园

人们用"安居乐业"来强调住宅的重要性，在从前建房起屋是事业成功的标志之一，而且房屋虽然不会说话，但透过房屋能捕捉到房主的人生经历、禀性爱好、修养修为、眼光境界等若干重要信息，所以"屋如其人"不是伪命题。也正是从这点出发，我们讲到云薖园，就必定要从无锡北门下塘"旗杆下"杨氏有关房屋的掌故讲起。1736 年，二十几岁的乾隆登基那年，一场天大的喜事降临到了居住在北门下塘的鸿山杨氏迁城第四世杨度汪家里：在该年杨度汪赴京参加相当于考进士的"博学鸿词"考录中，金榜题名，取二等，因排名靠前，钦点翰林院庶吉士，在翰林院担任编写统志的修史官。又因皇恩浩荡，恩准在家宅门前树立旗杆光宗耀祖，以示褒扬，使北门下塘又因添加"旗杆下"三字而令人眼羡。111 年以后，杨度汪的玄孙（迁城第八世）杨延俊（字菊仙）在道光二十七年（1847 年）赴京会试时，与合肥李鸿章同届金榜题名，而且两人在同年中交谊甚笃。此时，聚族而居的旗杆下杨氏，冠盖不绝，人丁兴旺。十九年后，清军与太平军转战江南，咸丰十年（1860 年）四月十日太平军忠王李秀

云蔼园一角

成部攻陷无锡，至同治二年（1863 年）十一月初二清军李鹤章部克复无锡，其间，无锡城内外遭受严重破坏。同治三年（1864 年），旗杆下杨氏大片住宅毁于大火。2年后即 1866 年，杨延俊的五个儿子杨宗濂、杨以回、杨宗瀚、杨宗济、杨宗瀛（字望舟）在旗杆下南面的城中大成巷营构新宅，奉母侯太夫人居住。至光绪十年（1884 年）杨艺芳复于旗杆下老宅基建造新房，由艺芳诸子回迁居住。到了光绪三十四年（1908年），老四宗济的儿子，此时已担任清政府工商部工务司员外郎（副司级公务员）杨味云，以纹银 1700 两，在大成巷宅第之西的太平巷（今长大弄）购得一宅，加以修缮后，举家迁此。因杨味云常年供职在外，这里不常居住，但不废经营，每年回家扫墓，必考虑利用宅西的"隙地辟为小圃"，而"东宅西园"也是传统宅园（住宅园林）的常规做法，十几年后，便有了占地 4 亩的"云蔼园"的诞生。

云蔼园是以中国传统园林为体，以西洋建筑为用即作为起居场所的"花园洋房"式住宅园林。这种做法是当时不少豪宅的"标配"，究其原因是业主们认为：中国传统园林充满诗情画意，可以会友、可以燕饮，可以修身养性等；而西式住宅则通风透光，宽敞舒适，卫生设备齐全，有利身体健康。而作为杨味云本身，产生这样的营构宅园理念不难理解，一句话与他的个人经历有关。

杨味云（1868—1948 年），名寿枏，字味云，晚号苓泉居士，无锡人。幼年随任职溧阳学署的父亲攻读古文，光绪十年（1884 年）回无锡应试，中秀才第一名。光绪十七年（1891 年）参加顺天（今北京地区）乡试，中举人。因"目击时艰，慨然有投笔请缨之志"，弃科举而转向治学。后得到伯父杨宗濂的提携，并受到洋务运动洗礼。光绪二十六年（1900 年），获授内阁中书，历官工商部工务司员外郎、度支部承政厅郎中（司长）、度支部右参议等。其间，在光绪三十一年（1905 年），随镇国公载泽等五大臣赴日、美、英、法、比考察宪政；光绪三十三年，又随农工商部侍郎（副部长）杨士琦赴南洋各地抚慰华侨。民国鼎革后，曾任北洋政府长芦盐运使、山东省财政厅长、财政部次长等。此后，曾随伯父杨宗濂、宗瀚办过工厂的杨味云，悉心实业，为发展我国华北地区的近代纺织工业作出了贡献。杨味云其人其事，无疑是我们上面所说"园如其人"的一个良好案例。

对于云薖园的建园时间问题，说法不一，为郑重起见，现略作剖析。据杨味云自撰《云薖记》称："云薖主人，生于山水之乡，长于诗书之林，年二十而出游……仕宦三十年……归而筑室于城西，以其隙地辟为小圃。"按当时制度，经省级、国家级科举考试而中式的举人、进士或国家最高学府——太学、国子监的毕业生，都具备"正途"出身的做官资格。但从杨味云在中举后于 1896 年转向治学，专攻财政经济，从而为此后做官仕宦铺平道路的经历看，1896 年应是他的一个重要时间节点，由此而"三十年"，为 1926 年。也正是在该年冬季，杨味云在云薖园举办了六十寿宴。所以无锡市文化遗产局 2007 年编著的《梁溪胜迹（下）》第 237 页认为"该宅园建于1926 年"，应该是比较接近事实的说法。

对照《云薖记》和云薖园现状，此园保持了历史原貌。这里需要说明的是，该园之东，原为杨味云在 1908 年所购、至今保存完好的中式住宅，即有六扇竹丝板门的门头、轿厅、保滋堂、云逗楼、延秋轩、沧粟斋等，杨味云当年就明确"非云薖之所有"，也就是说不在云薖园范围。在范围内的是中式园林和西式楼房。至于"云薖"之名，意为空旷之处，蜗角之居，当然这是一种谦虚的说法。但从约占全园 1/3 面积，处于园子中部偏西位置的主景——湖石大水池看，"微波沦漪，莹若碧玉"，确有一种旷适淡泊的感觉。同样占全园 1/3 的"池居"即洋房，在大水池之北，取坐北朝南，前临清池方向，使池居在择地上先胜一筹。建于平台花坞之上的三间体主楼，名裘学楼，为园主的藏书之所，楼底名况梅斋，则是园主的闲居之地。楼西有晚翠阁，可资借夕阳西下时"紫翠万状"的惠山之景，下为云在山房，可俯视小池沼中的游鱼水藻。此小池名"苓泉"，上架石板小桥，与大池通。从裘学楼东折而北有小楼，上为卧室，名杏雨楼，下为书房，名香南精舍。楼前堆叠湖石假山，"山中有洞，名小林屋。旁为挂笏亭，可以望山；临池有停琴榭，可以忘月"。挂笏亭的后面，开门洞，题额"云薖"，通往前面所说的中式住宅。

1927 年 3 月，国民革命军第十四军军长赖世璜率部进驻无锡，占"云薖别墅"为公馆，致新宅大受摧残。抗日战争时期，日军侵占无锡后，"云薖别墅"一度由族人看管。新中国成立后，云薖园长期被市税务局、市纺织工业局、市文化局、市文联等机关使用，基本保持原状。2003 年 6 月，列为无锡市文物保护单位，并交还原主后人。历经整修，重现当年园林风貌。

五、王禹卿旧居（花园洋房）

2003 年列为无锡市文物保护单位的"王禹卿旧居"，位于无锡市中山路 117 号梁溪饭店内，现为该饭店的住宿楼。该旧居建于 1932—1937 年间，业主是荣氏企业的重要骨干王尧臣（1876—1965 年）、王禹卿（1879—1965 年）兄弟，其范围包括1 座花园和 3 座洋楼，属于典型的"花园洋房"，花园为中式，楼居为西式，体现了近代宅园中西合璧的特点。说起该宅园，要从王氏兄弟的出身说起。

兄弟俩是无锡扬名乡青祁村人。父亲王梅森是位文化人，但没有考中秀才，就在家乡的青祁庵里设馆授徒，少年时的两兄弟便在父亲的学馆里读书。哥哥王尧臣 16 岁时在无锡一家染坊当学徒，23 岁去上海瑞丰估衣庄当伙计。弟弟王禹卿 14 岁时去上海胡亦来煤铁油麻店当学徒，3 年学习期满，升兼外账。正当兄弟俩收入略有好转时，在清光绪庚子年（1900 年）的十一月十一日，因姓陈的邻居家失火，引燃王家祖宅，被烧成一片白地。兄弟俩"在沪闻警，乘轮同返。至则瓦砾遍地，片椽无存。惟有黔柱赭垣，烬余残剩，参差错峙而已。触目伤心，父子三人相抱而哭。……余生平遭遇厄困，无有过于是者"（王禹卿《六十年来自述》）。这场惨烈的劫难，促使兄弟俩在此后把赚钱起屋作为人生的追求之一。于是他们在赚到了 N 桶金之后，便有了这王氏"花园洋房"的拔地而起。

王尧臣、王禹卿从小患难与共，长大后手足情深，非但在事业上共同拼搏，造房子同样兄弟联手。由于他们在上海发迹，曾创造荣、王、浦"三姓六兄弟"兴办上海福新系面粉企业的神话，所以在 20 世纪 20 年代的中期，兄弟俩联手在寸土寸金的上海静安寺东庙弄建了 2 幢豪宅，哥哥家在 18 号，弟弟家在 16 号，一个要发，一个要"六六大顺"，都是吉祥数字。在此之前，他们曾联手在当时无锡的高级住宅区——棉花巷建了座令人刮目相看的高墙门、大宅院。这次兄弟俩又一次联手在城里繁华地段的时郎中巷兴建花园洋房，再次说明了兄弟俩的造房情结非同寻常。据王禹卿《六十年来自述》称："壬申（1932 年）五十四岁，建宅于锡城时郎中巷。凡三进，都五楹，工经十八月，斥资十五万有奇。以视城西棉花巷旧宅，闳敞多矣。"该楼为典型的欧式古典主义风格，青砖筑砌，线脚富有装饰性。使用女儿墙和爱奥尼柱式。主体高 3 层，但前部跌落为 2 层，在二层之顶形成阳台，可在此俯视前面的花园。该楼造好后，王禹卿本人很少来住，他在上海与侧室夫人顾氏住在一起，方便就近照顾十分繁忙的生意。所以这幢洋房真正的主人是他的结发妻子陈氏（"渔庄"园主陈梅芳的胞妹）和他俩唯一的儿子王亢元。该楼现为梁溪饭店的 3 号楼，名"齐眉楼"。该楼之东的两层洋房，系王尧臣建于 1932—1933 年间，其平面和立面都采用对称式构图，南部中央凹入形成入口，两侧向外突出为六角形，中央二层开横向长窗，便于欣赏花园景色。该楼建成后，王尧臣除逢年过节或无锡有要事方入住几天外，同样人在上海，很少来住。抗战前王尧臣的家眷多数在无锡，楼内住的人不少，多时有二三十人，孩子又多，整天非常热闹。该楼原称"老洋房"，现为梁溪饭店的 2 号楼，名天香楼。由于王尧臣多子多女，家眷队伍不断扩大，感觉二层楼房已不够用，况且钱也越赚越多，所以在 1936—1937 年春季，在二层楼之东，再建一幢更有气派的美国式钢筋混凝土框架结构，外墙筑砌红砖的 3 层大楼。该楼为非对称的均衡式构图，即在西南角靠近花园的部位建有圆形塔楼，又受当时摩天楼风格影响，立面强调竖向线条，故在南立面开有三道纵贯三层的拱窗，但其中一层在上部装饰较宽的腰线，以减缓向上的冲势。为了与圆形塔楼取得构图上的均衡，各层开环形玻璃窗，能从不同角度观看花园。该楼原称"新洋楼"，现为梁溪饭店的 1 号楼，名春晖楼。

上述三幢洋楼，都坐北朝南，面向花园，取得了理想的朝向和景向，套句时髦话，都是"景观房"。而作为欣赏主体的中式花园，位于院子的中部，平面略似梯形，西宽东窄，占地 1000 多平方米。园子地势西高东低，高者为假山，低者为水池。山间池畔，草木华滋，尤以盛开的杜鹃花，夺人眼球。假山的制高点在西南角，设一泉眼，放在太湖石的孔穴内，"泉水"涌出后向东北跌落为三叠泉潭，然后潜入地下，再出为狭长的溪涧，水量大时在出口处形成瀑布，最后泻入东部的大池。水池的形状似蝙蝠又似蝴蝶，蝙蝠谐音福，蝴蝶谐音无敌，都寓吉祥之意。水池的中间是略为拱起的小桥，恰似蝙蝠或蝴蝶的身子，桥头特置一尊玲珑挺拔的太湖石，又恰如头部，兼起点景的作用。纵观该人工水系，由西向东形成涌泉—池潭—溪涧—瀑布—大池系列，恰如江河入海。又有桥、路、石、台穿插其间，令人情趣盎然。

抗日战争时期，该王氏宅园被日军占据，胜利后一度为无锡县警察局。新中国成立后，1954 年辟为无锡市委、市府招待所，当时习惯在招待所前面冠以地名，故名"时郎中巷招待所"。巷名源自这里确实住过一位郎中。1967 年以"文化大革命"立新风名义，更名时新巷，招待所因此称"时新巷招待所"。1978 年在招待所范围内新建一幢 5 层客房楼，招待所更名"梁溪饭店"，至今。

上面所讲俗称"薛家花园"的薛福成故居钦使第、秦氏佚园、云薖园和王禹卿旧居，都是近代宅园。但各有不同的表现形式，各有独一份的故事可讲。它们是园林，又是见证无锡历史的"活化石"，游赏之余，发人遐想。

六、东林书院之西花园

东林书院位于原无锡县城七箭河畔，今解放东路 867 号，东为东林广场，西邻苏家弄。书院创建于北宋政和元年（1111 年），为著名理学家程颢、程颐嫡传弟子杨时（1053—1135 年）的来锡讲习之所，后荒废。元至正十年（1350 年），其址建东林庵。明万历三十二年（1604 年），革职归里的吏部文选司郎中顾宪成（1550—1612 年）与弟允成及高攀龙（1562—1626 年）、安希范、钱一本、刘元珍、叶茂才等 7 人捐资近一半，在常州知府欧阳东风，无锡知县林宰与乡里同人的大力支持下，重建东林书院，因 7 位捐资人和薛敷教后来都是东林讲学中坚，故史称"东林八君子"。重建后的东林书院有屋基地 6 亩，园林 10 亩。东林书院立有会约宗旨，年有大会，月有小会，经常会讲。在"讲习之余，往往讽议朝政，裁量人物"，所以"朝士慕其风者，多遥相应和"，成为当时事实上的社会舆论中心。天启元年（1621 年），先是东林党人纷纷被启用，赋闲在家的高攀龙招为光禄寺丞，后擢升左都御史。但就在此时，太监魏忠贤编织了一个权倾朝野、盘根错节的阉党阴谋集团。魏忠贤使人编《三朝要典》，借挺击、红丸、移宫三案为题发难，打击东林党人。天启五年（1625年），阉党矫旨毁天下书院，东林书院首遭其劫。同年十二月，又向全国颁示 309 人的《东林党人榜》，以此罗织罪名，大兴冤狱，许多著名东林人物惨遭残酷迫害。第二年三月十六日，已罢官回锡的高攀龙在遭逮捕前投水自尽。高自尽后不到一个半月，东林书院被夷为一片瓦砾。崇祯继位后，东林冤案得以昭雪，崇祯二年（1629 年），下诏修复东林书院。有清一代，又多次重修。光绪二十八年（1902 年），东林书院改为东林学堂。1947 年，东林书院全面整修，并将原悬挂在惠山顾宪成祠堂的名联"风

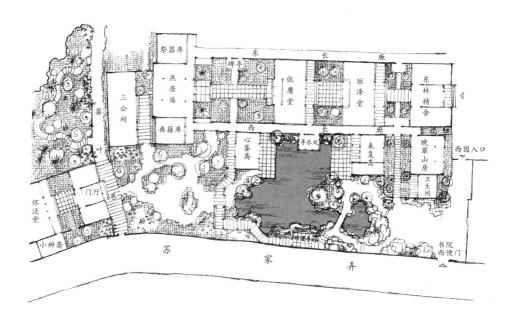

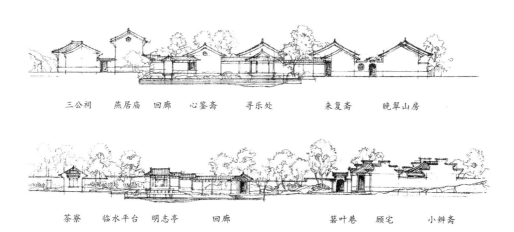

三公祠　燕居庙　回廊　心鉴斋　　寻乐处　　　来复斋　　晚翠山房

茶寮　临水平台　明志亭　回廊　　　　　箬叶巷　顾宅　小辨斋

李正先生设计的东林书院西花园手绘稿。（上）平面图　（下）剖面图

声雨声读书声声声入耳，家事国事天下事事事关心"（一说"关"为"在"之误）移入书院内学堂。新中国成立后，东林书院在 1982 年、1994 年先后两次修缮；21 世纪初又得到全面恢复，旧址范围保存完好。所存石牌坊、泮池、东林精舍、丽泽堂、依庸堂、燕居庙、三公祠、东西长廊、来复斋、道南祠、东林报功祠等主要建筑，均保持明、清时布局形制与历史风貌。国务院于 2006 年公布"东林书院"为全国重点文物保护单位。

至于东林书院的西花园，又有故事可讲。历史上的东林书院并没有西花园，西花园的建设在 21 世纪初，是当代的仿古园林。当时，为了缓解东林书院的南、西、北三面被林立高楼包围的环境压力，无锡市花大力气，在东起东林书院已修复文物建筑，西至苏家弄，北到箬叶巷，南至东林书院前沿的范围内，硬是挤出一块南北长约 70 米、东西宽约 25 米，占地约 4 亩（包括箬叶巷北面的小块公共绿地）的土地，请李正先生规划设计，建造了西花园。"东书院、西花园"，文脉延伸，气机贯通，为东林书院整体（含西花园）申报国家级文保单位奠定了基础。

李正先生的老友陈从周教授曾言：园必隔，水必曲，园越隔越大，水越曲越幽。而西花园用地恰巧又是南北太长的狭长地带，独具匠心的李正因地制宜通过石板桥和亭廊组合，把园子分为南、中、北三区，其中中区是园子的核心部分。这种分隔，非但增加了横向的宽阔感，纵向的层次感和深远感，而且石桥、亭廊对于视线的通透性，又使这种分隔"似隔非隔"，真是廊引人随，幅幅成图，景致互换，小中见大。作为西花园核心的中区，以契合自然的"西山·东水"作为全区的构图中心，并以此体现孔子"仁者乐山，智者乐水"思想。假山紧贴西围墙，垒土叠石而成，其最高处建一半亭，题额"明道亭"，该亭名应是书院中"道南祠"文脉的延伸。明道亭之南，假山逶迤下降，转而向东，在水池的收狭处，架石板小桥，桥之南即为园子的南区。循桥厅，通达"来复斋"西面的茶庭。来复斋和心鉴斋是水池东岸的原有建筑，两者一南一北，以连廊相接，廊中有水亭凸出水面，名"寻乐处"，呼应南北，联络有情。东岸这组建筑，与西岸的假山，景色互换而相对，又和那天光云影、横斜花枝、倒映入池，诗情画意，呼之欲出。令人想起唐代大诗人杜牧的妙句："凿破苍苔地，偷他一片天。白云生镜里，明月落阶前。"此情此景，又使人仿佛来到了寄畅园，那西边的案墩大假山，中间的锦汇漪，东岸的知鱼槛等一组建筑，不正是此地的范本和蓝图？园子的中区和南区，以水池上的石板桥为界。此桥又将水池分为大小不同的水面，因有大小对比，使大者愈觉辽阔，小者愈觉幽深。而小池之南的玲珑假山，此时恰成为中区大水池西岸大假山的余脉，真所谓：脉源贯通，全园生动。至于西花园中区和北区的分隔及联络，是通过两区之间的亭廊组合而实现的。此亭廊还把大池西岸的石矶滩地与东岸的心鉴斋，连成美丽的风景线。亭廊之北，即以花石小院为特色的北区，布局简约，淡墨晕染，"勿言不深广，但足幽人适"（白居易《官舍内新凿小池》），求其境界宁静清雅而已。

七、乐溪苑

乐溪苑在无锡城西门一带的显义桥东堍，兴建于 2017 年春夏间。因该苑西邻由古梁溪演变而来的护城河、古运河，南为前西溪，北为后西溪，东为迎溪桥社区，即苑的四周为"溪"所环绕；其西南向附近，又有南宋"四大家"之一、礼部尚书尤袤的"乐溪居"故址。故从地理位置和历史内涵两方面考量，将其命名为"乐溪苑"。而苑名冠首之"乐"字，又寓和谐盛世百姓的幸福感和获得感；至于言其为"苑"而不用"园"字，则体现其为没有围墙的开放性公共绿地性质。

据"老无锡"回忆，该苑的苑基，原是一个面积不小的荷花塘。经查考民国元年正月至四月（1912 年 2 ～ 5 月）测绘的《无锡实测地图》，当时这里是一片菜园地，内有 3 个池塘和少量建筑。推测这些池塘可能是古梁溪的孑遗，后因围在老县城的城墙内，便成为灌溉菜园的池塘，再后来因在池塘中植荷而俗呼为"荷花塘"。新中国成立后，荷花塘被填没，成为工业用地。由于该苑基位处无锡老县城的城圈内之"寸金地"之上，其 5300 平方米的占地面积，仅地价一项，现值就达亿元以上。而与上述各城邑园林的面积相比较，该苑仅次于公花园而位居第二，可见无锡市对于生态文明建设和精神文明建设的高度重视。

按传统的说法，建筑是园林的脸面和眉目，而当代园林则更多着眼于生态意义。有鉴于此，绿地率约为 80% 的乐溪苑，其建筑采取"以少胜多"手法，仅以东廊、西亭、南榭、北馆，便组合成该苑的建筑重心，令园景发生开合、虚实变化，并对园景起分隔、通透、引连、过渡、呼应等作用，达到了园林建筑为"助胜而设"之境界。由于这些建筑采用传统的江南水乡建筑风格，所以宜通过对建筑的命名来点化园景的诗情画意，让文化成为绿化的灵魂。而古人以东、南、西、北表示春、夏、秋、冬，又以春花、秋月、夏荷、冬梅代表四季生态。故结合园中绿植布局，分别命名东廊为"春晖廊"，西亭为"晓月亭"，南榭为"藕香榭"，北馆为"梅影馆"。其中，"春晖"有两层含义，一犹言春光明媚，二比喻母爱。前者见戴叔伦《过柳溪道院》之"溪上谁家掩竹扉，鸟啼浑似惜春晖"诗句；后者见孟郊《游子吟》之"谁言寸草心，报得三春晖"名句。"晓月"则对应明代无锡八景诗之"梁溪晓月"。"藕香"则为唤起这里原为荷花塘的历史记忆。而"梅影"则是前述尤袤"乐溪居"大量植梅，他本人有"却忆孤山醉归路，马蹄香雪衬东风"诗句的再现。

　　因为乐溪居在构筑之前，先期已做地下"海绵城市"架构。所以从其造园艺术所达到的水准和在"海绵城市"建设中的引领作用，都说明该苑在无锡城市生态环境建设中，是可以复制的生动样本和范例。

附录六则

百年梅园铭

民国初元，山露梅影；

五湖之阳，熔铸诗魂；

荣公手泽，毅仁胸襟；

园以为公，垂范率真；

百年布馨，绚丽如锦；

跻身国保，四海播名；

壮哉梅园，香海猗猗；

春光万斛，磅礴天地。

二〇一二年 岁在壬辰 梅园立石 沙无垢文

注：《百年梅园铭》刻石在荣氏梅园·香海轩东南角的大树下，仰望荣德生铜像，表达崇敬之情。

江南兰苑图跋

南犊鹿顶之间，太湖佳绝之处，有钟灵殊域。但见虬松迎风，凤篁弋姿，沈泾潺湲，巉崖嶙峋，胜景悦目，芳氲沁心，此江南兰苑也。入门，朝霞托暾，和风舒怀；曲梁卧波，瀛洲浮鹜；香草滋繁，阶痕苔藓；转眸林杪，舒天高阁，呼之欲来。临水构馆轩，一曰国香，一曰绿芸，集兰蕙之雅号也。两袖盈香，一池映辉，高人莅止，能不吟咏者几希？行数十武，幽谷独胜，峨峰双绝，水情隐约，曲涧流觞，翠蔓披拂，山花烂漫，茅亭俨然于林樾，奇石无言而有韵，天然与人工，七三而分焉。假山之畔，兰居循于曲廊，终于静斋，此苑之主体也。过此即为艺圃，无需赘言矣。苑始建于戊辰，越三年而成，占地四十余亩，吴君惠良擘划其事。顾君青蛟绘全图，逼真无遗；余乃跋之短文。无垢居士谨识于辛未荷月。修伯书。

注:《江南兰苑图》装饰在该苑国香馆主厅壁间，跋在图的左上角，作于1991年夏。

蠡园门联

一湖春风秋月，多少事，专诸脍鱼，范蠡著书，千载艳说西施，又道张渤开犊，朱衣复虞俊忠魂，遗王问草堂，高子水居，蓼莪辟青祁苑囿，卜筑历时七旬，蔚然今朝规模；

九天夏雨冬雪，几许情，莲叶听声，疏柳裹银，四季妙绘园亭，却说掇石笋翠，南堤映天桃晓色，有长廊揽胜，层波叠影，花木掩高阁低榭，擘画延地五里，灿乎明日图画。

龙寅仲秋　无垢撰句　修伯书

梁韵阁记

星分须女，地系吴楚。古有溪源发自惠山之泉，流而萦绕于无锡西南山明水秀之区。溪本狭，梁大同中拓而浚之，故名梁溪。溪由此为古吴运河、无锡城河与五里湖、太湖间之水利枢纽。引湖济运，旱涝资民，惠泽邑人。尊重为母亲河，遂以梁溪为无锡别名。千古风流，遗韵如缕。

丁亥春，梁溪河水环境整治工程行将竣工。无锡市人民政府委我办于梁溪河与大运河交汇处，建梁韵阁以资纪念。阁高二十八米，建筑面积壹仟肆佰捌拾伍平方米。三层五重檐，歇山龙吻脊，碧瓦飞翚，白石为阑，阁顶饰金璀火焰珠，底层辅以左右翼廊，简洁典雅，拔地雄峙。工程始于是年仲秋，翌春落成，耗资七百万有奇。梁韵桥头梁韵苑，梁韵苑里杰阁枕溪河。脉络贯通，引人入胜，逸兴遄飞，景情相融。

举凡兴造之作，意在笔先，意蕴高远，始有佳构。而今欲于高楼环峙之用地仄迫处，建梁韵阁以为地标建筑，落笔难，立意更难。然造景擅胜，法无定法，何不从梁溪来处找出处？考《志》载地理家言："凡山高者多，则低者为主，故世以锡山为主山，惠山虽高，不得并称也。"俯仰山水，灵犀相通，神来之思，命笔洒然。或谓建筑高易低难，绮丽易典雅难。低则不失其势，典雅尤胜藻饰，梁韵阁兼而得之矣。是为记。

无锡市城市重点工程建设办公室立石

二○○八年春节　沙无垢撰

注：梁韵阁是梁韵苑的地标建筑，苑则在大运河、梁溪之畔。阁建成后，颇有不同看法。为此，该阁设计师李正先生与我相商，能否写篇记说说情况。先生于我，亦师亦友，不可以辞，因有此作。该记刻石，镶嵌在梁韵阁的正面墙上。

沙无垢代拟稿：运河黄埠墩《凤凰石记》

　　乾隆辛未春，清高宗弘历于南巡途中驻跸黄埠墩，赋七律称其："两水回环抱一洲，不通车马只通舟。"迨回銮京师，命于清漪园之昆明湖南湖，仿黄埠墩筑圆岛，名凤凰墩，上建凤凰楼，以与园中龙王庙相谐。弘历《凤凰楼》诗有"诸墩学黄埠""波态席前浮"等句。翰林院编修吴振棫《养吉斋丛录》载："凤凰墩在湖中，仿江南黄埠墩为之。"道光间，墩上凤凰楼被拆。清末，清漪园毁于英法联军，重建后改名颐和园。而凤凰墩虽历经沧桑，至今犹存，与遥相呼应之黄埠墩，见证大运河促进了南北文化交流。癸巳夏，无锡城市发展集团、无锡市城市投资发展有限公司于黄埠墩立凤凰石，以石喻墩，传其历史佳话。铭曰：

凤盖扬兮，翠华拂天，
唯此胜游，烟屿如浮。
凤凰于飞，垂杨依依，
栖湖洲兮，鸣其笙箫。

凤凰墩今貌速写

　　注：《凤凰石记》刻石，在黄埠墩南大门与楼阁之间的院子内台地上。作于 2013 年，拟稿人未落款。

平山远水 包孕吴越——介绍太湖风光

　　横跨苏浙两省的太湖，是我国五大淡水湖之一，其水域面积 2400 多平方公里，古称"三万六千顷"；湖边峰峦列屏，湖中岛屿散布，号称 "七十二峰"。国家重点风景名胜区——太湖，则在江苏省无锡、苏州两市及其所辖的宜兴、无锡、吴县、吴江、常熟等 5 县 (市) 境内，规划面积 888 平方公里，含 13 个景区及 2 个独立景点。太湖的自然景观以山外有山、湖中有湖的平山远水为特征，"山不高而清秀，水不深而辽阔"，兼有海的雄奇和湖的秀丽，浩渺烟波，使人襟怀为之开阔，同时，太湖多姿的自然景观和以吴越史迹为导线的多彩的人文景观相互交融。这里既有诗画一般的小桥流水、绿树人家的文化古镇，又有典雅古朴的各种古园林、古桥梁、古建筑群，还有历代名人留下的大量碑碣石刻、雕塑珍品、诗词歌赋、书法绘画等珍贵文物以及有关山水名胜的种种神话故事和民间传说，所有这些，构成了太湖风景区丰富的内涵。

　　下面把《太湖》邮票所表现的景点作一简介。

　　（1）洞庭山色 东洞庭山是太湖最大的半岛，西洞庭山是太湖第一大岛，明代江南才子文徵明《太湖》诗"岛屿纵横一镜中"，即是对它们的生动写照，这两座山均位于苏州吴县境内。此地岗连岭迭，港湾屈曲，岛内多幽谷深坞，周围则小岛星罗棋布，尤饶山环水绕之趣，是典型的群岛风光，所谓"层峦叠嶂，出没翠涛，弥天放白，拔地插青，此山水相得之胜也"（袁宏道《锦帆》）而遍布全岛、聚散有致的花木果林，以春华秋实鸟语花香令人神往。从微观看，岛上石景，堪称一绝，尤以西山之石公胜迹、林屋古洞，遐迩闻名，至于岛上的风景建筑，妙在不太多，但恰到好处地点在形胜之地，从中可悟出古人在环境与建筑的融洽协调上，是何等的匠心独运。

　　（2）鼋渚春涛 太湖的主景区梅梁湖，是太湖北半圜伸入无锡所形成的袋形水湾。其精华地段的南犊山，有状若鼋头的山渚突入湖中，故名"鼋头渚"，明初，无锡八景之一的"太湖春涨"即指此。这里占有太湖山水组合最美的一角，素以天然图画著称，又经独具匠心的人工修饰，遂成为中外著名的游览胜地，郭沫若有诗："太湖佳绝处，毕竟在鼋头。"民间则有"不到鼋头渚，等于未到太湖"广为流传。综观该地景观，先在邻太湖的西南山脚，构筑了从长春桥至"具区胜境"牌楼的樱花桥堤，因此在苍茫的烟水中隔出了宜人的清漪，却又不时闪出堤外的湖光山色。接着，以"藕花深处"的一组堤边桥、桥头亭、亭畔屿、屿上堂，构成线条窈窕的优雅庭园，使您暂时"忘却"太湖，偏又提高了对太湖的"期望值"。这样，当您循着曲径登上建有灯塔的山渚时，景色豁然开朗。但见：湖边巨石吻波，山顶高阁凌空，近览远眺，气象万千，阴晴雨雪，情趣迥异，可掬三万六千顷之浩渺烟波，一洗胸襟。尤其是清明前后，长春桥的樱花次第开放，如轻云，似彩霞，"满园深浅色，照在绿波中"。陶醉在落英缤纷里的如织游人，似在画中游。

（3）蠡湖烟绿　蠡湖是太湖的内湖，得名于春秋时期越国大夫范蠡携美人西施在此泛舟的传说。清代的钱国珩有诗赞之："湖上青山山里湖，天然一幅辋川图。"综观整个蠡湖，湖岸收放变化有致，湖面柔波莹碧，初夏岸边一抹柳烟，更从清新野趣中透出秀丽淡雅的画意诗情，蠡湖景区的主景点——蠡园，是著名的江南水景园林，植物配置体现了桃红柳绿的水乡特色。该园三面临水，以水饰景，假山真水相映成趣。建筑多傍水、贴水、压水而构，长廊曲栏，亭榭错落，桃花娇艳，柳丝拂面，在远山近水的衬托下，外景开阔，内涵幽曲，驻足顾盼，幅幅成画，诚如郭沫若所言："欲识蠡园趣，崖头问少年。"

（4）寄畅春秋　寄畅园是太湖风景区"锡惠景区"主景点之一，为全国重点文物保护单位。该园位于无锡惠山东麓，南邻南朝四百八十寺之一的惠山寺，由北宋著名词人秦观的后裔于明朝中叶以后修建，寄畅园以借景、引泉、掇山、理水及古树见长，建筑洗练，以少胜多，在江南园林中，独树"山麓墅园"一帜。清帝康熙、乾隆各六次南巡，每次均幸此园。今北京颐和园中的"谐趣园"，即乾隆以寄畅园为蓝本而仿造。站在寄畅园的"七星桥"头，隔着清池"锦汇漪"，太湖明珠——无锡的宝塔（即锡山之巅的龙光塔）被借景入园。到了"霜叶红于二月花"的深秋，这座具有 500 年历史的古典园林，尤擅一种苍凉廓落的韵致，令人陶醉。

（5）梅园香雪　无锡梅园是"梅梁湖景区"的主景点之一，始建于 1912 年，园主为荣毅仁副主席的父亲——著名实业家荣德生先生。1955 年，荣毅仁先生按父亲遗愿，将梅园献给国家。该园倚山而筑，南临蠡湖，与鼋头渚隔水呼应。园内百花争艳，芳草鲜美，但以梅花为主题，植梅三千，"粉蕊弄香，芳脸凝酥，琼枝小。雪天分外精神好，向白玉堂前应到"；又擅长"四面有山皆入画，一年无日不看花"的情趣。园景以浒山的"念劬塔"为点睛之笔，远瞩湖山，俯领香雪；园中亭台，翼然于花海，而倒临清池的几树梅花，更富"疏影横斜水清浅，暗香浮动月黄昏"的诗意。该园系太湖风光中以植物造景、高雅取胜的成功典范。

（6）包孕吴越（小型张）在无锡鼋头渚濒临太湖的天然石壁上，清末无锡县令廖纶书题的"包孕吴越"摩崖石刻，以胸贮三万六千顷汪洋，纵横二千五百年历史的如椽之笔，高度概括了太湖的自然与人文之美，点出了这里雄伟的境界，被评价为太湖风景最得体的点题之作。仅从自然风光看，这里是南犊、中犊、后湾、大箕、小箕诸山绕水屏列所形成的黄金水湾，其间，鼋头渚和大箕山"好望角"夹水呼应，更有以灵气、秀气，仙气著称的三山岛处于该水湾视轴线的中心位置。因此，该处以山水组合特别紧凑，特别宜人而成为太湖风景的精华所在。山水审美以具有典型性的客体为对象，而以"包孕吴越"为核心的视觉范围，由于独擅太湖"平山远水"风光的典型性，成为《太湖》邮票小型张的最佳选择。

注：国家邮电部在 1975 年 7 月 20 日发行《太湖》邮票一套六枚。对于这套邮票，我事前曾参与，故《集邮》杂志约我撰稿作介绍。该文即载于《集邮》1995 年第 7 期。同期《集邮》所载范扬教授《情系太湖——我画太湖邮票》在谈到邮票设计过程中，"无锡园林局李振铭局长、沙无垢专家给我把关，详审画面景物所在是否得当"。后来，范教授还把他绘制的这套邮票的"手绘封"惠我。"秀才人情纸半张"，这半张纸，弥足珍贵，特影印如下，以飨读者。

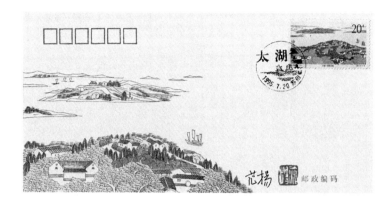

太湖·洞庭山色

太湖·鼋头春涛

太湖·蠡湖烟绿

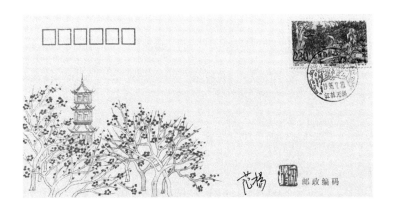

太湖·寄畅秋韵

太湖·梅园香雪

太湖·包孕吴越

沙无垢编著、合编的风景园林等图书一览（1982—2017 年）

[1]《养花顾问》，16196·102，胡良民、沙无垢编著，江苏科学技术出版社，1982 年 11 月第 1 版。

[2]《无锡风物百景漫笔》，ISSN1003-9473-CN32-1287/k，沙无垢著，江苏文史资料编辑部，1998 年 9 月第 1 版。

[3]《插花艺术》，ISBN80614-551-6/J·37，刁慧琴主编，沙无垢、石炜副主编，南京出版社，2000 年 5 月第 1 版。

[4]《无锡之旅——导游词精粹》，ISBN-80574-521-8/G·111，汪晓霞主编，沙无垢、蒋瑞兴、孙宅峻副主编，古吴轩出版社，2000 年 11 月第 1 版。

[5]《蠡园》，ISBN7-80574-626-5/G·133，沙无垢、杨海荣编著，古吴轩出版社，2002 年 5 月第 1 版。

[6]《园林走笔》，ISBN7-80574-635-4/G·134，沙无垢编著，古吴轩出版社，2002 年 6 月第 1 版。

[7]《荣氏梅园史存》，ISBN7-80574-635-636-2/G·139，沙无垢、陈文源、葛红主编，古吴轩出版社，2002 年 6 月第 1 版。

[8]《太湖鼋头渚》，ISBN7-80574-673-7/G·139，沙无垢、沙云编著，古吴轩出版社，2002 年 10 月第 1 版。

[9]《无锡惠山泥人》，ISBN7-80574-701-6/G·149，沙无垢、赵建高编著，古吴轩出版社，2002 年 12 月第 1 版。

[10]《惠山园林》，ISBN7-80574-720-2/G·155，沙无垢、费志伟编著，古吴轩出版社，2003 年 4 月第 1 版。

[11]《无锡名景》，ISBN7-214-03564-2/K·486，沙无垢编著，江苏人民出版社，2003 年 9 月第 1 版。

[12]《无锡梅园》，ISBN7-80574-786-5/G·194，沙无垢、孙美萍编著，古吴轩出版社，2004 年 1 月第 1 版。

[13]《上海无锡园林拾萃（无锡部分）》，ISBN7-5434-5687-7/K·280，吴惠良、顾文璧、沙无垢主编，沙无垢、顾文璧、吴惠良、费志伟、贾伟 撰文，河北教育出版社，2006 年 5 月第 1 版。

[14]《梁溪屐痕》，ISBN7-80192-980-2/K·759，沙无垢、杨锡根、吴佳佳主编，方志出版社，2006 年 12 月第 1 版。

[15]《梁溪古园》，ISBN978-7-80238-250-3，朱震峻、沙无垢主编，方志出版社，2007 年 12 月第 1 版。

[16]《无锡运河记忆》，ISBN978-7-80733-323-4，沈锡良、邹百青 主编，沙无垢、夏刚草副主编，夏刚草、沙无垢撰稿，古吴轩出版社，2009 年 5 月第 1 版。

[17]《北塘山水名迹》，ISBN978-7-5506-0020-1，沙无垢 编著，凤凰出版社，原江苏古籍出版社，2010 年 11 月第 1 版。

[18]《一幅云林高士画：无锡风景园林》，ISBN978-7-80733-170-4，吴惠良、朱震峻、沙无垢编著，古吴轩出版社，2007 年 10 月第 1 版。

[19]《二泉松月谁能群：锡惠名胜区》，ISBN978-7-80733-170-4，朱震峻、沙无垢、史德平、金石声编著，古吴轩出版社，2007 年 10 月第 1 版。

[20]《三春芳草聚梁溪：无锡专类园》，ISBN978-7-80733-170-4，吴惠良、李正、沙无垢编著，古吴轩出版社，2007 年 10 月第 1 版。

[21]《四时清景多钟灵：惠山寄畅园》，ISBN978-7-80733-170-4，沙无垢编著，古吴轩出版社，2007 年 10 月第 1 版。

[22]《五湖烟水独忘机：太湖鼋头渚风景区》，ISBN978-7-80733-501-6，沙无垢、史明东编著，古吴轩出版社，2010 年 7 月第 1 版。

[23]《六出雪花饶香海：梅园横山风景区》，ISBN978-7-80733-501-6，沙无垢、孙美萍编著，古吴轩出版社，2010 年 7 月第 1 版。

[24]《七情未了一镜中：蠡湖风景区》，ISBN978-7-80733-501-6，许墨林、沙无垢、杨小飞、许敏编著，古吴轩出版社，2010 年 7 月第 1 版。

[25]《八斗诗才翰墨情：无锡园林匾联选》，ISBN978-7-80733-170-4，沙无垢、吴佳佳、徐志钧编著，古吴轩出版社，2010 年 10 月第 1 版。

[26]《九思华章遗珠玑：无锡风物古诗选注》，ISBN978-7-80733-688-4，沙无垢、夏刚草、徐志钧选注，古吴轩出版社，2011 年 11 月第 1 版。

[27]《十方翰墨留梁溪：无锡园林碑刻选》，ISBN978-7-80733-688-4，朱震峻、沙无垢、赵铭铭编著，古吴轩出版社，2011 年 11 月第 1 版。

[28]《太湖鼋头渚建园百年百景图志》，ISBN978-7-5506-2353-8，史明东、成自虎主编，沙无垢主笔，凤凰出版社（原江苏古籍出版社），2016 年 3 月第 1 版。

[29]《鼋渚攻略》，ISBN978-7-5546-1075-6，沙无垢、滕世宝、丁凌云编著，古吴轩出版社，2017 年 12 月第 1 版。

[30]《鼋渚风俗》，ISBN978-7-5546-1075-6，沙无垢、许俊佶、徐志钧编著，古吴轩出版社，2017 年 12 月第一版。

其他

[1]《寄畅园的故事》（无锡文史资料第 36 辑），锡新编（K）第 235 号，沙无垢 著，无锡市政协文史编辑室，1982 年 11 月第 1 版。

[2]《百年风流：沙陆墟先生传略 沙陆墟小说存目》（无锡史志增刊），苏新出准印 JS-B50，沙无垢 编著，无锡市史志办公室，2012 年 12 月。

[3] 大型舞台剧剧本《玉飞凤》沙无垢、钱惠荣、夏吉平 原著，2007 年 4 月 10—20 日在无锡市大众剧院首演 10 场，后多次公演。

后记

　　无锡百草园书店是"江苏省最美书店"之一。书店老板刘征宇和哲嗣石峰带口信给我，约我在书店举办的 2017 年度公益讲座上讲一讲无锡园林文化。由于佩服刘老板父子对于文化的一份坚守，也因为我与无锡园林半个多世纪以来的不解之缘，便一口答应了下来。在讲课过程中，书店的李旖旎小姐、孔祥雪女士给予大力协助，使讲座画上了比较圆满的句号。而这种用讲故事的形式，接地气的内容，来诠释无锡园林的做法，得到了书店方面和讲座听众的认可和认同，他们建议我将讲稿结集出版，以便留下一些有用的资料。刚好，中国建筑工业出版社城市建设中心主任杜洁女士此时为李正先生的追思会来锡，而我与李老相识、相知几十年，我与他的两部专著《造园意匠》《造园图录》又或多或少有缘分，于是杜女士玉成此事，便有了《无锡园林十二章》的一朝分娩。

　　要将讲稿成书，少不得"文不够，图来凑"。而所"凑"的最好能反映这些景观、景物的初始状态，以体现其资料价值。所以有原图或老照片的，就成为首选。由于李正先生生前为无锡设计了大量园林作品，其中不少在征得他同意后已在我先前出版的一些著作中引用，为推崇他所作的贡献，故这次继续引用；又因为我在退休前，为无锡园林主持编制了若干申报国家级、省级、市级文物保护单位材料，为撰写这些申报材料曾绘制大量测绘图，这次在征得对这些资料具有所有权的有关部门同意后，作部分选用；江南大学设计学院朱蓉教授，对无锡园林素有研究，这次请她和她的研究生黄磊同学为相关景观、景物绘制了部分插图或摄影。为本书出版无偿提供照片的新老朋友，按提供照片的先后为序，分别是：陆炳荣、李鸿远、陈平、陶宇威、房泽峰、相江、生平、李思琦等。对此我对他们致以由衷的敬意和谢意。

　　"不到园林，怎知春色如许"请领略了无锡园林春色又读过这本书的读者，不吝指正！

沙无垢 2018 年 8 月 28 日于无锡古运河畔寓所